T0255395

Forschendes Lernen im Experimentalpraktikum Biologie

Till Bruckermann
Kirsten Schlüter
(Hrsg.)

Forschendes Lernen im Experimentalpraktikum Biologie

Eine praktische Anleitung für die Lehramtsausbildung

Herausgeber
Till Bruckermann
Leibniz-Institut für die Pädagogik der Naturwissenschaften und Mathematik
Kiel
Deutschland

Kirsten Schlüter
Institut für Biologiedidaktik
Universität zu Köln
Köln
Deutschland

ISBN 978-3-662-53307-9 ISBN 978-3-662-53308-6 (eBook)
DOI 10.1007/978-3-662-53308-6

Die Deutsche Nationalbibliothek verzeichnet diese Publikation in der Deutschen Nationalbibliografie; detaillierte bibliografische Daten sind im Internet über http://dnb.d-nb.de abrufbar.

Springer Spektrum

Planung und Lektorat: Stefanie Wolf, Bettina Saglio

Gedruckt auf säurefreiem und chlorfrei gebleichtem Papier

Springer Spektrum ist Teil von Springer Nature
Die eingetragene Gesellschaft ist Springer-Verlag GmbH Deutschland
Die Anschrift der Gesellschaft ist: Heidelberger Platz 3, 14197 Berlin, Germany

Vorwort

„Experimentieren kennzeichnet einen Modus biologischer Welterschließung."[1]

Die Idee zu diesem Buch entstand bei der Umgestaltung eines Laborpraktikums, dem neu das Konzept des Forschenden Lernens zugrunde liegt. Dabei sollten die Lernprozesse an dem Vorwissen jeder einzelnen Studentin und jedes einzelnen Studenten anknüpfen und, wenn möglich, auch deren Lebenswelt aufgreifen. Die Biologie hat das Potenzial, in Schule und Hochschule Antworten auf Fragen des alltäglichen Lebens zu geben, da ihre Methoden und Arbeitsweisen, wie z. B. das Experiment, einen Weg bieten, sich die Welt zu erschließen. Die Ausbildung im Labor soll einen Einblick ins Experimentieren geben, um biologische Inhalte nicht als festgeschriebene (statische) Wahrheiten zu vermitteln. Bisher hatten „rezepthaft nachgekochte" Versuche meist den Zweck, Sachverhalte zu bestätigen bzw. zu illustrieren. So wurden Versuche durchgeführt und Versuchsbeobachtungen erklärt, ohne dass jemand zuvor eine offene Frage gestellt oder ein Problem aufgezeigt hatte. Während also Versuche Antworten auf nicht gestellte Fragen liefern, so ergeben sich Experimente erst aus der Formulierung einer Forschungsfrage.

Die Anregung für die Ausgestaltung des in diesem Buch vorliegenden Arbeitsmaterials lieferte ein Artikel von Julia Arnold und Kerstin Kremer in der Unterrichtszeitschrift *Praxis der Naturwissenschaften.*[2] Das dort für den Schulunterricht exemplarisch aufgezeigte Konzept des *Forschenden Lernens mit gestuften Lernhilfen* wurde für die Lehramtsausbildung aufbereitet und im Jahr 2012 erstmals im Bachelorstudiengang des Lehramts Biologie eingesetzt. Dabei wurden bekannte Versuche, die in diesem Buch zu jedem Kapitel als Quelle angegeben sind, so aufbereitet, dass sie als Experimente, welche von den Studierenden selbst zu planen sind, Antwort auf eine offene Ausgangsfrage geben. Aufgrund der positiven Erfahrungen bei der Arbeit mit diesem neuen Unterrichts- bzw. Praktikumsmaterial wurde es als Grundlage für eine Untersuchung zur Experimentierförderung im Jahr 2014 eingesetzt. Über die Maßnahme „Innovationen in der Lehre" unterstützte die Universität zu Köln das Projekt finanziell. Die beobachteten Lernerfolge mit dem Material führten nach einer weiteren Überarbeitung im Jahr 2015 zum Lehrexport des Konzepts an eine zweite Universität. Die Umsetzung des Lehr-Lern-Konzepts wurde an beiden Universitäten durch eine erneute Untersuchung begleitet. Erste Ergebnisse aus dieser Untersuchung deuten auf universitätsübergreifende positive Effekte des Arbeitsmaterials hinsichtlich des Erwerbs von wissenschaftsmethodischen Kompetenzen hin.

Das vorliegende Buch richtet sich in erster Linie an *Studierende*. Es folgt dem Konzept des Forschenden Lernens, das auf zwei Ebenen lernwirksam werden soll und dadurch

1 Gropengießer H (2013) Experimentieren. In: Gropengießer H, Harms U, Kattmann U (Hrsg) Fachdidaktik Biologie. 9. Aufl., Aulis, Hallbergmoos, S 284–293

2 Arnold J, Kremer K (2012) Lipase in Milchprodukten – Schüler erforschen die Temperaturabhängigkeit von Enzymen. Prax Naturwiss, Biol, 61:15–21

in seiner Zielsetzung einen *didaktischen Doppeldecker* ermöglicht: (1) selbst forschend (Fachinhalte) lernen und (2) Forschendes Lernen (als Unterrichtsmethode) lernen. Die ersten beiden Kapitel zeigen die theoretischen Grundlagen des Forschenden Lernens aus hochschul- und fachdidaktischer Sicht auf und bieten somit den *Lernenden und Lehrenden* die notwendigen Basisinformationen. Alle weiteren Kapitel des Buches richten sich speziell an die *Lernenden*. Sie bilden exemplarische Themen aus der Biologie ab und folgen dabei immer demselben Muster. Eine *Übersicht* sowie fachliche, methodische und praktische *Lernziele* erleichtern den Einstieg in jedes Kapitel. Die anschließenden Sachinformationen führen in das zu bearbeitende Themengebiet ein. Im weiteren Verlauf sollte das Thema mit der angegebenen Literatur eigenständig vertieft werden. Die *Aufgabenstellung* mit ihren Teilaspekten ist der Fahrplan durch die Praxis des Experimentierens. Die Teilaspekte können je nach Vorwissen durch die *Arbeitshinweise* und *Lösungsbeispiele* vertieft werden. Dabei ist es wichtig, ehrlich zu sich selbst zu sein und sich nur wenn es notwendig ist, durch die Arbeitshinweise und Lösungsbeispiele unterstützen zu lassen. Nach dem Experiment bieten die Übungsfragen eine Möglichkeit der Wissenssicherung. Dabei ist für die Beantwortung stellenweise eine Vertiefung der Inhalte und Experimentierergebnisse durch die angegebene Fachliteratur notwendig. Am Ende eines jeden Experimentierkapitels stehen Beispiele für eine Musterlösung, welche den Lehrenden Zusatzinformationen für eine angemessene Vorbereitung, reibungslose Durchführung und angemessene Nachbesprechung der forschenden Lernsituationen geben. Die Lernenden sollten diese Musterlösungen nicht vorab lesen, da sie sich damit die Möglichkeit des eigenständigen Erkenntnisgewinns nehmen.

Wir danken allen Studierenden, die zum Gelingen dieses Projekts beigetragen haben. Sie waren bzw. sind der Bezugspunkt und Maßstab für die Entwicklung und Optimierung des vorliegenden Unterrichtsmaterials. Außerdem danken wir Frau Wolf und Frau Saglio vom Verlag Springer Spektrum für die Unterstützung bei der Realisierung dieses Buchprojekts.

Bei der Arbeit mit diesem Buch wünschen wir allen Lernenden und Lehrenden fachliche Neugier, Experimentierfreude und Kreativität beim Finden von Lösungen. Gleichzeitig freuen wir uns über Rückmeldungen und Anregungen zum Arbeitsmaterial.

Till Bruckermann, Kirsten Schlüter
Köln, im Sommer 2016

Autorenverzeichnis

Herausgeberin und Herausgeber

Till Bruckermann
Leibniz-Institut für die Pädagogik der Naturwissenschaften und Mathematik an der Universität Kiel
Olshausenstraße 62
24118 Kiel
bruckermann@ipn.uni-kiel.de

Kirsten Schlüter
Institut für Biologiedidaktik
Universität zu Köln
Herbert-Lewin-Straße 2
50931 Köln
kirsten.schlueter@uni-koeln.de

Autorinnen und Autoren

Julia Arnold
Leibniz-Institut für die Pädagogik der Naturwissenschaften und Mathematik an der Universität Kiel
Olshausenstraße 62
24118 Kiel
arnold@ipn.uni-kiel.de

Renate Bösche
Didaktik der Biologie
Freie Universität Berlin
Schwendenerstraße 1
14195 Berlin
renate.boesche@fu-berlin.de

Sarah Gogolin
Didaktik der Biologie
Freie Universität Berlin
Schwendenerstraße 1
14195 Berlin
sarah.gogolin@fu-berlin.de

Kerstin Kremer
Leibniz-Institut für die Pädagogik der Naturwissenschaften und Mathematik an der Universität Kiel
Olshausenstraße 62
24118 Kiel
kremer@ipn.uni-kiel.de

Sabrina Mathesius
Didaktik der Biologie
Freie Universität Berlin
Schwendenerstraße 1
14195 Berlin
sabrina.mathesius@fu-berlin.de

Andreas Peters
Institut für Biologiedidaktik
Universität zu Köln
Herbert-Lewin-Straße 2
50931 Köln
apeters7@smail.uni-koeln.de

Eva-Maria Rottlaender
Zentrum für Hochschuldidaktik
Universität zu Köln
Gronewaldstraße 2
50931 Köln
erottla1@uni-koeln.de

Inhaltsverzeichnis

Lehren und Lernen nach Bologna: Kompetenzorientiertes Arbeiten im Labor

Eva-Maria Rottlaender

T. Bruckermann, K. Schlüter (Hrsg.), *Forschendes Lernen im Experimentalpraktikum Biologie*,
DOI 10.1007/978 3 662 53308 6_1

1.1 Shift from teaching to learning (Lernorientierung)

Durch den Bologna-Prozess hat das Lehren und Lernen an deutschen Hochschulen einen tiefgreifenden Wandel erfahren. Neben der Einführung von modularisierten Bachelor- und Masterstudiengängen und der damit einhergehenden Studienreform, ist dabei die kompetenz- und lernorientierte Ausrichtung des Studiums der grundlegende Wandlungspunkt („shift from teaching to learning"; Wildt 2003).

Der *shift from teaching to learning* beinhaltet eine grundlegende Neuorientierung innerhalb der Hochschullehre (vgl. Huber 2009a; Schneider et al. 2009; Tremp 2009). Diese soll nicht mehr von ihren Inhalten her und aus der Perspektive der Lehrenden gedacht werden – d. h., was sind ihre Forschungsgebiete und worüber möchte sie gerne sprechen? –, sondern Lehre aus Sicht der Studierenden betrachten und die zu erwerbenden Fähigkeiten als Zielsetzung von Lehr-Lern-Prozessen fokussieren. Der Lehr-Lern-Prozess wird dabei als eine aktive Auseinandersetzung der Studierenden mit den Inhalten und Verfahren ihres Studienfaches verstanden und weniger als eine passive Belehrung. Am Ende dieser Lernprozesses stehen nicht auswendig gelernte Wissensbestände, sondern die Fähigkeit, Wissensbestände in verschiedenen Kontexten anwenden, sie auf neuartige Probleme lösungsorientiert transferieren und damit in einem permanent bewegten Denkhorizont arbeiten zu können.

Die Neuausrichtung der Hochschullehre steht dabei in direktem Zusammenhang mit der Schulreform, die seit den PISA-Studien in Deutschland zu einer stärkeren Kompetenzorientierung in den Curricula der Schulen geführt hat (vgl. Bildungsstandards der KMK). Diese Reform wurde notwendig, da deutsche Schülerinnen und Schüler in den PISA-Tests mangelnde Fähigkeiten zeigten, gelerntes Wissen auf neuartige Aufgaben und Probleme anwenden zu können. Sie verfügten in der Regel über eine große Ansammlung von „trägem Wissen", das sie lediglich in bekannten Aufgabentypen anwenden und reproduzieren konnten (vgl. Prenzel et al. 2013; OECD 2013).

In der universitären Lehramtsausbildung ist es deshalb von besonderer Bedeutung, diese Kompetenz- und Lernorientierung in den Blick zu nehmen. Seminare, Vorlesungen und Übungen fungieren in diesem Sinne als ein „hochschuldidaktischer Doppeldecker": Auf der einen Seite ermöglichen sie Studierenden ein selbstverantwortliches und kompetenzorientiertes Studieren. Auf der anderen Seite kann die erlebte und erfahrene Hochschullehre selbst zum Gegenstand der Reflexion werden – hier können Studierende im Sinne des Lernens am Modell von ihren Lehrenden lernen, die als Rollenvorbilder fungieren.

1.2 Kompetenzbegriff

Der Kompetenzbegriff ist innerhalb der Pädagogik kein einheitliches Konstrukt. Seit der Diskussion um dieses Thema – ausgelöst durch die PISA-Studie – haben zahlreiche Autorinnen und Autoren Modelle und Konzepte zum Kompetenzbegriff entwickelt und veröffentlicht (vgl. Blömeke 2006; Webler 2003; Benz 2005; Reichmann 2008; Stahr 2009). Je nach wissenschaftlichem Zugang und funktionellem Gebrauch entstehen unterschiedliche Kompetenzmodelle und -dimensionen: Für *sprachwissenschaftliche, entwicklungs- und sozialisationstheoretische Ansätze* kann das von Chomsky entwickelte Konzept der allgemeinen Sprachkompetenz (1969) als grundlegend anerkannt werden. Dieses wurde 1971 von Habermas zu einer Konzeption der kommunikativen Kompetenz weiterentwickelt, „die Individuen mittels sozial-kognitiver Regeln und Strukturen die Generierung kommunikativer Situationen ermöglicht" (Paetz et al. 2011, S. 40).

Funktional-pragmatisch Kompetenzkonzepte betonen gegenüber Chomskys *situationsunabhängiger* Konzeption die Fähigkeit des Menschen, *situationsabhängig* und *situationsangemessen* handeln und agieren zu können. White (1959) formulierte diesen Kompetenzbegriff erstmals innerhalb der Motivationspsychologie und definierte ihn als „effective interaction of the individual with the enviroment" (S. 317). Kompetenzkonzeptionen, die auf dieser Auffassung beruhen, heben dementsprechend die Bewältigung und Bewährung von Menschen in konkreten Situationen hervor (vgl. Paetz et al. 2011, S. 41).

Für die erziehungswissenschaftliche Konzeption ist die Formulierung der pädagogischen Mündigkeit als oberstes Ziel aller erzieherischen Bemühungen von grundlegender Bedeutung (Roth 1971). Dieser Begriff der pädagogischen Mündigkeit umfasst dabei einen dreiteiligen Kompetenzbegriff der Sach-, Selbst- und Sozialkompetenz. Kompetenzen werden dabei als individuelle Dispositionen angesehen, die dem Denken und Handeln einer Person zugrunde liegen (vgl. ebd.).

In neueren Kompetenzmodellen werden die drei Kompetenzen von Roth häufig noch um die Methoden- und Handlungskompetenz ergänzt (vgl. Klieme und Hartig 2008; KMK 2005). Auf diesem Kompetenzmodell basieren Kompetenzmodelle der beruflichen Bildung – die Bezeichnung der einzelnen Kompetenzen kann dabei zwischen den Autorinnen und Autoren variieren. Sachkompetenz wird manchmal auch als Fachkompetenz betitelt und die Konzeptionen der Sozial- und Selbstkompetenz sind je nach Autorin oder Autor uneinheitlich definiert. Die Konzeption der Fach- und Methodenkompetenz wird aber relativ einheitlich definiert (vgl. Paetz et al. 2011, S. 41). In diesem Zusammenhang eignet sich das Modell von Dehnbostel (2008) für den Kompetenzbegriff innerhalb der beruflichen Tätigkeit als Lehrerin oder Lehrer.

Die Universität Zürich hat diese Kompetenzen wie in ◘ Tab. 1.1 dargestellt ausgeführt.

◘ Tab. 1.1 Kompetenzraster zur Beschreibung verschiedener Kompetenzen (Universität Zürich, Arbeitsstelle für Hochschuldidaktik: Leistungsnachweise, S. 21)

Kompetenzart	Definition
Fachkompetenz	Erwerb verschiedener Arten von Wissen und kognitiven Fähigkeiten: – Grund- und Spezialwissen aus dem eigenen Fachgebiet und den zugehörigen Wissenschaftsdisziplinen – Allgemeinbildung (historisch, kulturell, politisch, gesellschaftlich, philosophisch, ethisch), die in Beziehung zum eigenen Fachgebiet gesetzt werden kann
Methodenkompetenz	Kenntnisse, Fertigkeiten und Fähigkeiten, die es ermöglichen, Aufgaben und Probleme zu bewältigen, indem sie die Auswahl, Planung und Umsetzung sinnvoller Lösungsstrategien ermöglichen. Dazu gehört z. B. Problemlösefähigkeit, Transferfähigkeit, Entscheidungsvermögen, abstraktes und vernetztes Denken sowie Analysefähigkeit. Auch der sichere Umgang mit dem Computer und die Fähigkeit, sich in einer anderen Sprache ausdrücken zu können, kann hier angesiedelt werden
Selbstkompetenz	Fähigkeiten und Einstellungen, in denen sich die individuelle Haltung zur Welt und insbesondere zur Arbeit ausdrückt. Selbstkompetenz geht noch über Arbeitstugend hinaus, da es sich um allgemeine Persönlichkeitseigenschaften handelt, welche nicht nur im Arbeitsprozess Bedeutung haben. Dazu gehören z. B. Flexibilität, Leistungsbereitschaft, Ausdauer, Zuverlässigkeit, Engagement und Motivation
Sozialkompetenz	Kenntnisse, Fertigkeiten und Fähigkeiten, die dazu befähigen, in den Beziehungen zu Mitmenschen situationsadäquat zu handeln. Neben Kommunikations- und Kooperationsfähigkeit gehören dazu auch Konfliktfähigkeit, Teamfähigkeit, Rollenflexibilität, Beziehungsfähigkeit und Einfühlungsvermögen

1.3 Wissensarten

Die Mehrdimensionalität des Kompetenzbegriffs geht mit einer Vielschichtigkeit des Wissensbegriffs einher. So wenig, wie es *die* Kompetenz gibt, gibt es *das* Wissen. Bei genauerer Betrachtung erscheint uns das Wissen als ein Gebilde, das verschiedene Facetten und Dimensionen annehmen kann. Zum Beispiel wird es von der Universität Zürich (afh 2010) in Anlehnung an Anderson und Krathwohl (2001) in die Kategorien des Fakten-, konzeptionellen, prozeduralen und metakognitiven Wissens untergliedert (◘ Tab. 1.2).

Diese Konzeption eignet sich zum Lehren und Lernen innerhalb der Naturwissenschaften sehr gut, um die Komplexität dieser Lernprozesse zu verdeutlichen: Prinzipiell kann formuliert werden, dass die einzelnen Vorlesungen und Seminare die jeweiligen Formen des Wissens nur singulär fokussieren und deshalb in einen Zusammenhang bringen müssen. In dieser theoretischen

◘ Tab. 1.2 Darstellung verschiedener Wissensarten durch die Arbeitsstelle für Hochschuldidaktik der Universität Zürich (afh 2010) in Anlehnung an Anderson und Krathwohl (2001)

Hauptkategorie	Unterkategorie	Beispiel
1. Faktenwissen: Grundlagen, über die Studierende verfügen müssen, um mit einer Disziplin vertraut zu sein oder Fachprobleme lösen zu können	Kenntnis der Fachterminologie	Technisches Vokabular, biologische Fachbegriffe, chemische Formeln
	Kenntnis der Bestandteile und spezifischer Einzelheiten	Wichtigste natürliche Ressourcen, zuverlässige Informationsquellen
2. Konzeptionelles Wissen: Beziehungen zwischen den Grundelementen innerhalb einer größeren Struktur, die jene funktionstüchtig machen	Kenntnis der Klassifikation und Kategorisierung	Kenntnis der Klassifikation und Kategorisierung
	Kenntnis der Prinzipien und Generalisierungen	Kenntnis der Klassifikation und Kategorisierung
	Kenntnis der Theorien, Modelle und Strukturen	Kenntnis der Klassifikation und Kategorisierung
3. Prozedurales Wissen: Vorgehensweisen, Forschungsmethoden, Kriterien für die Anwendung von Kompetenzen, Algorithmen, Techniken und Methoden	Kenntnis der fachspezifischen Kompetenzen und Algorithmen	Experimentierkompetenz, Modellkompetenz
	Kenntnis der fachspezifischen Techniken und Methoden	Wissenschaftliches Arbeiten, Mikroskopieren
	Kenntnis der Kriterien zur Wahl eines zweckmäßigen Verfahrens	Kriterien zur Beurteilung der Umsetzbarkeit einer bestimmten Methode zur Berechnung des Kostenaufwandes
4. Metakognitives Wissen: Wissen über Kognitionen im Allgemeinen sowie Bewusstheit und Kenntnis der eigenen Kognition	Strategisches Wissen	Kenntnis der Gliederung als Mittel zur Erfassung der inhaltlichen Struktur des Kapitels in einem Lehrbuch
	Kenntnis kognitiver Aufgabenstellungen, einschließlich der einschlägigen Sinnzusammenhänge und der entsprechenden Voraussetzungen	Kenntnis verschiedener Testverfahren, die von bestimmen Lehrenden eingesetzt werden

und konzeptionellen Auseinandersetzung mit den fachlichen Grundlagen der jeweiligen Naturwissenschaft und ihren Grundannahmen, ist es möglich, die einzelnen Wissensarten voneinander zu trennen und einzeln zu behandeln und einzuüben. Damit ist gemeint, dass die Lehr-Lern-Formate außerhalb des Labors innerhalb des Studiums der Naturwissenschaften eine analytische Trennung zwischen den verschiedenen Arten des Wissens ermöglichen – was im Labor jedoch in diesem Sinne nicht möglich ist.

Für die Arbeit im Labor gilt, dass hier alle vier Arten des Wissens zur Anwendung kommen müssen – neben der sozialen und kooperativen Fähigkeit der Studierenden, in Gruppen arbeitsteilig funktionieren zu können. Dies verweist auf die außerordentliche Komplexität der Arbeits- und Lernprozesse und fordert dazu auf, Studierende – wie auch später Schülerinnen und Schüler – stufenweise an dieses Arbeiten heranzuführen.

1.4 Lernzieltaxonomien (learning outcome)

Die Darstellung des Kompetenzbegriffes und seiner Komplexität macht deutlich, dass Lehr-Lern-Prozesse vielschichtige Dimensionen aufweisen, die von den Studierenden neben dem Wissen, auch methodische und soziale Kompetenzen erfordern. Neben diesen verschiedenen Dimensionen von Wissensarten und Kompetenzen wird deutlich, dass auch die Inhalte eine gewisse Komplexität aufweisen, da die Arten und Formen des Wissens in unterschiedlichen Repräsentationen vorliegen: z. B. in Form einer Abbildung im Lehrbuch, eines erläuternden Textes, einer digitalen Reproduktion oder als realer „Stoff" im Labor. Der kompetenzorientierte Erwerb dieser verschiedenen Wissensarten und Kompetenzbereiche ist im Sinne einer konstruktivistischen Lerntheorie nur in einem sukzessiv aufeinander aufbauenden Lernprozess möglich. Wenn Studierende in der Lage sein sollen, Theorien auf ein Fallbeispiel anwenden zu können, müssen sie vorher die Möglichkeit gehabt haben, die Theorien kennenzulernen, zu verstehen und sie in ihren Einzelelementen analysieren zu können – bevor sie in der Lage sind, diese anzuwenden. Grundgedanke dieses sogenannten schrittweisen Wissens- und Kompetenzaufbaus ist, dass es innerhalb von Lernprozessen verschiedene Niveaustufen gibt, die wie eine Treppe aufeinander aufbauen. Jede vorherige Stufe ist Voraussetzung für die darauffolgende. Keine Stufe kann überschritten oder weggelassen werden. Die Lernzieltaxonomien von Bloom (1971) gibt dazu Hinweise (◘ Tab. 1.3–1.5).

◘ **Tab. 1.3** Taxonomie der kognitiven Lernziele in absteigender Reihenfolge (Bloom 1971)

Beurteilung	Sachverhalte nach Kriterien beurteilen können
Synthese	Elemente zu einem Komplexen zusammenfügen können
Analyse	Sachverhalte in ihrer Struktur zerlegen zu können
Anwendung	Allgemeine Sätze auf Sonderfälle übertragen können
Verständnis	Mit eigenen Worten wiedergeben und interpretieren können
Kenntnisse	Aussagen wiedergeben können

Tab. 1.4 Taxonomie der psychomotorischen Prozesse in absteigender Reihenfolge (Bloom 1971)

Naturalisierung	Höchster Beherrschungsgrad von Handlungsabläufen, d. h. Unabhängigkeit vom Modell
Integration	Handlungen werden zu koordinierten Bewegungsabläufen, d. h. die Koordination verschiedener Elemente eines Bewegungsablaufs
Präzision	Festigung der Handlung ohne Modell, d. h. höhere Genauigkeit durch Üben
Manipulation	Festigung des Handlungsablaufs durch Anwendung
Imitation	Nachahmung beobachteter Handlungen, z. B. von Handlungsabläufen

Tab. 1.5 Taxonomie der affektiven Prozesse in absteigender Reihenfolge (Bloom 1971)

Bestimmtsein durch Werte	Charakterisierung durch einen Wert, d. h. Identität oder Leben einer Werthaltung
Wertordnung	Organisation, d. h. Aufbau eines Wertesystems oder Integration von Bezugswerten in eine Hierarchie von Überzeugungen
Wertung	Emotionaler Bezug zum Thema mit daraus resultierender Einstellung bzw. Haltung, d. h., etwas für wertvoll halten oder ihm einen Wert beimessen
Reaktion	Emotionalisierung, d. h. eine spontane Informationsverarbeitung findet statt
Beachtung	Sensibilisierung für ein Thema, d. h. dem Thema Beachtung bzw. Aufmerksamkeit schenken

1.5 Fazit: Kompetenz- statt Wissensorientierung im Labor

Die kompetenzorientierte Arbeit im Labor erfordert ein Umdenken der Lehrenden, wie im Vorherigen dargestellt wurde:

- Sie erfordert, Lehre aus der Perspektive der Studierenden zu denken,
- diese kompetenzorientiert auszurichten – d. h., Klarheit über die Zielsetzung der Lehr-Lern-Prozesse zu schaffen und diese in Form von Lernzielen transparent wiederzugeben.
- Dafür ist ein Bewusstsein und Wissen für die verschiedenen Arten des Wissens und der mannigfaltigen Kompetenzdimensionen erforderlich sowie die Kenntnis des stufenförmigen Aufbaus von Niveaustufen innerhalb von kognitiven, affektiven und psychomotorischen Lernprozessen.
- Nicht zuletzt verändert dies in starkem Maße die Rolle der Lehrperson, die diese innerhalb des Lehr-Lern-Prozesses einnimmt: Neben der Instruktion oder des Vortrags fallen hier vermehrt Aufgaben des Begleitens, Beratens und Betreuens von studentischen Lernprozessen an.

Lernen wird dieser Auffassung nach als eine aktive und selbstgesteuerte Tätigkeit der Lernenden angesehen, der sich Wissensbestände und Kompetenzen in Form einer Kokonstruktion selbst aneignen muss und dem diese nicht „beigebracht" werden können (vgl. Arnold und Schüßler 2015).

Im Sinne dieses eigentätigen Prozesses ist in der frühen Vergangenheit verstärkt das Konzept des Forschenden Lernens in den Vordergrund hochschuldidaktischer Lehr-Lern-Formate gerückt. Innerhalb der Hochschule hatte diese Art des Lernens bereits (implizit) meist in den Naturwissenschaften und der Medizin ihren festen Platz – sie erfährt jedoch zum momentanen Zeitpunkt eine Ausweitung auf andere Fachbereiche, wie beispielsweise die Geistes- und Sozialwissenschaften.

> Forschendes Lernen zeichnet sich dadurch aus, dass die Lernenden den Prozess eines Forschungsvorhabens […] in seinen wesentlichen Phasen – von der Entwicklung […] über die Wahl und Ausführung der Methoden bis zur Prüfung und Darstellung der Ergebnisse in selbstständiger Arbeit […] in einem übergreifenden Projekt – (mit)gestalten, erfahren und reflektieren. (Huber 2009b, S. 11)

Nach Huber (2009b) macht die Selbstständigkeit des Lernprozesses diese Lernform besonders für eine kompetenzorientierte Lehre interessant, die verstärkt die Studierenden in den Mittelpunkt ihrer Betrachtungen rücken will. Gemäß der Thesen von Wildt zum Wandel der Lehr-Lern-Kultur an deutschen Hochschulen (vgl. Wildt 2003) erscheint es im Sinne einer Ausrichtung des Studiums hin zu einer sogenannten *Employability* und eines *Citizenship* sinnvoll und notwendig, diese Form des Lernens an deutschen Hochschulen verstärkt einzusetzen. Der Begriff der *Employability* verweist dabei auf die Befähigung von Hochschulabsolventinnen und -absolventen im Sinne des lebenslangen Lernens in der Lage zu sein, ihr gewonnenes Wissen auf immer wieder neue Weise an die sich wandelnden Herausforderungen der Arbeitswelt anzupassen und sich permanent neues Wissen anzueignen sowie Wissen zu generieren. Darüber hinaus betont der Begriff des *Citizenship* den Aspekt der Mitgestaltung des gesellschaftlichen Lebens. Forschendes Lernen ermöglicht es nach dem gestuften Lernkonzept von Wildt (2003), dem aktiven Lernen innerhalb der Hochschullehre mehr Raum zu geben. Dieser im Sinne des *shift from teaching to learning* notwendige Schritt erfordert von den Lehrenden neben dem rezeptiven Lernen, das

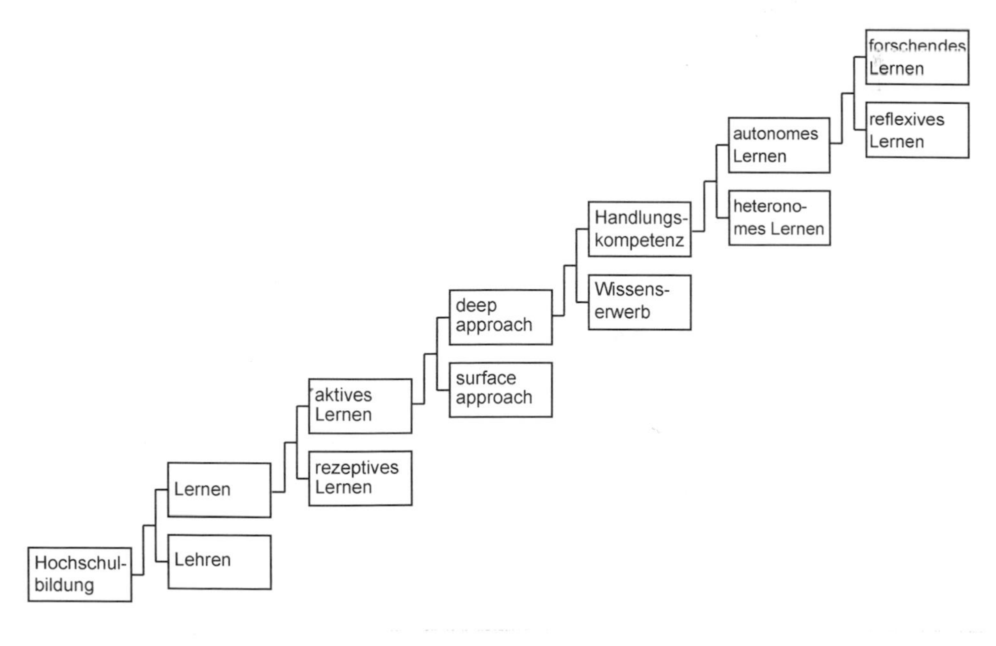

Abb. 1.1 Gestuftes Lernkonzept (nach Wildt 2003)

bisher vorrangig Bestandteil der Hochschulbildung war, auch Lernprozesse des *deep* und *surface approach* zu ermöglichen. Lernprozesse, die dem *deep approach* zugeordnet werden, ermöglichen die Erkenntnis von Zusammenhängen und tiefergehenden Begründungen, während Lernprozesse des sogenannten *surface approach* eher an Faktenwissen und dem Überblick über ein Fachgebiet orientiert sind. Wie dem gestuften Lernkonzept nach Wildt (2003) zu entnehmen ist, ist das Forschende Lernen Bestandteil der höchsten Stufe der Lernprozesse (◘ Abb. 1.1). Es ist an der Ausbildung der Handlungskompetenz der Studierenden beteiligt und ermöglicht im Rahmen dessen eine Form des autonomen und selbstgesteuerten Lernens.

Literatur

Anderson LW, Krathwohl DR (2001) A taxonomy for learning, teaching and assessing. Pearson Education, New York

Arbeitsstelle für Hochschuldidaktik der Universität Zürich (2010) Dossier Unididaktik: Leistungsnachweise in modularisierten Studiengängen. Resource Document. http://www.hochschuldidaktik.uzh.ch/instrumente/dossiers/Leistungsnachweise_Juli_07.pdf. Zugegriffen: 22. Sept. 2016

Arnold R, Schüßler I (2015) Ermöglichungsdidaktik, Grundlagen der Berufs- und Erwachsenenbildung, Bd 35. Schneider Verlag Hohengehren, Baltmannsweiler

Benz C (2005) Das Kompetenzprofil des Hochschullehrers. Zur Bestimmung der Kompetenzanforderungen mittels Conjoint-Analyse. Shaker, Aachen

Bloom B (1971) Taxonomy of educational objectives. The classification of educational goals, handbook I: cognitive domain. Longman, New York

Blömeke S (2006) Fast fish – loose fish. International-vergleichende Forschung zur Wirksamkeit der Lehrerausbildung. In: Hilligus AH, Rinkens H-D (Hrsg) Standards und Kompetenzen – neue Qualität in der Lehrerausbildung? Neue Ansätze und Erfahrungen in nationaler und internationaler Perspektive. Paderborner Beiträge zur Unterrichtsforschung und Lehrerbildung, Bd 11. Lit-Verlag, Berlin, S 189–213

Chomsky N (1969) Aspekte der Syntax-Theorie. Suhrkamp, Frankfurt a. M.

Dehnbostel P (2008) Berufliche Weiterbildung – Grundlagen aus arbeitnehmerorientierter Sicht. edition sigma, Berlin

Huber L (2009a) Lernkultur – Wieso „Kultur"? Eine Glosse. In: Schneider R, Szczyrba B, Welbers U, Wildt J (Hrsg) Wandel der Lehr- und Lernkulturen. Bertelsmann, Bielefeld, S 114–138

Huber L (2009b) Warum Forschendes Lernen nötig und möglich ist. In: Huber L, Hellmer J, Schneider F (Hrsg) Forschendes Lernen im Studium. Aktuelle Konzepte und Erfahrungen. Universitätsverlag Webler, Bielefeld

Klieme E, Hartig J (2008) Kompetenzkonzepte in den Sozialwissenschaften und im erziehungswissenschaftlichen Diskurs. Zeitschrift für Erziehungswissenschaft, Sonderheft 8:11–29

KMK (2005) Qualitätssicherung in der Lehre. Beschluss der Kultusministerkonferenz vom 22.09.2005. Resource Document. http://www.kmk.org/leadmin/veroeffentlichungen_beschluesse/2005/2005_09_22-Qualitaetssicherung-Lehre.pdf. Zugegriffen: 22. Sept. 2016

Krathwohl D (2002) A revision of Bloom's taxonomy: an overview. theory into practice 41:212–260

OECD (2013) PISA 2012 Ergebnisse: Was Schülerinnen und Schüler wissen und können: Schülerleistungen in Mathematik, Lesekompetenz und Naturwissenschaften, Bd 1. Bertelsmann, Bielefeld

Paetz NV, Ceylan F, Fiehn J, Schworm S, Harteis C (2011) Kompetenz in der Hochschuldidaktik. Ergebnisse einer Delphi-Studie über die Zukunft der Hochschullehre. Springer VS, Wiesbaden

Prenzel M, Sälzer C, Klieme E, Köller O (2013) Pisa 2012: Fortschritte und Herausforderungen in Deutschland. Waxmann, Münster

Reichmann G (2008) Welche Kompetenzen sollten gute Universitätslehrer aus der Sicht von Studierenden aufweisen? Ergebnisse einer Conjointanalyse. Das Hochschulwesen 56:52–57

Roth H (1971) Pädagogische Anthropologie. Band II. Entwicklung und Erziehung. Grundlagen einer Entwicklungspädagogik. Schroedel, Hannover

Schneider R (2009) Kompetenzentwicklung durch Forschendes Lernen? Journal Hochschuldidaktik 20:33–37

Schneider R, Szczyrba B, Welbers U, Wildt J (2009) Wandel der Lehr- und Lernkulturen. Bertelsmann, Bielefeld

Stahr I (2009) Academic Staff Development: Entwicklung von Lehrkompetenz. In: Schneider R, Szczyrba B, Welbers U, Wildt J (Hrsg) Wandel der Lehr- und Lernkulturen. Bertelsmann, Bielefeld, S 70–87

Tremp P (2009) Hochschuldidaktische Forschungen – Orientierende Referenzpunkte für didaktische Professionalität und Studienreform. In: Schneider R, Szczyrba B, Welbers U, Wildt J (Hrsg) Wandel der Lehr- und Lernkulturen. Bertelsmann, Bielefeld, S 206–219
Webler W-D (2003) Lehrkompetenz – über eine komplexe Kombination aus Wissen, Ethik, Handlungsfähigkeit und Praxisentwicklung. In: Welbers U (Hrsg) Hochschuldidaktische Aus- und Weiterbildung. Grundlagen – Handlungsformen – Kooperationen. Bertelsmann, Bielefeld, S 53–82
Weinert FE (2001) Concept of competence: A conceptual clarification. In Rychen DS, Salganik LH (Hrsg) Defining and selecting key competencies. Hogrefe, Göttingen, S 45–66
White R (1959) Motivation reconsidered: the concept of competence. Psychol Rev 66:297–333
Wildt J (2003) „The shift from teaching to learning" – Thesen zum Wandel der Lernkultur in modularisierten Studienstrukturen. In Ehlert H, Welbers U (Hrsg) Qualitätssicherung und Studienreform. Strategie- und Programmentwicklung für Fachbereiche und Hochschulen im Rahmen von Zielvereinbarungen am Beispiel der Heinrich-Heine-Universität Düsseldorf. Grupello, Düsseldorf, S 168–178

Forschendes Lernen in der Biologie

*Till Bruckermann, Julia Arnold, Kerstin Kremer
und Kirsten Schlüter*

T. Bruckermann, K. Schlüter (Hrsg.), *Forschendes Lernen im Experimentalpraktikum Biologie*,
DOI 10.1007/978-3-662-53308-6_2

Dieser Beitrag befasst sich mit dem Forschenden Lernen in der Biologie an Schule und Hochschule. Das Forschende Lernen ist eine zentrale Lehr-/Lernmethode im Biologieunterricht, die sich am Vorgehen des naturwissenschaftlichen Erkenntnisprozesses orientiert. Aufgrund der zahlreichen Schwierigkeiten, die Biologielehrkräfte mit dem Forschenden Lernen in der Praxis haben (Krämer et al. 2015a, b), ergibt sich die Notwendigkeit, Forschendes Lernen bereits während der Lehramtsausbildung an der Hochschule zu vermitteln.

Die Lehramtsausbildung gliedert sich in bildungswissenschaftliche, fachdidaktische und fachwissenschaftliche Studien und folgt so dem Modell professioneller Kompetenz nach Baumert und Kunter (2006). Die Modularisierung von Studiengängen erleichtert eine interdisziplinäre Ausbildung, indem in den Modulen fachwissenschaftliche und fachdidaktische Inhalte aufeinander abgestimmt und im Verbund vermittelt werden können. Dadurch, dass die Module neben dem Erlernen fachlicher Inhalte auch das Erlernen ihrer Vermittlung thematisieren, wird ein didaktischer Doppeldecker geschaffen. In diesem Fall unterstützt der didaktische Doppeldecker zum Forschenden Lernen einerseits das Erlernen von Fach- und Methodenwissen und kann andererseits als Unterrichtsmodell für die Lehramtsstudierenden dienen. Im Folgenden wird erläutert, wie Forschendes Lernen dazu beitragen kann, neben fachlichen auch fachdidaktische Inhalte zu vermitteln.

Methoden naturwissenschaftlicher Erkenntnisgewinnung können in Schule und Hochschule als Lern- oder Forschungsmethoden eingesetzt werden. Zwar sind Forschungsprozesse immer auch Lernprozesse (Huber 2014), doch ist nicht jeder Lernprozess auch ein Forschungsprozess (Hodson 2014). Für einen forschungsbezogenen Lernprozess differenziert Hodson (2014) zwischen drei verschiedenen Typen von Lernzielen, die jeweils ihre eigene Lernmethode erfordern. So unterscheidet er Lernziele zum Erlernen

- der fachwissenschaftlichen Inhalte (*learning science*),
- der Prinzipien naturwissenschaftlicher Erkenntnisgewinnung (*learning about science*) und
- der Arbeitsmethoden zur naturwissenschaftlichen Erkenntnisgewinnung (*doing science*).

Die gewählte Unterrichtsmethode muss dabei zum Ziel passen, und es können in der Regel nicht alle Ziele gleichzeitig erreicht werden. Außerdem ist es sinnvoll, die Lernziele explizit zu benennen. Hodson (2014) merkt aber auch an, dass die Unterscheidung der Lernziele zwar hilfreich ist, dass Experimentieren im Sinne des Praktisch-tätig-Seins (*doing science*) aber immer auch das Lernen von Inhalten und Prinzipien einschließt (S. 2551). Forschendes Lernen kann somit in der Lehramtsausbildung neben den Arbeitsmethoden auch Prinzipien der Erkenntnisgewinnung sowie fachliche Inhalte vermitteln. Darüber hinaus schließt es (zumindest implizit) ebenso Aspekte des fachdidaktischen Wissens über das Forschende Lernen ein (Modellierung aus der Perspektive Lernender vgl. Capps et al. 2012).

Innerhalb der Hochschuldidaktik wird das Forschende Lernen in verschiedenen Studiengängen eingesetzt, und somit ist die inhaltliche Ausgestaltung stark von den Erkenntnisprozessen der jeweiligen Disziplin geprägt. Es lassen sich allerdings methodische Gemeinsamkeiten aller Ansätze identifizieren: Laut Huber (2014, S. 22) sind dies eine Orientierung an den Lernenden (Studierenden), am *deep level learning* sowie an Lernformen, die Selbstständigkeit, Aktivität und Kooperation erfordern und dabei problem- und projektorientiert angelegt sind. Das Forschende Lernen, wie es für den *Biologieunterricht* beschrieben wird, vereint Elemente aus verschiedenen, sich überlappenden Ansätzen: z. B. entdeckendes Lernen (Neber 2001), Forschender Unterricht (Fries und Rosenberger 1970) sowie Forschend-Entwickelnder Unterricht (Schmidkunz und Lindemann 2003). Martius et al. (2016) geben hierzu einen Überblick und entwickeln daraus die in ◘ Tab. 2.1 dargestellte zusammenfassende Definition (ähnliche Ausführungen finden sich in Arnold et al. 2014a und Arnold 2015).

■ Tab. 2.1 Forschendes Lernen im naturwissenschaftlichen Unterricht (nach Martius et al. 2016)

Inhaltliche Ausrichtung	*Frage an die Natur* als Ausgangspunkt des Forschenden Lernens *Subjektiv Neues* wird von den Schüler(innen) gelernt *Relevante Themen* aus der Lebens- und Erfahrungswelt der Schüler(innen) werden behandelt
Unterrichtsschritte	*Phasierung des Unterrichts*: Lernanlässe schaffen Benennung des Problems/der Forschungsfrage Hypothesenbildung Planung des Lösungsvorschlags Durchführung und Dokumentation Auswertung Veröffentlichung Transfer
Sozialform	*Kooperative Lernformen* für ein gegenseitiges Unterstützen der Schüler(innen) *Gestufte Offenheit* von lehrendenzentriert zu lehrendenzentriert
Erkenntnismethode	*Experiment und Beobachtung* als zentrale Elemente naturwissenschaftlicher Forschung

Ob im schulischen Biologieunterricht angewendet oder als Ausbildungsinhalt von angehenden Lehrkräften an der Hochschule selbst praktiziert, in beiden Bereichen ist Forschendes Lernen auf die Lernenden zentriert und betont Selbstständigkeit und Kooperation. Außerdem wird eine idealtypische Schrittfolge zum Forschenden Lernen festgelegt, welche die Benennung einer Fragestellung, die Bildung von Hypothesen, das Planen der Datenerhebung, die Durchführung sowie die Datenauswertung – und manchmal noch weitere Phasen (■ Tab. 2.1) – umfasst. Spezifisch für das Forschende Lernen im Biologieunterricht ist allerdings die inhaltliche und methodische Ausrichtung am Erkenntnisprozess der Disziplin, welcher die Frage an die Natur sowie die naturwissenschaftlichen Forschungsmethoden des Experiments und der Beobachtung umfasst.

Wie ist es nun also möglich, biologiedidaktische Ansätze zum Forschenden Lernen mit den hochschuldidaktischen in der Lehramtsausbildung zu verknüpfen? Im Folgenden sollen theoretische Aspekte zum Forschenden Lernen für die Hochschule benannt und darauf aufbauend didaktische Formate für die Gestaltung von Forschenden Lernprozessen vorgestellt werden, die für eine experimentelle Lehramtsausbildung im Rahmen der fachlichen Ausbildung nutzbar gemacht werden können. Es soll (angehenden) Lehrkräften ermöglicht werden, die Methode selbst, quasi als „Lernender oder Lernende", erfahren zu können. Es wird davon ausgegangen, dass auf dieser Erfahrung aufbauend das Forschende Lernen als didaktische Methode besser im Unterricht eingesetzt werden kann (Capps et al. 2012).

2.1 Inhaltliche Ausrichtung und Voraussetzungen

An der Hochschule setzt Forschendes Lernen ein Suchen nach Lernsituationen voraus, die als Forschungssituationen genutzt werden können und Bedingungen bieten, in denen das Lernen in einem Forschungsprozess angelegt wird (Huber 1998), z. B. durch

- „die Nachstellung historischer Problemkonstellationen, deren Lösungen in eigenen Versuchen nachzuvollziehen sind; [... oder durch]
- komplexere Laboraufgaben mit Offenheit der Ergebnisse, nicht nur [mit] der einen richtigen Lösung (*open end labs*); [... oder durch]
- eigene Untersuchungen, wie sie in Hauptseminar-, Diplom-, und Staatsexamensarbeiten erwartet werden und weiterhin erwartet werden sollen" (ebd., S. 7).

Forschendes Lernen sollte auf Erkenntnisgewinnung ausgerichtet sein, die über das Interesse von Lernenden und Lehrenden hinausgeht (Huber 2009). Schneider und Wildt (2009) betonen, dass im Forschenden Lernen der Forschungsprozess durch Verknüpfung mit dem Lernprozess in jedem Falle bedeutsame Erkenntnisse für das Subjekt erzeugt. In seiner inhaltlichen Ausrichtung ist Forschendes Lernen gestuft und reicht vom experimentellen Nachvollzug von vorläufig gesichertem Wissen bis hin zum Betreten von Wissensneuland (Priemer 2011). Wo dieses Neuland beginnt, soll nicht aus gesellschaftlicher, sondern aus individueller Sicht und mit Bezug auf das Vorwissen der Lernenden betrachtet werden. Forschendes Lernen basiert somit auf individuellen Neuigkeiten und neu Erfahrbarem (Aepkers 2002; Bönsch 1994). Die Themen sollen so gewählt werden, dass sie das Vorwissen der Lernenden aufgreifen und sich auf ihre Lebenswelt beziehen (Messner 2009). Die dort gemachten Alltagserfahrungen münden in einer Frage an die Natur, welche die Lernenden untersuchen sollen (Puthz 1988). Um aber zur Frage passende Hypothesen aufstellen zu können, müssen die Lernenden Vorwissen zum Phänomenbereich aufweisen.

Auch im hochschuldidaktischen Kontext kann das Nachvollziehen von Problemen und ihrer Lösung Forschendes Lernen vorbereiten (Huber 1998). Huber (1998) spricht aber erst von Forschendem Lernen, wenn die Ergebnisse mehr als nur eine Lernleistung der Studierenden darstellen. Gyllenpalm und Wickman (2011) weisen auf eine Vermischung vom Experiment als Lehr-Lern und Forschungsmethode hin. Aus diesem Grund sollte klar sein, ob Experimente zum Lernen von bekannten *Theorien* (*learning science content*), *Arbeitsweisen* (*learning to do inquiry*) oder *Prinzipien der Erkenntnisgewinnung* (*learning about science*) eingesetzt werden oder ob sie als Forschungsmethode dienen (Gyllenpalm und Wickman 2011, S. 922). Für die Lehramtsausbildung ergänzen Gyllenpalm und Wickman (2011) das Erlernen der *Vermittlung* naturwissenschaftlicher Inhalte (*learning to teach science*) als Zweck von Experimenten. Laut Ergebnissen von Studierendenbefragungen beschränkt sich allerdings der Zweck der Anwendung von Forschungsmethoden wie dem Experimentieren lediglich auf die Vermittlung fachwissenschaftlicher Inhalte (Gyllenpalm und Wickman 2011, S. 923). Diese eingeschränkte Sichtweise der Lernenden, aber auch der Lehrenden gilt es zu weiten.

2.2 Das Experiment als Erkenntnismethode

Die Wichtigkeit des Experiments für die Lehramtsausbildung wird sowohl national (KMK 2010) als auch international betont (z. B. NSTA 2012) und empirisch gestützt (Minner et al. 2010). Auch wenn der Begriff des Experiments in Schule und Fachdidaktik sehr weitgefasst interpretiert und angewendet wird (Berck 2001; Mayer und Ziemek 2006), so ist streng genommen damit die Suche nach dem kausalen Zusammenhang zwischen einer unabhängigen und einer abhängigen Variable gemeint (Wellnitz und Mayer 2008). International wird das Experiment im engeren Sinne auch als *fair testing* bezeichnet (Gott et al. 2016). Die unabhängige

Variable (bzw. „zu testende Variable" Gropengießer 2013, S. 284) ist der Faktor, der variiert, also bewusst verändert wird. Die abhängige Variable wird dabei beobachtet bzw. gemessen. Andere Einflüsse sollten konstant gehalten werden (Kontrollvariablen bzw. „zu kontrollierende Variablen", ebd., S. 284).

Das (naturwissenschaftliche) Experiment ist ein hypothetisch-deduktives Verfahren und als solches eine bedeutsame Methode in der naturwissenschaftlichen Erkenntnisgewinnung. Es wird immer dann eingesetzt, wenn ein Zusammenhang zwischen Ursache und Wirkung erschlossen werden soll (und nur da, denn „wo aufgrund historischer Entwicklung die Ursache-Wirkungs-Beziehung nicht reproduziert werden kann, ist man auf Beobachtungen und Vergleiche angewiesen"; Puthz 1988, S. 13). Das Experiment wird vereinfacht in einer Schrittfolge dargestellt, die meist zyklisch angelegt ist (◘ Abb. 2.1). Die zyklische Darstellung des hypothetisch-deduktiven Verfahrens kann in Teilschritte unterteilt werden, was die Gliederung des Lernprozesses beim Experimentieren ermöglicht (Mayer und Ziemek 2006). Da wissenschaftliches Arbeiten in der Realität nicht ausschließlich diesen Schritten folgt (McComas 1996), sondern einzelne Schritte ineinander übergreifen (Hodson 1996), handelt es sich um eine idealisierte Darstellung, die im Forschungsprozess unbedingt reflektiert werden sollte.

Aus kognitionspsychologischer Sicht ist Experimentieren ein Problemlöseprozess (Klahr und Dunbar 1988): Von einer Problemstellung ausgehend werden Hypothesen formuliert und experimentell überprüft (Mayer 2007). Eine Fragestellung ergibt sich meist aus einer Beobachtung, die nicht durch Vorwissen erklärt werden kann, oder aus Modellen und Theorien, die hinterfragt werden (Huber 2009; Mayer und Ziemek 2006; Puthz 1988). Wenn zu diesen Fragen vorläufige Vermutungen und Erklärungsansätze existieren, werden diese als Hypothesen (begründete Vermutungen) formuliert (Gropengießer 2013). Diese Vermutungen können dann experimentell an der Wirklichkeit (bzw. ihrem Abbild im Laborexperiment) überprüft werden. Die gewonnenen Daten beinhalten die Antwort auf die Frage, doch müssen sie zunächst beschrieben werden. Durch die Beschreibung werden die Daten intersubjektiv nachvollziehbar. Anschließend können die beschriebenen Daten interpretiert und auf die Hypothesen bezogen werden. Meist wirft die Interpretation neue Fragen auf, die dann in weiteren Untersuchungen beantwortet werden können (Mayer und Ziemek 2006; Puthz 1988).

Das Experiment unterliegt den Gütekriterien des wissenschaftlichen Arbeitens: Objektivität, Reliabilität und Validität. Die Objektivität eines Experiments sichert die intersubjektive

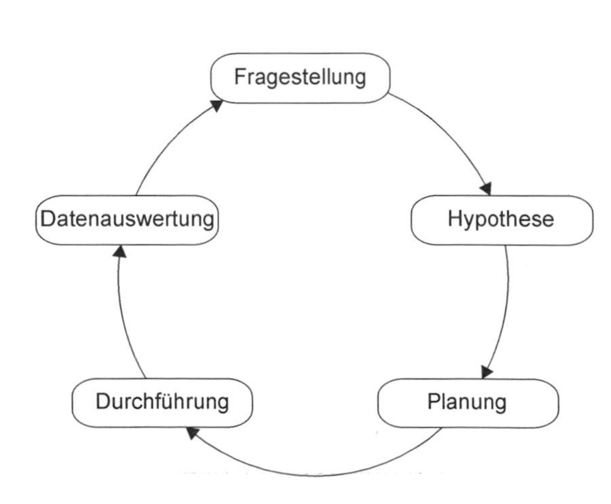

◘ **Abb. 2.1** Vereinfachte Schrittfolge zum hypothetisch-deduktiven Verfahren (nach Arnold et al. 2014a)

Nachvollziehbarkeit, die Reliabilität die Messgenauigkeit und verlässliche Wiederholbarkeit eines Experiments und die Validität die Gültigkeit der Daten, was bedeutet, dass man mit dem Experiment auch wirklich das misst, was man erheben möchte (Gott et al. 2016).

2.3 Anforderungen an Lernende beim Forschenden Experimentieren

Die Anforderungen, denen Schülerinnen und Schüler beim Experimentieren im Biologieunterricht begegnen müssen, können anhand der Teilschritte in ◘ Abb. 2.1 beschrieben werden. Kompetente Lernende müssen also alle Schritte der Problemlöseprozedur auch in ihrem gegenseitigen Bezug beim Experimentieren kennen, verstehen und anwenden können: Fragestellungen formulieren, Hypothesen aufstellen, Experimente planen und durchführen und Daten auswerten (Kremer et al. 2014; Mayer 2007; Meier und Mayer 2012). Für Lehrkräfte gilt umso mehr, dass sie diese Erfahrungen selbst als Lernende gemacht haben müssen (Capps et al. 2012). Und obwohl wissenschaftliche Erkenntnisgewinnung nie einem definierten Algorithmus folgt (Hodson 1996, S. 125; McComas 1996), ist es sinnvoll, verschiedene Phasen beim Experimentieren zu unterscheiden und entsprechende Anforderungen zu beschreiben (vgl. Übersicht in Martius et al. 2016):

Fragestellung: Zu Beginn des Forschungsprozesses steht ein *Phänomen*, das beobachtet werden kann und nicht dem Erwarteten entspricht, das heißt, nicht durch bestehende Theorien erklärt werden kann (Bönsch 1991, 1994). Vom Phänomen ausgehend kann nun ein Problem und die damit verbundene *Fragestellung* benannt werden (Chinn und Malhotra 2002; Fradd et al. 2001; Mayer und Ziemek 2006). Bei Experimenten schließt die Fragestellung das kausale Verhältnis (Ursache – Wirkung) zwischen unabhängiger und abhängiger Variable ein (vgl. Mayer et al. 2008).

Hypothesen: Mögliche Antworten auf die Fragestellung geben die Hypothesen (Mayer und Ziemek 2006). Hypothesen werden als Konditionalsätze (*Wenn …, dann …; Je …, desto …*) formuliert und stellen die unabhängige und die abhängige Variable in einen prüfbaren Zusammenhang. Sie sind potenziell falsifizierbar (*Gegenhypothese*) und treffen eine Aussage über den Einzelfall hinaus (Bortz und Döring 2006). Dabei wird eine Hypothese stets durch Vorwissen bzw. Theorien begründet (Klahr und Dunbar 1988; Mayer und Ziemek 2006).

Planung und Durchführung: Mittels Planung und Durchführung eines Experiments soll nun die Hypothese überprüft werden (Bönsch 1991; Mayer und Ziemek 2006; Fradd et al. 2001). Dazu müssen die unabhängige und abhängige Variable *operationalisiert*, d. h. messbar gemacht werden (Bortz und Döring 2006). Die unabhängige Variable soll dadurch in festgelegten Stufen variiert, die abhängige Variable gemessen werden. Alle weiteren Einflüsse auf die abhängige Variable sollten als Störvariablen identifiziert und kontrolliert (konstant gehalten) werden (Gropengießer 2013). Weiterhin müssen Messzeiten festgelegt (Mayer et al. 2008) und Wiederholungen des Experiments vorgenommen werden (Arnold et al. 2014a; Wellnitz und Mayer 2013).

Datenauswertung: Die experimentell gewonnenen Daten müssen aufgezeichnet (Fradd et al. 2001) und beschrieben werden, um intersubjektiv nachvollziehbar zu sein (Mayer et al. 2008). Erst dann sollten sie mit Bezug zur Hypothese interpretiert werden. Die Interpretation sollte auch hinsichtlich ihrer Sicherheit und Einschränkungen der Gültigkeit reflektiert werden (Mayer und Ziemek 2006; Wellnitz und Mayer 2013). Solche Einschränkungen der Gültigkeit können sich auch aus der Kritik am methodischen Vorgehen ergeben, das im Hinblick auf weitere

Tab. 2.2 Anforderungen beim Experimentieren (nach Arnold et al. 2014a)

Teilkompetenz	Kompetenzaspekt	Anforderung an die Lernenden
Fragestellung	Die Lernenden sollen zu einem Phänomen eine naturwissenschaftlich prüfbare Fragestellung formulieren und dazu …	
	Abhängige Variable	… die abhängige (zu messende) Variable identifizieren können
	Unabhängige Variable	… eine unabhängige (zu untersuchende) Variable identifizieren können
	Frage nach kausalem Zusammenhang	… die Variablen in Form einer Frage in einen kausalen Zusammenhang stellen können
Hypothese	Die Lernenden sollen eine wissenschaftliche Hypothese formulieren und dazu …	
	Abhängige Variable	… die abhängige (zu messende) Variable identifizieren können (sofern dies nicht bereits im Rahmen der Fragestellung erfolgt ist)
	Unabhängige Variable	… eine unabhängige (zu untersuchende) Variable identifizieren können (sofern dies nicht bereits im Rahmen der Fragestellung erfolgt ist)
	Vorhersage	… den Zusammenhang der Variablen in Form einer Vorhersage der erwarteten Ergebnisse formulieren können
	Begründung	… ihre Hypothese begründen können
	Nullhypothese(n) und Alternativhypothese(n)	… eine Nullhypothese sowie eine Alternativhypothese benennen können
Planung und Durchführung	Die Lernenden sollen ein wissenschaftliches Experiment planen und durchführen und dazu …	
	Unabhängige Variable	… die unabhängige Variable in geeigneter Weise variieren können
	Abhängige Variable	… die abhängige Variable in geeigneter Weise operationalisieren können
	Störvariablen	… Störvariablen identifizieren und in geeigneter Weise kontrollieren können
	Messzeiten	… Zeitpunkt, Dauer und Intervalle der Messung in geeigneter Weise festlegen können
	Wiederholungen	… eine adäquate Zahl an Wiederholungen bzw. Parallelansätzen des Experiments berücksichtigen können
Datenauswertung	Die Lernenden sollen die Daten eines naturwissenschaftlichen Experiments auswerten und dazu …	
	Beschreibung	… die Daten beschreiben können
	Interpretation	… die Daten interpretieren können
	Sicherheit	… die Sicherheit der Deutung diskutieren können
	Methodenkritik	… das gesamte Vorgehen des Experiments kritisch reflektieren können
	Ausblick	… einen Ausblick auf folgende Untersuchungen geben können

Untersuchungen verbessert werden sollte (Chinn und Malhotra 2002; Mayer und Ziemek 2006). Meist ergeben sich aus der Analyse der Daten neue Forschungsfragen, die durch einen Ausblick thematisiert werden können.

Präsentation und Transfer: Auch wenn in ◘ Tab. 2.2 die Phase der Vermittlung und Veröffentlichung nicht extra aufgeführt ist, so handelt es sich dennoch um eine sehr wichtige Phase. Denn jetzt werden unter Bezug auf die ursprünglich aufgestellte Hypothese die Untersuchungsmethoden, die erhobenen Daten und gezogenen Schlüsse der Bezugsgruppe, den Peers (d. h. in der Ausbildung den anderen Lernenden bzw. in der Wissenschaft den anderen Forschenden) präsentiert und kritisch reflektiert (Bönsch 1994; Fradd et al. 2001; Martius et al. 2016). Wie in einem späteren Abschnitt noch deutlich wird, ist Forschung ein kollaborativer Prozess, der zur Qualitätssicherung auf den Austausch mit Peers angewiesen ist (▶ Abschn. 2.4.3).

2.4 Instruktions- und Sozialformen

Forschendem Lernen wird das Potenzial zugeschrieben, *Fach- und Methodenwissen* ebenso wie *Kompetenzen der Erkenntnisgewinnung* (Anderson 2002; Capps und Crawford 2013; Hof 2011; Völzke et al. 2013; Arnold 2015 bzw. Arnold et al. 2016) sowie eine *positive Einstellung* zu den Naturwissenschaften zu fördern (Hmelo-Silver et al. 2007; Eysink et al. 2009). Dennoch gibt es eine Diskussion über die Wirksamkeit des Forschenden Lernens (Kirschner et al. 2006; Hmelo-Silver et al. 2007; Sweller et al. 2007). Hierbei spielen auch Definitions- und Abgrenzungsschwierigkeiten des Begriffs „Forschendes Lernen" und die unterschiedlichen Zielsetzungen eine Rolle.

Kirschner et al. (2006) argumentieren, dass Forschendes Lernen als konstruktivistische Lernform nur minimal angeleitet sein kann und deshalb die Lernenden überfordere. Die *Cognitive Load Theory* (*CLT*; Sweller et al. 1998) geht davon aus, dass die kognitive Kapazität begrenzt ist und einerseits durch das inhaltliche Anspruchsniveau und die Komplexität des Materials *(intrinsic cognitive load)* sowie andererseits durch die äußerliche Gestaltung des Materials *(extraneous cognitive load)* beansprucht wird. Kirschner et al. (2006) gehen von einer höheren Lernwirksamkeit der direkten Instruktion aus, da durch diese Methode die gestaltungsbedingte kognitive Belastung reduziert ist.

Direkte Instruktion widerspricht jedoch dem Anspruch des Konstruktivismus (Hmelo-Silver et al. 2007) und würde dem Forschenden Lernen somit zumindest in Teilen seinen authentischen Charakter nehmen (Chinn und Malhotra 2002). Deshalb empfehlen Hmelo-Silver et al. (2007) *scaffolding* als möglichen Weg zur kognitiven Unterstützung der Lernenden. *Scaffolds* sind gerüstartige Lernunterstützungen (▶ Abschnitt 2.4.1), welche variabel an die Lernvoraussetzungen angepasst werden („student's zone of proximal development"; ebd., S. 100) und mit fortschreitender Entwicklung ausgeschlichen, d. h. schrittweise immer weiter reduziert und schließlich ganz eingestellt werden können.

Die Balancierung des Dilemmas aus Vor- und Nachteilen beider Ansätze (direkte Instruktion und konstruktivistische Vorgehensweise) und ihrer unterschiedlichen Lernziele stellt Lehrkräfte vor eine große Herausforderung. Deshalb sollten Lehrkräfte Erfahrungen bei der Gestaltung von Unterrichtseinheiten zum Forschenden Lernen sammeln. Sie sollten Hilfsmaßnahmen kennenlernen, durch welche sie die Lernenden bei ihrem Forschungsprozess unterstützen können, ohne dass dabei der forschende Charakter dieser Lehr-Lern-Form verloren geht. Geeignete Unterstützungsmaßnahmen werden im Folgenden vorgestellt.

2.4.1 Lernunterstützungen

Forschendes Lernen kann als kognitiv komplexer *Problemlöseprozess* (Klahr und Dunbar 1988; Mayer 2007) schnell zur kognitiven Überlastung der Lernenden führen (Kirschner et al. 2006). Wenn das Vorwissen und benötigte Fähigkeiten zu gering ausgeprägt sind, kann die Kapazität des Arbeitsgedächtnisses schnell ausgelastet sein (*CLT*; Sweller et al. 1998). Gemäß der *Cognitive Load Theory* kommt es zur Überlastung, weil aufgrund der begrenzten Kapazität des Arbeitsgedächtnisses keine Ressourcen mehr für die Konstruktion neuen Wissens genutzt werden können. Eine Möglichkeit, die Ressourcen beim Lernen zu bündeln, stellen Lernunterstützungen dar (Arnold et al. 2014b). Sie sollen für kognitive Entlastung (materialbedingter *extraneous cognitive load* sinkt) sorgen, sodass mehr Kapazität für bedeutsame Lernprozesse zur Verfügung steht (lernförderlicher *germane cognitive load* steigt).

Mögliche Lernunterstützungen werden mit einem Gerüst verglichen (engl. *scaffolds*; Puntambekar und Hübscher 2005). *Scaffolds* sind unterstützende Interaktionen zwischen Lernendem und Lehrendem, die dazu führen, dass Lernende ein Problem lösen können, das ohne Unterstützung unlösbar geblieben wäre. Mit dem fortschreitenden Lernprozess werden die Unterstützungen jedoch immer weiter abgebaut (ausgeschlichen). Eine weitere Auslegung des Begriffs umfasst inzwischen verschiedene unterstützende Interaktionen, wie z. B. auch Interaktionen zwischen dem Lernenden und dem Material (materialbasierte Aufgabenformate) sowie Peerinteraktionen (Sozialform; vgl. Puntambekar und Hübscher 2005). Materialbasierte *scaffolds* sind im Vorfeld an die Voraussetzungen der Lernenden angepasst.

Im Folgenden sollen gestufte Lernhilfen (► Abschn. 2.4.2) zur Unterstützungen des Forschenden Lernens vorgestellt werden, welche sowohl den Prozess des Forschenden Lernens strukturieren bzw. anleiten (Arbeitshinweise) als auch konkrete Umsetzungsmöglichkeiten aufzeigen (Rückmeldungen, Lösungsbeispiele). Darüber hinaus kann das kooperative Lernen (► Abschn. 2.4.3) als Sozialform die Reflexion über den Prozess bestärken.

2.4.2 Lösungsbeispiele und gestufte Lernhilfen beim Experimentieren

In der Diskussion zwischen Hmelo-Silver et al. (2007), Kirschner et al. (2006) und Sweller et al. (2007) schlagen Letztere *worked examples* (Lösungsbeispiele) vor, um das Forschende Lernen durch diese angeleitete Komponente effektiver werden zu lassen. Lösungsbeispiele umfassen neben Problemstellung und Lernziel auch eine mögliche Lösung auf dem Weg dorthin. Durch die dargebotenen Schritte zur Lösung können die Lernenden generalisierte Lösungsschemata ableiten (van Merriënboer et al. 2003). Sweller et al. (2007) sehen einen sich anbahnenden Konsens in der Lernforschung, dass auch in konstruktivistischen Lernformen direkte Instruktion von Bedeutung ist und somit strukturell integriert werden kann. Insofern sehen sie Lösungsbeispiele (*worked examples*) als den ultimativen Schritt für eine effektive Unterstützung beim Forschenden Lernen an. Gestufte Lernhilfen sind eine Weiterentwicklung dieser Lösungsbeispiele, indem sie die Vorteile von Lösungsbeispielen und *scaffolds* vereinen.

Lösungsbeispiele können zu höherer Lernleistung führen (Sweller et al. 2007). Einschränkend zeigen Schmidt-Weigand et al. (2008) jedoch auf, dass es bei großem Vorwissen durchaus zu einem *expertise reversal effect* (Kalyuga et al. 2001) kommen kann. Durch die Lösungsbeispiele können die sehr fähigen Lernenden von einer eigenständigen Lösungsfindung abgehalten werden. Umgekehrt könnten aber auch die Lösungsbeispiele noch zu schwierig sein.

Schmidt-Weigand et al. (2008) leiten daraus ab, dass die Unterstützung an den Lernenden angepasst werden muss. Sie schlagen vor, „Lernende während des Lernens zu Selbsterklärungen aufzufordern (prompting)", um an vorhandene Fähigkeiten anzuknüpfen, und dass die Lehrpersonen daraufhin „instruktionale Erklärungen [...] als Rückmeldungen für zuvor erzeugte Selbsterklärungen" (S. 368) geben.

Als gestufte Lernhilfen werden solche Unterstützungsmaßnahmen bezeichnet, die zu (1) „lernrelevanten (kognitiven) Handlungen" auffordern und (2) „eine Antwort oder inhaltliche Erläuterung, die als Rückmeldung" dient, geben (Schmidt-Weigand et al. 2008, S. 369). Mit diesen gestuften Lernhilfen können die Lernenden (1) ihre Bedürftigkeit im *scaffolding* (Umfang des benötigten Hilfsgerüstes) selbst diagnostizieren (Puntambekar und Hübscher 2005), um dann (2) auf die jeweiligen konkreten Hilfestellungen und Tipps zurückzugreifen. So nutzen die Lernenden Arbeitshinweise und Lösungen nur dann, wenn sie auch erforderlich sind. Weiterhin können die Unterstützungen von den Lernenden selbst „abgebaut" werden, sobald diese aufgrund ihrer wachsenden Fähigkeiten bemerken, dass sie die Hilfestellungen nicht mehr benötigen.

Schmidt-Weigand et al. (2008) konnten die Wirksamkeit gestufter Lernhilfen (schrittweise abrufbare Handlungsaufforderungen und Problemlösungsschritte) für eine komplexe naturwissenschaftliche Problemstellung in einer neunten Jahrgangsstufe in Physik nachweisen. Arnold (2015) sowie Arnold et al. (2016) gelang der Übertrag der gestuften Lernhilfen auf die Förderung des wissenschaftlichen Denkens durch Forschendes Lernen in der gymnasialen Oberstufe im Fach Biologie. Bruckermann et al. (2017) konnten die Wirksamkeit des Ansatzes bezüglich der Förderung des wissenschaftlichen Denkens in der Lehramtsausbildung Biologie nachweisen.

2.4.3 Kooperatives Lernen beim Experimentieren

Neben der Strukturierung des Experimentierens durch gestufte Lernhilfen bietet auch die Sozialform des kooperativen Lernens eine Unterstützungsmaßnahme für den Lernprozess an. Es handelt sich hierbei um *scaffolding*, also um den Bau eines Hilfsgerüsts, bedingt durch Peerinteraktionen (Puntambekar und Hübscher 2005). Nicht nur das Lernen in der Schule oder der universitären Ausbildung ist durch Kooperationsprozesse geprägt, sondern auch der wissenschaftliche Forschungsprozess, denn Forschung ist Teamarbeit:

> Prozesse der Hervorbringung neuen Wissens, der Wissensaneignung, der Wissensmodifikation oder des Wissenstransfers sind nur als (zumindest indirekte) Kooperationskonstellationen denkbar. (Wehner et al. 2004, S. 168)

Das Forschende Lernen folgt der kooperativen Vorgehensweise im wissenschaftlichen Forschungsprozess, indem es kein Konzept für Einzelkämpfende, sondern für kreative Gruppen ist. Forschendes Lernen umfasst das kooperative Lernen somit als wichtigen Baustein (Mayer und Ziemek 2006; Messner 2009; Martius et al. 2016).

Eine Methode des kooperativen Lernens, welche zu einer Phasierung des Forschenden Lernens führt, ist der Dreischritt des *Think-Pair/Square-Share*. Durch diesen Dreischritt werden kooperativ arbeitende Gruppen aufgefordert, den Prozess unter Beteiligung aller Lernenden zu diskutieren. Dazu werden z. B. die Hypothesen in Einzelarbeit vorbereitet (*Think*) und anschließend in der Gruppe diskutiert (*Pair/Square*). Nach Abschluss des Experiments werden die Ergebnisse präsentiert und mit den Peers diskutiert (*Share*). Die Präsentation der Ergebnisse kann auf der Grundlage eines Protokolls erfolgen. Das Protokoll erfordert, dass die Lernenden ihr theoretisches Wissen und ihre praktischen Fähigkeiten reflektieren, um den Experimentierprozess umfassend zu dokumentieren (Hmelo-Silver 2006, S. 151). Der Dreischritt aus *Think-Pair/Square-Share* verbindet unterschiedliche Sozialformen aus Einzel-, Gruppen- (bzw. Partner-) und Plenumsarbeit miteinander. Sozialformen, die kooperatives Lernen anregen, können *scaffolds* zur Verfügung stellen, indem sich Lernende gegenseitig unterstützen. In der Taxonomie nach Hmelo-Silver (2006) regen sie zu Austausch, Diskussion und Erklärungen an („eliciting articulation", S. 151).

2.5 Erwerb von Professionswissen zum Forschenden Lernen

Ob die genannten Vorteile des Forschenden Lernens (Erwerb von Fach- und Methodenwissen sowie von Kompetenzen der Erkenntnisgewinnung) von Lehrkräften in der Schule genutzt werden, hängt von ihrem *fachlichen Wissen* über Erkenntnisgewinnung und *fachdidaktischen Wissen* über Forschendes Lernen sowie ihren *Einstellungen* zum Lehren und Lernen ab (Crawford 2007, S. 636). Oft sind es Erfahrungen aus ihrem Studium, die Lehramtsstudierende in ihrem Unterricht beeinflussen. Der Stillstand in der Lehramtsausbildung durch das Festhalten an instruktionalen Lehrformen spiegelt sich somit im Schulunterricht wider. Dagegen sollten Studierende während ihrer Ausbildung bereits Erfahrungen mit jenen Lehr-Lern-Konzepten machen, die sie später in ihren Unterrichtsstunden auch einmal selber einsetzen sollten (Bohnsack 2000, S. 94f.). In der Biologiedidaktik wäre ein solches wünschenswertes Lehr-Lern-Konzept das Forschende Lernen inklusive der dazu passenden Prüfungsformen (Crawford 2007, S. 638). Die universitäre Lehre hat also eine Modellfunktion für den späteren Schulunterricht, insbesondere auch hinsichtlich der Vermittlung des Forschenden Lernens.

Wie es gelingen kann, Lehrkräfte im Bereich des Forschendes Lernens zu professionalisieren, zeigen Capps et al. (2012, S. 299ff.) in einem Review, worin sie neun Faktoren für eine gelungene Aus- bzw. Fortbildung im Forschenden Lernen identifizieren („inquiry professional development"):

1. ausreichend lange Kursdauer zur Behebung von Zweifeln und Fehlvorstellungen zum Forschen und Forschenden Lernen,
2. längerfristige Unterstützung der Lehrkräfte in ihrem eigenen Unterricht über den Kurs hinaus,
3. authentische Erfahrungen in der Forschung,
4. Kohärenz zu bestehenden Ausbildungsstandards,
5. Entwicklung eigener Unterrichtsstunden zum Forschenden Lernen,
6. Forschendes Lernen durch modellhafte Unterrichtsstunden persönlich erfahren,
7. Reflexionen über das Forschende Lernen durch Diskussionen und Protokolle,
8. explizite Überlegungen für den Transfer der Methode des Forschenden Lernens in die eigene Schule und
9. Vermittlung von Fachwissen (u. a. über Forschungsmethoden und die Natur der Naturwissenschaften).

Forschendes Lernen sollte in der Lehramtsausbildung alle oben genannten Faktoren adressieren. Dabei kann es unterschiedliche Funktionen umfassen. So kann Forschendes Lernen dazu dienen,

- subjektiv neues (Fach-)Wissen zu erwerben,
- selbst Forschen zu lernen und
- Forschendes Lernen zu unterrichten zu lernen.

Dabei sollte mit der potenziell lernhinderlichen Vermischung vom Experiment als Teil von Forschung oder Lehre reflexiv umgegangen werden, wie Gyllenpalm und Wickman (2011) beschreiben. In ihrem Sinne sollte beim Forschenden Lernen mit Experimenten herausgestellt werden, inwieweit hiermit bekannte Theorien veranschaulicht („learning science content"), Laborfertigkeiten eingeübt („learning to do inquiry") und/oder Prinzipien der Variablenkontrolle („learning about inquiry") erlernt werden sollen (ebd. S. 922). In der Lehramtsausbildung kommt als zusätzliches Ziel noch das Erlernen, wie Naturwissenschaften im Unterricht vermittelt werden können, hinzu („learning to teach science") (S. 923).

Letzteres Ziel kann beim Forschenden Lernen beispielsweise in Form des Nachvollziehens historischer Problemstellungen (Erwerb von subjektiv neuem Wissen) Anwendung finden. Durch das Bearbeiten „ehemaliger" Forschungsfragen der Wissenschaft können die Lehramtsstudierenden

- modellhaft ausgewählte, einfach durchführbare Forschungsprozesse durchlaufen und damit Erfahrungen mit der Lehr-Lern-Form des Forschenden Lernens sammeln und diese reflektieren (Crawford 2007; Capps et al. 2012),
- Inhaltswissen zu den Prinzipien der Erkenntnisgewinnung erwerben (*learning about science*; Gyllenpalm und Wickman 2011),
- eine forschende Haltung entwickeln, auf deren Grundlage weitere Forschungsideen und -arbeiten entstehen können (Huber 2009).

Eine gelungene Lehramtsausbildung zum Forschenden Lernen berücksichtigt insbesondere die nachfolgend genannten vier Faktoren aus folgenden Gründen (Capps et al. 2012):

1. Ausbildungsstandards enthalten Anforderungen an angehende Lehrerinnen und Lehrer, die im Rahmen der Ausbildung berücksichtigt werden müssen und auf die spätere Tätigkeiten im Unterricht vorbereiten.
2. Modelliertes Forschendes Lernen ermöglicht, die Lernchancen und -schwierigkeiten dieses Lehr-Lern-Konzepts „am eigenen Leib" zu erfahren.
3. Inhaltswissen ist beim Forschenden Lernen eine notwendige Voraussetzung, denn worüber man nichts weiß, kann man nicht sprechen.
4. Authentische Erfahrungen mit Forschungsprozessen fördern eine forschende Haltung, welche die Grundlage zum Angehen neuer Forschungsprojekte bildet.

Im Folgenden wird erläutert, inwiefern die vier genannten (Erfolgs-)Faktoren in dem Konzept zum Forschenden Lernen, welches diesem Buch zugrunde liegt, in der Lehramtsausbildung berücksichtigt werden können.

Ausbildungsstandards: In den ländergemeinsamen inhaltlichen Anforderungen für die Fachwissenschaften und Fachdidaktiken in der Lehramtsausbildung, welche von der Kultusministerkonferenz (2010) herausgegeben wurden, beziehen sich die dort genannten Ausbildungsstandards auch auf das Forschende Lernen mit Experimenten als Erkenntnismethode (► Abschn. 2.2). Sie verlangen den Kompetenzerwerb in „basalen Arbeits- und Erkenntnismethoden der Biologie" und im „hypothesengeleiteten Experimentieren als auch im Vergleichen sowie im Handhaben von (schulrelevanten) Geräten" (KMK 2010, S. 18).

Modelliertes Forschendes Lernen: Forschendes Lernen mit gestuften Lernhilfen wurde anhand ausgewählter Inhalte für den schulischen Biologieunterricht erprobt (Arnold 2015). Die kognitiven Lernhilfen knüpfen dabei an das Vorwissen der Lernenden an und unterstützen die

Entwicklung kognitiver Lösungsschemata (Schmidt-Weigand et al. 2008). Forschendes Lernen mit gestuften Lernhilfen soll jetzt auch in der Lehramtsausbildung eingesetzt werden. Die Lehramtsstudierenden erleben dabei aus Lernerperspektive modellartig den Prozess des Forschens und werden mittels gestufter Lernhilfen schrittweise durch diesen geführt. Die Lernhilfen unterstützen die Studierenden darin, subjektiv neues Wissen an bereits bestehendes Vorwissen anzuknüpfen und für sie notwendige Unterstützungsmaßnahmen selbst zu diagnostizieren und einzuholen. Dadurch übernehmen die Studierenden Verantwortung für ihren Lern- und Erkenntnisprozess.

Inhaltswissen: Die gestuften Lernhilfen unterstützen explizit den Erwerb von Wissen über die Prinzipien der Erkenntnisgewinnung, indem sie zur Selbsterklärung anleiten (Schmidt-Weigand et al. 2008, S. 369). Dabei fordern Fragen (*Prompts*) die Lernenden zunächst zur eigenen Erklärung der geforderten Aspekte beim Experimentieren auf. Die von den Lernenden gegebenen Erklärungen können anschließend, wenn notwendig, durch Lösungsbeispiele überprüft werden und dienen als Rückmeldung zu den Selbsterklärungen. Diese Abstufung bzw. Zweiteilung der Lernhilfen ermöglicht einen an das Vorwissen der Lernenden angepassten Wissenserwerb.

Forschende Haltung: Capps et al. (2012, S. 300) betonen, wie wichtig es ist, dass Lehrerinnen und Lehrer authentische Erfahrungen in der Forschung machen. Nur so lernen sie, wie Lernende im Forschungsprozess unterstützt werden können. Dieser Forschungsprozess fordert eine innerliche Haltung, die durch Neugier geprägt ist (NRC 2000, S. XII). Eine solche Neugier muss auch die Triebfeder beim Forschenden Lernen sein, selbst wenn es sich hierbei nur um ein Nachentdecken und den Erwerb subjektiv neuen Wissens handelt. Wecken und aufrechterhalten lässt sich diese Neugier, wenn bei den Forschungsfragen ein Lebensweltbezug besteht und sich die Fragen mit dem bereits vorhandenen Wissen und den Fähigkeiten der Lernenden bearbeiten lassen. Der Nachvollzug historischer Problemstellungen kann diesen Anforderungen zumindest ansatzweise entsprechen und somit eine forschende Haltung fördern (Huber 2009).

Hodson (1996) schlägt vor, dass Forschendes Lernen in drei Phasen der Modellierung, angeleiteter Übung und Anwendung realisiert werden soll. Die Modellierung entspricht dabei dem eigenständigen Durchlaufen vorstrukturierter, eher historisch ausgerichteter, nur subjektiv neuer Forschungsprozesse. Das Ziel dieser Modellierung ist, Wissen über Erkenntnisprinzipien zu vermitteln und eine forschende Haltung zu fördern. Daran anschließend sollten in der Lehramtsausbildung weitere authentische Forschungserfahrungen möglich sein. Hierfür könnten die Studierenden zuerst unter Anleitung und dann selbstständig eigene Forschungsfragen entwickeln und bearbeiten. Dies kann sowohl im Fach, also in der Biologie, als auch in den Bildungswissenschaften erfolgen. Darauf aufbauend (gegebenenfalls auch parallel dazu) sollten die Lehramtsstudierenden eigene Unterrichtsideen bzw. -stunden zum Forschenden Lernen entwickeln und diese dann mit (Klein-)Gruppen von Schülerinnen und Schülern praktisch durchführen. Von den verschiedenen Ausbildungsphasen zur Realisierung des Forschenden Lernens im späteren Schulunterricht wird in diesem Buch die erste Phase in einem didaktischen Doppeldecker aufgegriffen: die Modellierung

- zum Erwerb von subjektiven Forschungserfahrungen und
- von forschenden Unterrichtsstunden aus Lernendenperspektive.

Die hier vorgestellten materialgebundenen Fördermaßnahmen sind offen für Abänderungen, denn auch beim Forschenden Lernen sind die erreichbaren Lernziele von der Passung der Methode abhängig (Hmelo-Silver et al. 2007).

Literatur

Aepkers M (2002) Forschendes Lernen – einem Begriff auf der Spur. In: Aepkers M, Liebig S (Hrsg) Basiswissen Pädagogik. Unterrichtskonzepte und -techniken. Band 4. Entdeckendes, forschendes und genetisches Lernen. Schneider-Verlag Hohengehren, Baltmannsweiler, S 69–87

Anderson RD (2002) Reforming science teaching: what research says about inquiry. J Sci Teach Educ 13:1–12

Arnold J (2015) Die Wirksamkeit von Lernunterstützungen beim Forschenden Lernen. Eine Interventionsstudie zur Förderung des Wissenschaftlichen Denkens in der gymnasialen Oberstufe. Logos, Berlin

Arnold J, Kremer K, Mayer J (2014a) Schüler als Forscher – Experimentieren kompetenzorientiert unterrichten und beurteilen. Mathematisch und naturwissenschaftlicher Unterricht (MNU) 67:83–91

Arnold J, Kremer K, Mayer J (2014b) Understanding students' experiments – what kind of support do they need in inquiry tasks? Int J Sci Educ 36:2719–2749. doi:10.1080/09500693.2014.930209

Arnold J, Kremer K, Mayer J (2016) Concept Cartoons als diskursiv-reflexive Szenarien zur Aktivierung des Methodenwissens beim Forschenden Lernen. Biologie Lehren und Lernen – Zeitschrift für Didaktik der Biologie 20:33–43. doi:10.4119/UNIBI%2Fzdb-v1-i20-324

Baumert J, Kunter M (2006) Stichwort: Professionelle Kompetenz von Lehrkräften. Zeitschrift für Erziehungswissenschaften 9:469–520

Berck K-H (2001) Biologiedidaktik Grundlagen und Methoden. Quelle und Meyer, Wiebelsheim

Bohnsack F (2000) Probleme und Kritik der universitären Lehrerausbildung. In: Bayer M, Bohnsack F, Koch-Priewe B, Wildt J (Hrsg) Lehrerin und Lehrer werden ohne Kompetenz? Professionalisierung durch eine andere Lehrerbildung. Klinkhardt, Bad Heilbrunn, S 52–123

Bönsch M (1991) Variable Lernwege. Ein Lehrbuch der Unterrichtsmethoden. Schöningh, Paderborn

Bönsch M (1994) Forschendes Lernen als Lernprozeß im Sachunterricht der Grundschule. Sachunterricht und Mathematik in der Primarstufe 22:286–290

Bortz J, Döring N (2006) Forschungsmethoden und Evaluation für Human- und Sozialwissenschaftler. Springer, Berlin

Bruckermann, T., Aschermann, E., Bresges, A., & Schlüter, K. (2017). Metacognitive and multimedia support of inquiry learning in science teacher preparation. Int J Sci Educ, 39, 1–26. doi: 10.1080/09500693.2017.1301691

Capps DK, Crawford BA (2013) Inquiry-based instruction and teaching about nature of science: are they happening? J Sci Teach Educ 24: 497 -526. doi: 10.1007/s10972-012-9314-z

Capps DK, Crawford BA, Constas MA (2012) A review of empirical literature on inquiry professional development: alignment with best practices and a critique of the findings. J Sci Teach Educ 23:291–318

Chinn CA, Malhotra BA (2002) Epistemologically authentic inquiry in schools: a theoretical framework for evaluating inquiry tasks. Sci Educ 86:175–218

Crawford BA (2007) Learning to teach science as inquiry in the rough and tumble of practice. J Res Sc Teach 44:613–642

Eysink THS, Jong T de, Berthold K, Kolloffel B, Opfermann M, Wouters P (2009) Learner performance in multimedia learning arrangements: an analysis across instructional approaches. Am Educ Res J 46:1107–1149. doi:10.3102/0002831209340235

Fradd SH, Lee O, Sutmann FX, Saxton MK (2001) Promoting science literacy with English language learners through instructional materials development: a case study. Biling Res J 25:417–439

Fries E, Rosenberger D (1970) Forschender Unterricht. Ein Beitrag zur Didaktik und Methodik des mathematischen und naturwissenschaftlichen Unterrichts in der Volks- und Realschule. Verlag Moritz Diesterweg, Frankfurt a. M.

Gott R, Duggan S, Roberts R (2016) Concepts of evidence. Resource document. University of Durham. http://crystaloutreach.ualberta.ca/en/ScienceReasoningText/~/media/crystal/Documents/ScienceReasoningText/ConceptsOfEvidenceGott.pdf. Zugegriffen:10. Mai 2016

Gropengießer H (2013) Experimentieren. In: Gropengießer H, Harms U, Kattmann U (Hrsg) Fachdidaktik Biologie. Aulis Verlag, Hallbergmoos, S 284–293

Gyllenpalm J, Wickman P-O (2011) „Experiments" and the inquiry emphasis conflation in science teacher education. Sci Educ 95:908–926

Hmelo-Silver CE (2006) Design principles for scaffolding technology-based inquiry. In: O'Donnell AM, Hmelo-Silver CE, Erkens G (Hrsg) Collaborative learning, reasoning, and technology. Routledge, New York, S. 147–170

Hmelo-Silver CE, Duncan RG, Chinn CA (2007). Scaffolding and achievement in problem-based and inquiry learning: a response to Kirschner, Sweller, and Clark (2006). Educ Psychol 42:99–107. doi:10.1080/00461520701263368

Hodson D (1996) Laboratory work as scientific method: three decades of confusion and distortion. J Curriculum Stud 28:115–135

Hodson D (2014) Learning science, learning about science, doing science: different goals demand different learning methods. Int J Sci Educ 36:2534–2553

Hof S (2011) Wissenschaftsmethodischer Kompetenzerwerb durch Forschendes Lernen. Entwicklung und Evaluation einer Interventionsstudie. Kassel University Press, Kassel

Huber L (1998) Forschendes Lehren und Lernen – eine aktuelle Notwendigkeit. Das Hochschulwesen 46:3–10

Huber L (2009) Warum Forschendes Lernen möglich und nötig ist. In: Huber L, Hellmer J, Schneider F (Hrsg) Forschendes Lernen im Studium. UniversitätsVerlagWebler, Bielefeld, S 9–35

Huber L (2014) Forschungsbasiertes, Forschungsorientiertes, Forschendes Lernen: Alles dasselbe? Ein Plädoyer für eine Verständigung über Begriffe und Unterscheidungen im Feld forschungsnahen Lehrens und Lernens. Das Hochschulwesen. Forum für Hochschulforschung, -praxis und Politik 62:22–29

Kalyuga S, Chandler P, Tuovinen J, Sweller J (2001) When problem solving is superior to studying worked examples. J Educ Psychol 93:579–588

Kirschner PA, Sweller J, Clark RE (2006) Why minimal guidance during instruction does not work: an analysis of the failure of constructivist, discovery, problem-based, experiential, and inquiry-based teaching. Educa Psychol 41:75–86

Klahr D, Dunbar K (1988) Dual space search during scientific reasoning. Cognitive Sci 12:1–48

Krämer P, Nessler S, Schlüter K (2015a) Forschendes Lernen als Herausforderung für Studierende & Dozenten. Schlussfolgerungen und Lösungsvorschläge für die Lehramtsausbildung. In: Hammann M, Mayer J, Wellnitz N (Hrsg) Lehr- und Lernforschung in der Biologiedidaktik, Band 6. Studienverlag, Innsbruck

Krämer P, Nessler S, Schlüter K (2015b) Teacher students' dilemmas when teaching science through inquiry. Res Sci Technol Educ 33:325–343. doi:10.1080/02635143.2015.1047446

Kremer K, Specht C, Urhahne D, Mayer J (2014) The relationship in biology between the nature of science and scientific inquiry. J Biol Educ 48:1–8. doi:10.1080/00219266.2013.788541

Kultusministerkonferenz [KMK] (2010) Ländergemeinsame inhaltliche Anforderungen für die Fachwissenschaften und die Fachdidaktiken in der Lehrerbildung. Resource document. Kultusministerkonferenz. http://www.akkreditierungsrat.de/fileadmin/Seiteninhalte/KMK/Vorgaben/KMK_Lehrerbildung_inhaltliche_Anforderungen_aktuell.pdf. Zugegriffen:10. Mai 2016

Martius T, Delvenne L, Schlüter K (2016) Forschendes Lernen im naturwissenschaftlichen Unterricht – Verschiedene Konzepte, ein gemeinsamer Kern? Mathematisch und naturwissenschaftlicher Unterricht (MNU) 69:220–228

Mayer J (2007) Erkenntnisgewinnung als wissenschaftliches Problemlösen. In: Krüger D, Vogt H (Hrsg) Theorien in der biologiedidaktischen Forschung. Springer, Berlin, S 177–184

Mayer J, Ziemek HP (2006) Offenes Experimentieren. Forschendes Lernen im Biologieunterricht. Unterricht Biologie 317:4–12

Mayer J, Grube C, Möller A (2008) Kompetenzmodell naturwissenschaftlicher Erkenntnisgewinnung. In: Harms U, Sandmann A (Hrsg) Lehr- und Lernforschung in der Biologiedidaktik, Band 3. Studienverlag, Innsbruck, S 63–79

McComas WF (1996) Ten myths of science: re-examining what we think we know about the nature of science. Sch Sci Math 96:10–15

Meier M, Mayer J (2012) Experimentierkompetenz praktisch erfassen – Entwicklung und Validierung eines anwendungsbezogenen Aufgabendesigns. In: Harms U, Bogner FX (Hrsg) Lehr- und Lernforschung in der Biologiedidaktik, Band 5. Studienverlag, Innsbruck, S 81–98

Messner R (2009) Forschendes Lernen aus pädagogischer Sicht. In: Messner R (Hrsg) Schule Forscht. Ansätze und Methoden Forschenden Lernens. Körber-Stiftung, Hamburg, S 15–30

Minner DD, Levy AJ, Century J (2010) Inquiry-based science instruction – what is it and does it matter? Results from a research synthesis years 1984 to 2002. J Res in Sci Teach 47:474–496

National Research Council (2000) Inquiry and the national science education standards. National Academy Press, Washington

National Science Teachers Association [NSTA] (2012). Knowledge base supporting the 2012 standards for science teacher preparation. Resource document. National Science Teacher Association. http://www.nsta.org/preservice/docs/KnowledgeBaseSupporting2012Standards.pdf. Zugegriffen: 10. Mai 2016

Neber H (2001) Entdeckendes Lernen. In: Rost D (Hrsg) Handwörterbuch Pädagogische Psychologie. Beltz, Weinheim, S 115–121

Priemer B (2011) Was ist das Offene beim offenen Experimentieren? Zeitschrift für Didaktik der Naturwissenschaften 17:315–337

Puntambekar S, Hübscher R (2005) Tools for scaffolding students in a complex learning environment: what have we gained and what have we missed? Educ Psychol 40:1–12

Puthz V (1988) Experiment oder Beobachtung. Überlegungen zur Erkenntnisgewinnung in der Biologie. Unterricht Biologie 132:11–13

Schmidkunz H, Lindemann, H (2003) Das Forschend-entwickelnde Unterrichtsverfahren. Problemlösen im naturwissenschaftlichen Unterricht. Paul List Verlag, München

Schmidt-Weigand F, Franke-Braun G, Hänze M (2008) Erhöhen gestufte Lernhilfen die Effektivität von Lösungsbeispielen? Eine Studie zur kooperativen Bearbeitung von Aufgaben in den Naturwissenschaften. Unterrichtswissenschaft 36:365–384

Schneider R, Wildt J (2009) Forschendes Lernen und Kompetenzentwicklung. In: Huber L, Hellmer J, Schneider F (Hrsg) Forschendes Lernen im Studium. UniversitätsVerlagWebler, Bielefeld, S 53–69

Sweller J, van Merriënboer JJ, Paas FG (1998) Cognitive architecture and instructional design. Educ Psychol Rev 10:251–296

Sweller J, Kirschner PA, Clark RE (2007) Why minimally guided teaching techniques do not work: a reply to commentaries. Educ Psychol 42:115–121

van Merriënboer JJ, Kirschner PA, Kester L (2003). Taking the load off a learner's mind: Instructional design for complex learning. Educ Psychol 38:5–13

Völzke K, Arnold J, Kremer K (2013) Schüler planen und beurteilen ein Experiment – Denken und Verstehen beim naturwissenschaftlichen Problemlösen. Zeitschrift für interpretative Schul- und Unterrichtsforschung (ZISU) 2:58–86

Wehner T, Dick M, Clases C (2004) Wissen orientiert Kooperation–Transformationsprozesse im Wissensmanagement. In: Reinmann K, Mandl F (Hrsg) Psychologie des Wissensmanagements. Hogrefe, Göttingen, S 161–175

Wellnitz N, Mayer J (2008) Evaluation von Kompetenzstruktur und -niveaus zum Beobachten, Vergleichen, Ordnen und Experimentieren. Erkenntnisweg Biologiedidaktik 7:129–144

Wellnitz N, Mayer J (2013) Erkenntnismethoden in der Biologie – Entwicklung und Evaluation eines Kompetenzmodells. Zeitschrift für Didaktik der Naturwissenschaften 19:315–345

Temperatureinfluss auf die Diffusionsgeschwindigkeit

Andreas Peters, Till Bruckermann und Kirsten Schlüter

T. Bruckermann, K. Schlüter (Hrsg.), *Forschendes Lernen im Experimentalpraktikum Biologie*,
DOI 10.1007/978-3-662-53308-6_3

Dieses Kapitel behandelt den physikalischen Prozess der Diffusion. Es wird erläutert, dass die ungerichtete und zufällige Bewegung von Teilchen Ursache dieses Phänomens ist. Daraufhin sollen mögliche Faktoren ermittelt werden, die einen Einfluss auf die Diffusionsgeschwindigkeit haben. Diese können anschließend durch eine Veränderung des in der Sachinformation vorgestellten Experimentaufbaus überprüft werden.

Nach der Bearbeitung dieses Kapitels sollen Sie eine Forschungsfrage hypothesengeleitet untersuchen und auf der Grundlage Ihrer Ergebnisse beantworten können. Im Speziellen können Sie …

Fachwissen
- Beispiele für Diffusion in Lebewesen benennen.
- Diffusionsgeschwindigkeiten in Abhängigkeit von der Konzentration und Temperatur verschiedener Lösungen vorhersagen und erklären.
- Diffusion anhand der thermischen Bewegung von Teilchen erklären.

Wissenschaftliches Denken
- alltägliche Phänomene als Grundlage einer wissenschaftlichen Forschungsfrage benennen.
- eine arbeitsleitende Hypothese entwickeln und theoretisch begründen.
- ein Experiment planen, benötigte Laborgeräte auswählen und die Auswahl begründen.
- eine sinnvolle Messmethode für das Experiment auswählen.
- Beobachtungen anstellen und dokumentieren.
- aufgrund Ihrer Daten und zugrundeliegender Theorie die Forschungsfrage angemessen beantworten.
- durch Beurteilung Ihrer Daten mögliche Einschränkungen in der Aussagekraft des Experiments identifizieren.

Laborfertigkeiten
- Lösungen unterschiedlicher Konzentration ansetzen (Berechnungen anstellen, Massen abwiegen und Volumina abmessen).
- Lösungen unterschiedlicher Dichte mit Pasteurpipetten im Reagenzglas schichten.

Zeitaufwand: Experimentaufbau/Vorbereitung: 5 bis 10 Minuten; Durchführung: 20 bis 30 Minuten (für eindeutigere Ergebnisse eventuell Ansätze über Nacht stehen lassen)

3.1 Sachinformationen

Die Diffusion spielt bei vielen Stoffwechselprozessen aller Organismen eine große Rolle. So beruht beispielsweise der Austausch von Gasen zwischen dem Blutkreislaufsystem und der Luft in unseren Lungen bei der Atmung auf diesem Phänomen.

Dabei handelt es sich um einen selbstständig ablaufenden, physikalischen Prozess. Er beschreibt den Konzentrationsausgleich von Teilchen (z. B. Atome, Ionen, Moleküle) in mehreren Gasen oder Flüssigkeiten, die miteinander in Kontakt stehen.

Geht man zum Beispiel von zwei Flüssigkeiten mit unterschiedlich hohen Teilchenkonzentrationen aus, so werden sich diese nach einem bestimmten Zeitintervall angleichen. Dabei bewegen sich mehr Teilchen von den Bereichen höherer hin zu geringerer Konzentration als umgekehrt. Die zugrunde liegende Treibkraft ist die Eigenbewegung der Teilchen in einem System, das einem thermodynamischen Gleichgewicht entgegenstrebt. Aus der thermischen Bewegung der Teilchen folgt auch, dass weniger Energie als zu Beginn zur Verfügung steht. Dadurch erhöht sich die Entropie im System.

Nimmt man die Kontaktfläche zweier Lösungen als Grenzschicht an, so passieren in einem bestimmten Zeitintervall, auch bei vollkommen ungerichteter Bewegung, mehr Teilchen der höheren Konzentration die Grenze und gelangen in die Lösung geringerer Konzentration, als es umgekehrt der Fall ist. Diese Annahme beruht auf Wahrscheinlichkeitsberechnungen, da sich in Lösungen hoher Konzentration mehr Teilchen befinden, die potenziell die Grenzschicht passieren können. Die Konzentrationen haben sich angeglichen, wenn schließlich im Durchschnitt genauso viele Teilchen aus einer Lösung hinauswandern, wie in sie hineingelangen.

Eine Möglichkeit, diesen Prozess bei Flüssigkeiten zu visualisieren, bieten Lösungen mit stark färbenden Partikeln wie zum Beispiel Tinte. Hierfür wird zunächst ein Reagenzglas mit einer Natriumchloridlösung (Kochsalz) befüllt, die eine leicht höhere spezifische Dichte als die Tinte besitzt. Die Salzlösung wäre dann schwerer als die Tintenlösung, wenn beide Lösungen in gleichen Volumina vorliegen würden. Die höhere Dichte der Salzlösungen ist notwendig, damit beim anschließenden Aufschichten der Tintenlösung mittels Pasteurpipette diese als obere Schicht bestehen bleibt und nicht bis zum Boden des Reagenzglases herabsinkt (◘ Abb. 3.1a). Eine sofortige Vermischung beider Lösungen würde die Beobachtungen des oben beschriebenen Phänomens erschweren bzw. gar nicht erst ermöglichen, da man so keine klare Grenzfläche erhalten würde. Nach erfolgreicher Aufschichtung der Tinte lässt sich nach einigen Minuten erkennen, dass sich die klare Natriumchloridlösung leicht bläulich färbt (◘ Abb. 3.1b). Lässt man den Ansatz für längere Zeit stehen, wird sich letztendlich eine homogene Farbverteilung einstellen, was auf einen Ausgleich der Farbpartikelkonzentrationen zwischen beiden Lösungen schließen lässt (◘ Abb. 3.1c).

Auf Grundlage dieses Experimentaufbaus kann man weiterführend ermitteln, von welchen Faktoren die Diffusionsgeschwindigkeit beeinflusst wird. Könnte zum Beispiel die Temperatur

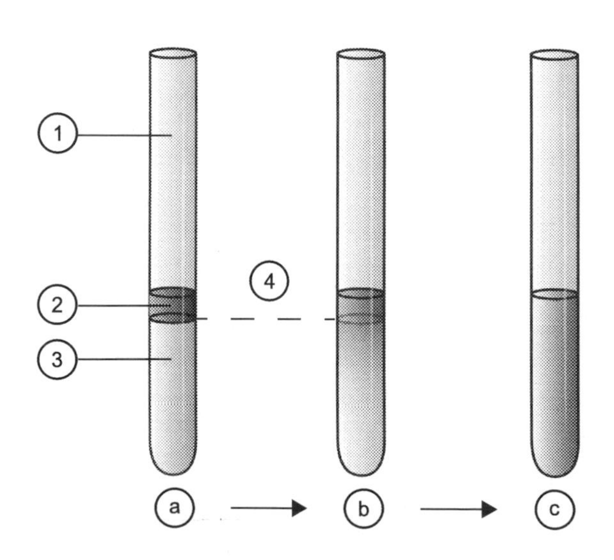

◘ Abb. 3.1 Durchmischungsgrade von Tinte mit Natriumchloridlösung zu drei Zeitpunkten (**a–c**): (1) Reagenzglas, (2) Tinte, (3) Natriumchloridlösung und (4) Grenzschicht

der Lösungen ausschlaggebend sein? Beispielsweise scheinen sich Farbstoffe des dieser beim Überbrühen mit heißem Wasser schneller zu verteilen, als wenn dieser mit kaltem Wasser aufgesetzt wird. Existieren eventuell noch andere Faktoren? Diese Überlegungen führen schließlich zu folgender Forschungsfrage:

Forschungsfrage:

Ist die Diffusionsgeschwindigkeit temperaturabhängig?

3.2 Aufgabenstellung

Planen Sie ein Experiment zur hypothesengeleiteten Untersuchung der zuvor genannten Forschungsfrage, führen Sie es durch und werten Sie es aus. Gehen Sie dabei auf alle nachfolgend genannten Punkte ein.

1. Hypothese: Formulieren Sie mithilfe der Sachinformation eine zur Forschungsfrage passende Hypothese. Dafür sollten Sie …

- die unabhängige Variable benennen (s. Arbeitshinweis 1),
- die abhängige Variable benennen (s. Arbeitshinweis 2),
- den Zusammenhang der Variablen als Vorhersage in Wenn-dann- oder Je-desto-Form formulieren (s. Arbeitshinweis 3),
- Ihre Hypothese begründen (s. Arbeitshinweis 4),
- eine Nullhypothese und gegebenenfalls eine weitere alternativ zu untersuchende Hypothese formulieren (s. Arbeitshinweis 5).

2. Planung: Um Ihre Hypothese zu überprüfen, planen Sie einen geeigneten experimentellen Aufbau. Beschreiben Sie dazu möglichst genau, was beim Aufbau und bei der Durchführung zu berücksichtigen ist. Anschließend führen Sie Ihr Experiment durch. Die folgenden Fragen sollten während Ihrer Planung beantwortet werden:

- Wie soll die unabhängige Variable verändert werden und wie setzen Sie dies in der praktischen Durchführung um (s. Arbeitshinweis 6)?
- Wie soll die abhängige Variable gemessen werden (s. Arbeitshinweis 7)?
- Welche Störvariablen sind zu kontrollieren (s. Arbeitshinweis 8)?
- Wie lange soll das Experiment insgesamt dauern und wie viele Messungen sollen in diesem Zeitraum durchgeführt werden (s. Arbeitshinweis 9)?
- Wie oft soll das Experiment wiederholt werden (s. Arbeitshinweis 10)?

Sie können folgende Materialien nutzen: verschiedene Glasgefäße, Pasteurpipetten.
Chemikalien: blaue Tinte, Natriumchlorid, Wasser (wenn vorhanden, voll entsalztes (VE-) Wasser verwenden)
Sicherheit (GHS-Symbole, H- und P-Sätze; ► Kap. 14):
Natriumchlorid: Gefahrenkennzeichnung (Nr. 1272/2008): keine; H-Sätze: keine; P-Sätze: keine
Tinte: keine Gefahrenkennzeichnung
Entsorgung: Die Ansätze können unter fließendem Wasser über den Abfluss entsorgt werden.

3. Beobachtung und Datenauswertung: Beschreiben Sie Ihre Beobachtungen. Interpretieren Sie danach die Beobachtungen im Hinblick auf die Hypothese. Welche Schlüsse lassen sich daraus ziehen und warum? Berücksichtigen Sie bei der Datenauswertung und Interpretation folgende Punkte:

- Beschreibung Ihrer Beobachtungen und Daten (s. Arbeitshinweis 11),
- Interpretation der Daten im Hinblick auf die Hypothese (s. Arbeitshinweis 12),
- Sicherheit Ihrer Interpretation (s. Arbeitshinweis 13),
- Methodenkritik (s. Arbeitshinweis 14),
- Ausblick für anschließende Untersuchungen (s. Arbeitshinweis 15).

3.3 Arbeitshinweise

Die Arbeitshinweise können Ihnen bei der Bearbeitung der Aufgabenstellung helfen. Bitte benutzen Sie diese nur, wenn Sie nicht mehr weiterwissen.

3.3.1 Hypothese

Arbeitshinweis 1

Was genau wollen Sie in Ihrem Experiment untersuchen? Welcher Faktor (unabhängige Variable) könnte die hauptsächliche bzw. die Sie interessierende Ursache für Veränderungen oder Unterschiede im Experimentausgang sein?

Lösungsbeispiel 1

Es soll untersucht werden, ob unterschiedliche Temperaturen der Lösungen, die sich durchmischen sollen, einen Einfluss auf die Diffusionsgeschwindigkeit haben. Somit wäre die Temperatur eine mögliche unabhängige Variable.

Arbeitshinweis 2

Was genau wollen Sie in Ihrem Experiment beobachten? An welchem Faktor (abhängige Variable) kann man den Einfluss der unabhängigen Variable erkennen? Dieser Faktor (abhängige Variable) wird sich vermutlich bei Variation der unabhängigen Variable verändern.

Lösungsbeispiel 2

Der Faktor, der sich in Abhängigkeit von der unabhängigen Variable ändert, ist die Durchmischungsgeschwindigkeit aufgrund von Diffusionsprozessen. Damit ist die Durchmischungsgeschwindigkeit der Lösungen die abhängige Variable.

Arbeitshinweis 3

Welches Ergebnis erwarten Sie, wenn Ihre Vermutung stimmt? Wie wird die unabhängige Variable die abhängige Variable vermutlich beeinflussen? Formulieren Sie aus diesen Überlegungen heraus eine Hypothese als Vorhersage des vermuteten Zusammenhangs. Diese Hypothese ist als Wenn-dann- oder Je-desto-Satz zu formulieren.

Lösungsbeispiel 3

So könnte Ihre Vorhersage aussehen: Je höher die Temperatur der Salzlösungen, desto schneller findet eine Durchmischung mit der Tinte durch Diffusionsprozesse statt.

Arbeitshinweis 4

Warum ist Ihre Hypothese plausibel? Benennen Sie Gründe, welche die Richtigkeit bzw. Plausibilität Ihrer Hypothese unterstützen. Nutzen Sie hierfür Ihr Vorwissen.

Lösungsbeispiel 4

Die Temperatur könnte einen Einfluss auf die Diffusionsgeschwindigkeit haben, da sie Auswirkungen auf die ungerichtete Bewegung der Teilchen hat. Je höher die Temperatur, umso intensiver ist auch die Teilchenbewegung. Die Temperatur entspricht der Summe aller Teilchenbewegungen. Diese Erhöhung der Bewegungsgeschwindigkeit könnte auch die Durchmischung beschleunigen. Dass Temperaturerhöhungen zu einer Beschleunigung chemischer Prozesse und damit auch von Stoffwechselprozessen führen, beschreibt die RGT-Regel (Reaktionsgeschwindigkeit-Temperatur-Regel).

Arbeitshinweis 5

Benennen Sie die Nullhypothese. Die Nullhypothese negiert den in der Hypothese vorausgesagten Effekt. Gibt es noch weitere Hypothesen? Formulieren Sie gegebenenfalls alternative Hypothesen.

Lösungsbeispiel 5

Ihre Nullhypothese könnte wie folgt aussehen (bedenken Sie, dass diese Alternative von Ihrer eigenen Hypothese abhängt!): Temperaturunterschiede haben keinen Einfluss auf die Diffusionsprozesse.

3.3.2 Planung

Arbeitshinweis 6

Wie nehmen Sie Veränderungen bei den Ausgangsbedingungen vor?

- Planen Sie einen geeigneten experimentellen Aufbau.
- Geben Sie an, wie Sie die unabhängige Variable variieren wollen.
- Überlegen Sie sich, wie viele verschiedene Ausprägungen der unabhängigen Variable angemessen sind.
- Entscheiden Sie, welcher Kontrollansatz benötigt wird.

Lösungsbeispiel 6

Man füllt identische Volumina einer NaCl-Lösung (höhere Dichte als die Tintenlösung!) in zwei Reagenzgläser. Eines der befüllten Reagenzgläser wird in einem Kühlschrank zur Kühlung gestellt. Das andere wird kurz über der Flamme des Gasbrenners erhitzt. Anschließend werden in beide Reagenzgläser zeitgleich einige Tropfen Tinte gegeben und die Geschwindigkeit der Durchmischung miteinander verglichen. Eine Erhitzung oder Abkühlung der Tinte ist aufgrund des geringen eingesetzten Volumens nicht notwendig.

Arbeitshinweis 7

Wie weisen Sie Veränderungen bei den Auswirkungen nach? Überlegen Sie, wie Sie Änderungen der abhängigen Variable ermitteln bzw. messen wollen. Ist es weiterführend möglich, dass die Ausprägung der abhängigen Variable auch in Zahlen ausgedrückt wird?

Lösungsbeispiel 7

Die abhängige Variable kann durch den Grad der Verteilung farbiger Teilchen, wie z. B. in der Tinte, in einem definierten Zeitintervall visualisiert werden.

Arbeitshinweis 8

Was beeinflusst das Experiment? Überlegen Sie, ob es weitere, bisher nicht berücksichtigte Variablen gibt, welche die Ergebnisse Ihres Experiments beeinflussen. Identifizieren Sie diese möglichen Störvariablen.

Lösungsbeispiel 8

Folgende Faktoren könnten Störvariablen sein, wenn sie bei den verschiedenen Ansätzen nicht konstant gehalten werden: Es wird unterschiedlich viel Tinte verwendet. Es werden Glasgefäße von unterschiedlichem Durchmesser eingesetzt, sodass die Größe der Grenzfläche variiert. Die Salzlösungen unterscheiden sich in ihren Konzentrationen.

Arbeitshinweis 9

Wann, wie lange und in welchen Abständen soll beobachtet bzw. gemessen werden?

- Start der Beobachtung: Geben Sie den Zeitpunkt an, wann die Beobachtung beginnen soll.
- Dauer der Beobachtung: Überlegen Sie, wie lange der Zeitraum für eine angemessene Beobachtungsdauer ist.
- Intervalle der Beobachtung: Falls mehrere Zeitpunkte für die Beobachtung festgelegt werden sollen, überlegen Sie sich deren Anzahl und den Zeitabstand, der dazwischen eingehalten werden soll.

Lösungsbeispiel 9

Die Beobachtung in Ihrem Experiment könnte wie folgt aussehen: Die Beobachtung wird gestartet, sobald die farbige Lösung in die Reagenzgläser eingebracht wurde. Die Reaktionsansätze sollten ständig beobachtet werden. Nachdem ein Unterschied im Grad der Durchmischung bei den Untersuchungsansätzen erkennbar und dokumentiert ist, kann die Beobachtung beendet werden.

Arbeitshinweis 10

Wie oft soll das Experiment wiederholt werden? Überlegen Sie, wie oft Sie das Experiment durchführen wollen und wie Sie dies praktisch umsetzen. Kann man durch Variationen im Ablauf das Experiment noch optimieren?

Lösungsbeispiel 10

Zur Absicherung der Ergebnisse sollte ein Experiment mehrmals durchgeführt werden. Hierfür können mehrere Ansätze parallel angesetzt werden und arbeitsteilig beobachtet werden.

3.3.3 Beobachtung und Datenauswertung

Arbeitshinweis 11

Wie sehen die Daten aus? Beschreiben und vergleichen Sie die Daten Ihrer experimentellen Ansätze, ohne diese dabei zu interpretieren.

Lösungsbeispiel 11

Ihre Ergebnisdarstellung könnte Folgendes enthalten: Wie stark unterscheiden sich die gewählten Ausprägungen der unabhängigen Variable voneinander, d. h., wie hoch ist die Temperatur der Versuchsansätze? Wie stark unterscheiden sich die Ergebnisse der Versuchsansätze, d. h., wie groß ist der Grad der Durchmischung nach den bestimmten Zeitintervallen? Gibt es Besonderheiten? Ausreißer?

Arbeitshinweis 12

Wie können die Daten gedeutet werden?
- Ziehen Sie eine Schlussfolgerung für Ihre Hypothese: Wird Ihre Hypothese durch die Daten des Experiments gestützt oder widerlegt?
- Begründen Sie auf der Basis Ihrer Daten, warum Ihre Schlussfolgerung gerechtfertigt ist.
- Welche Schlussfolgerung kann aufgrund der Daten für das Ausgangsproblem gezogen werden?

Lösungsbeispiel 12

Ihre Interpretation sollte folgende Punkte beinhalten: Unterschiedliche Temperaturen der Salzlösungen hatten einen/hatten keinen Einfluss auf die Geschwindigkeit der Durchmischung mit Tinte. Es konnten Hinweise gefunden werden, welche unsere Hypothesen stützen/widerlegen, da sich zeigte, dass …

Arbeitshinweis 13

Gibt es Einschränkungen bei der Deutung der Daten? Überlegen Sie, wie aussagekräftig Ihre Daten sind und ob es hier eventuell Einschränkungen gibt. Wenn ja, wie lassen sich diese Einschränkungen erklären?

Lösungsbeispiel 13

Eine Einschränkung könnte sein, dass das Experiment eventuell aufgrund von begrenzter Zeit zu früh abgebrochen wurde. Der Ansatz kann gegebenenfalls über Nacht stehen gelassen werden. Außerdem wird der Grad der Durchmischung häufig nur subjektiv bewertet. Zur besseren Absicherung könnten zusätzlich objektive Verfahren, wie zum Beispiel photometrische Messungen, genutzt werden.

Arbeitshinweis 14

Beurteilen Sie Ihr Experiment in Hinblick auf die Aspekte Hypothesenformulierung, Planung und Durchführung. Welche Punkte sollten gegebenenfalls für eine erneute Untersuchung geändert werden?

Lösungsbeispiel 14

Folgende Fragen sollten Sie z. B. beachten: War die Planung passend, um die Hypothese zu prüfen? War die Messung der abhängigen Variable adäquat? Gab es Störvariablen, die nicht berücksichtigt wurden?

Arbeitshinweis 15

Wie könnte es weitergehen? Stellen Sie folgende Überlegungen an: Sind während des Experimentierprozesses neue Forschungsfragen aufgetaucht, die Sie untersuchen möchten? Wurden neue mögliche abhängige Variablen identifiziert? Wie könnte man das Experiment unter veränderten Bedingungen durchführen?

Lösungsbeispiel 15

Zur weiteren Überprüfung könnten zusätzlich andere Farbpartikeln genutzt werden, um die Allgemeingültigkeit zu überprüfen. Des Weiteren könnte man die Effekte von noch größeren oder geringeren Temperaturunterschieden zwischen den Lösungen untersuchen. Außerdem könnten Untersuchungen mit unterschiedlich konzentrierten Salzlösungen als unabhängige Variable folgen

3.4 Übungsfragen

Mit den folgenden Übungsfragen können Sie Ihr Wissen zum theoretischen Hintergrund sowie zur praktischen Umsetzung des Experiments überprüfen. Dabei wird vorausgesetzt, dass die Theorie zusätzlich mit der angegebenen Literatur vertieft und gegebenenfalls weitere Literatur recherchiert wurde. Die Antworten können im Appendix überprüft werden.

1. Wobei handelt es sich um plausible Hypothesen für das Experiment?
   a. Die Diffusionsgeschwindigkeit ist von vielen Faktoren abhängig.
   b. Die Diffusionsgeschwindigkeit ist von keinem Faktor abhängig.
   c. Die Diffusion ist ein bedeutendes, physikalisches Phänomen.
   d. Die Diffusionsgeschwindigkeit ist nur von einem Faktor, der Temperatur, abhängig.
   e. Die Temperatur beeinflusst die Diffusionsgeschwindigkeit.

2. Wobei handelt es sich um eine geeignete Vorhersage über das Versuchsergebnis zur Diffusion?
   Hypothese: Die Diffusionsgeschwindigkeit ist temperaturabhängig.
   a. Unterschiedliche Durchmischungsgrade spiegeln sich in den Reaktionsansätzen durch unterschiedlich starke Färbung wider.
   b. Die Färbung der Reaktionsansätze wird unterschiedlich sein.
   c. Der Durchmischungsgrad wird von der Temperatur abhängig sein.
   d. Die Temperatur hat einen Einfluss auf die Farbe der Reaktionsansätze.
   e. In den Reaktionsansätzen werden unterschiedliche Durchmischungsgrade zu beobachten sein.

3. Nennen Sie die in diesem Versuch abhängige Variable.

4. Wodurch wird die abhängige Variable sichtbar gemacht?

5. Nennen Sie eine mögliche unabhängige Variable in diesem Versuch.

6. Bei welchen Prozessen spielt Diffusion eine maßgebliche Rolle?
   a. beim Vorliegen von Fettaugen in einer Suppe.
   b. bei der Auflösung von Zucker im Kaffee (ohne Umrühren).
   c. beim Transport von Sauerstoff aus der Außenluft in die Lunge.
   d. beim Transport von Sauerstoff aus den Lungenbläschen in die Lungenkapillaren.
   e. beim Transport von Sauerstoff mit dem Blutstrom durch die Adern.

7. In welche Richtung bewegen sich die Teilchen während der Diffusion im Nettofluss?
   a. Sie bewegen sich unabhängig von der Konzentration.

b. Sie bewegen sich im Nettofluss nicht, da eine Hinbewegung durch eine Rückbewegung ausgeglichen wird.
c. Sie bewegen sich durch eine Membran von der niedriger konzentrierten in die höher konzentrierte Lösung.
d. Sie bewegen sich von der niedriger konzentrierten in die höher konzentrierte Lösung.
e. Sie bewegen sich von der höher konzentrierten in die niedriger konzentrierte Lösung.

3.5 Appendix

3.5.1 Beispiel für eine Musterlösung

Forschungsfrage: Ist die Diffusionsgeschwindigkeit temperaturabhängig?

Hypothese: Je höher die Temperatur der Salzlösungen ist (UV), desto schneller findet eine Durchmischung mit der Tinte (AV) durch Diffusionsprozesse statt.

Materialien: 2 Reagenzgläser, Reagenzglasständer, 2 Pasteurpipetten, Kühlschrank (alternativ Eiswürfel für ein Eisbad), Gasbrenner, Thermometer, Waage, Spatel, Wägeschälchen, gegebenenfalls Messzylinder, Becherglas

Chemikalien: Tinte, Natriumchlorid, Wasser (Wenn vorhanden, voll entsalztes (VE-)Wasser verwenden)

Sicherheit: (GHS-Symbole, H- und P-Sätze; ▶ Kap. 14):
Natriumchlorid: Gefahrenkennzeichnung (Nr. 1272/2008): keine; H-Sätze: keine; P-Sätze: keine
Tinte: keine Gefahrenkennzeichnung

Entsorgung: Die Ansätze können unter fließendem Wasser über den Abfluss entsorgt werden.

Durchführung: Zunächst wird eine Natriumchloridlösung hergestellt, die eine höhere Dichte als die im weiteren Verlauf verwendete Tinte besitzt. Auf diese Weise setzt sich die Tinte bei späterer Zugabe mit nahezu ebener Grenzfläche ab. Hierfür werden circa 20 mL einer gesättigten Natriumchloridlösung hergestellt (mindestens 7 g NaCl auf 20 mL). Anschließend werden die Reagenzgläser (auf gleiche Durchmesser muss geachtet werden, am besten Gefäße desselben Herstellers nutzen!) 2 cm hoch mit dieser Lösung befüllt. Eins der Reagenzgläser wird für ungefähr 5 Minuten in ein Eisbad gestellt. Falls kein Eisbad vorhanden ist, nutzt man einen Kühlschrank. Das Reagenzglas sollte hier mindestens doppelt so lange zur Kühlung stehen. Kurz vor Ende der Kühlungsdauer wird die Lösung im zweiten Reagenzglas mittels der Brennerflamme bis kurz vor den Siedepunkt erhitzt. Zum Schluss werden beide Reagenzgläser nebeneinander in einen Reagenzglasständer gestellt und gleichzeitig mittels Pasteurpipette 5 Tropfen Tinte hinzugefügt. Die Spitze der Pipette sollte dabei möglichst nah an die Oberfläche der Lösungen gehalten werden, um die Bildung einer ebenen Grenzfläche zu begünstigen. Ab diesem Zeitpunkt sollten die Reaktionsansätze nicht mehr berührt werden, um eine mechanische Durchmischung der Lösungen zu vermeiden. Anschließend wird die Geschwindigkeit der Durchmischung von Tinte und Natriumchloridlösung unterschiedlicher Temperatur verglichen.

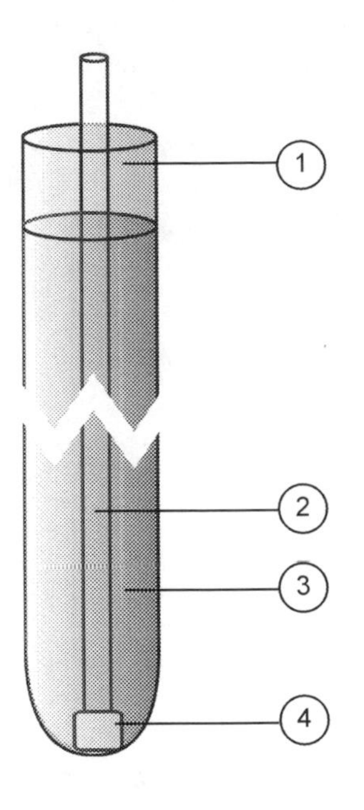

Abb. 3.2 Vorgehen zur Platzierung eines Kaliumpermanganatkristalls: (1) Reagenzglas, (2) Glasrohr, (3) Wasser und (4) Radiergummistück (nach Deistler und Sonntag 2006)

Beobachtung: Die erhitzte Natriumchloridlösung färbt sich nach einigen Minuten leicht blau. Nach ungefähr 10 Minuten ist sie schon deutlich blau gefärbt. Bei der abgekühlten Natriumchloridlösung ist auch nach 10 Minuten kaum ein Unterschied festzustellen.

Theoriebasierte Erklärung: Der Diffusion liegt eine thermisch abhängige Eigenbewegung von Teilchen zugrunde. Erhöht man die Temperatur eines Systems, wie zum Beispiel die der Natriumchloridlösung, so erhöht sich auch die Bewegungsgeschwindigkeit der sich darin befindenden Teilchen. Aus diesem Grund findet die Durchmischung nach Zugabe der Tinte innerhalb der erwärmten Lösung schneller statt. Durch Kühlen der Lösung wird dem System hingegen Energie entzogen und die thermische Eigenbewegung der Teilchen herabgesetzt. Deshalb findet hier die Durchmischung viel langsamer statt.

Hinweise zum Experiment:

(1) Für die vollständige Durchmischung der Ansätze wird häufig ein Zeitraum von mehreren Stunden benötigt. Aufgrund dieser Tatsache könnte das Experiment mittels Digitalkamera, Tablet o. Ä. fotografisch (im Zeitraffermodus) dokumentiert werden. (2) Alternativ kann auch mit Kaliumpermanganatkristallen (Gefahrenkennzeichnungen: brandfördernd, ätzend, Achtung, umweltgefährlich) gearbeitet werden, um Diffusionsprozesse zu visualisieren. Hierfür wird neben einem Reagenzglas noch ein Glasrohr mit kleinerem Durchmesser benötigt (Abb. 3.2). Zusätzlich braucht man ein Stück Radiergummi, das etwas größer ist als der Durchmesser des Rohrs. Das Gummistück wird auf den Reagenzglasboden befördert und das Glasrohr mit leichtem Druck auf das Gummistück gesetzt. Das Gummistück soll so das Glasrohr im Reagenzglas von unten abdichten. Anschließend gibt man in das Glasrohr vorsichtig eine definierte Menge der Kaliumpermanganatkristalle. Danach wird das Reagenzglas mit Wasser gefüllt und das Glasrohr vorsichtig angehoben. Auf diese Weise befinden sich die Kristalle auf dem Boden des Reagenzglases, sodass man beobachten kann, wie die farbigen Permanganationen sich in der Lösung verteilen (Deistler und Sonntag 2006, S. 8).

3.5.2 Lösungen zu den Übungsfragen

1. e
2. c, d
3. Teilchenbewegung
4. Tintenfärbung zeigt unterschiedliche Durchmischungsgrade und damit die Teilchenbewegung in Abhängigkeit von der Zeit
5. Temperatur
6. b, d
7. e

Literatur

Deistler A, Sonntag M (2006) Warum platzen reife Kirschen bei Regen und warum konserviert Salz? – Experimente zu Diffusion und Osmose. Resource Document. Staatliche Seminare Baden-Württemberg. http://whrs.seminar-reutlingen.de/site/pbs-bw/get/documents/KULTUS.Dachmandant/KULTUS/Seminare/seminar-reutlingen-whrs/pdf/nwa-tag-2006-osmose-diffusion.pdf. Zugegriffen: 04. Mai 2016

Weiterführende Literatur

Bannwarth H, Kremer BP, Schulz A (2013) Basiswissen Physik, Chemie und Biochemie. 7.8 Diffusion und Osmose, 3. Aufl. Springer, Heidelberg, S 192–195

Föll H (2016) Die Fickschen Diffusionsgesetze. Resource Document. Universität Kiel. http://www.tf.uni-kiel.de/matwis/amat/mw1_ge/index.html. Zugegriffen: 04. Mai 2016

Sadava D, Hillis DM, Heller HC, Berenbaum MR (2011) Purves Biologie. 6.3 Welches sind die Wege des passiven Membrantransports?. Spektrum, Heidelberg, S 149–156

Schopfer P, Brennicke A (2010) Pflanzenphysiologie. 4.3.1 Diffusion und Permeation. Springer, Heidelberg, S 77–79

Der Einfluss des Plasmolytikums auf die Osmose

Till Bruckermann, Andreas Peters und Kirsten Schlüter

T. Bruckermann, K. Schlüter (Hrsg.), *Forschendes Lernen im Experimentalpraktikum Biologie*,
DOI 10.1007/978-3-662-53308-6_4

Im Folgenden wird der Vorgang der Osmose – als Spezialfall der Diffusion durch eine selektiv permeable Membran – erklärt. Dieser Prozess wird am Beispiel einer Salzlösung erläutert, wobei die positiv und negativ geladenen Ionen des Salzes in dissoziierter Form, d. h. voneinander gelöst, im Wasser vorliegen. Daraufhin sollen Vermutungen aufgestellt werden, ob auch gelöste Teilchen (wie z. B. in Saccharoselösungen), bei denen es sich um Moleküle und nicht um Ionen handelt, osmotisch wirksam sind. Die Wirksamkeit der Zuckerlösung soll anhand eines lebenden Systems geprüft werden, nämlich durch die mikroskopische Beobachtung von Zellen des Zwiebelhäutchens einer roten Küchenzwiebel. Beim Zwiebelhäutchen handelt es sich um die nur eine Zellschicht dicke obere Epidermis der Speicherblätter von *Allium cepa*.

Nach Bearbeitung dieses Kapitels sollten Sie mithilfe eines lebenden Systems (genauer: Zwiebelepidermiszellen) die Frage beantworten können, ob Zuckerlösungen (genauer: Saccharoselösungen) eine osmotische Wirksamkeit haben. Im Speziellen können Sie ...

Fachwissen

- das Grundprinzip der Osmose erklären.
- die Begriffe selektive Permeabilität, hypo-, iso- und hypertonisch erklären.
- das Prinzip der Osmose auf den Vorgang von Plasmolyse und Deplasmolyse einer pflanzlichen Zelle übertragen.
- den Unterschied im Lösevorgang von ionischen Salzen und Molekülkristallen erklären.

Wissenschaftliches Denken

- alltägliche Phänomene als Grundlage einer wissenschaftlichen Forschungsfrage benennen.
- eine Forschungsfrage in einen wissenschaftlichen Kontext bringen.
- eine arbeitsleitende Hypothese entwickeln und theoretisch begründen.
- ein Experiment planen, benötigte Laborgeräte wählen und die Auswahl begründen.
- eine sinnvolle Messmethode für das Experiment auswählen.
- eine angemessene Beobachtungsdauer für das Experiment auswählen.
- Beobachtungen anstellen und dokumentieren.
- aufgrund Ihrer Daten und zugrundeliegender Theorie die Forschungsfrage angemessen beantworten.
- durch Beurteilung Ihrer Daten mögliche Einschränkungen in der Aussagekraft des Experiments identifizieren.

Laborfertigkeiten

- Lösungen unterschiedlicher Konzentration ansetzen (Berechnungen anstellen, Massen abwiegen und Volumina abmessen).
- ein Mikroskop fachgerecht bedienen.
- einfache Präparate zur Mikroskopie anfertigen.

Zeitaufwand: Experimentaufbau/Vorbereitung: 10 bis 15 Minuten; Durchführung: 15 bis 20 Minuten

4.1 Sachinformationen

In der Biologie ist die Osmose ein Spezialfall des „freiwilligen" (d. h. unter Entropiezunahme ablaufenden) Konzentrationsausgleichs durch Diffusion. Der Konzentrationsunterschied zwischen zwei Lösungen wird durch die Begriffe hyper- und hypotonisch beschrieben. Dabei gilt diejenige Lösung als hypertonisch (griech. *hyper*: über), die im Vergleich zu einer anderen eine höhere Konzentration an gelösten Teilchen besitzt. Dementsprechend wird die Lösung mit der geringeren Konzentration als hypotonisch bezeichnet (griech. *hypo*: unter). Bei isotonischen Lösungen (griech. *isos*: gleich) sind die Konzentrationen hingegen angeglichen. Die Besonderheit bei der Osmose ist, dass hier der passive Teilchentransport zwischen zwei Lösungen durch eine selektiv permeable Membran erfolgt. Man spricht von selektiver Permeabilität (ausgewählter Durchlässigkeit), weil nur bestimmte Teilchen (z. B. Wasser) die Membran passieren können.

Bei zwei Salzlösungen unterschiedlich hoher Konzentrationen, die durch eine Membran getrennt sind, wandern im zeitlichen Durchschnitt mehr Wassermoleküle von der niedriger konzentrierten zur höher konzentrierten Salzlösung als umgekehrt (◘ Abb. 4.1). Der Grund für das verringerte Ausströmen von Wasser aus der höher konzentrierten Lösung sind die Anziehungskräfte, welche die gelösten Teilchen, d. h. die positiv bzw. negativ geladenen Salzionen, auf die Wasserteilchen ausüben. Durch ihre Ladungen ziehen sie die Wassermoleküle an und werden von sogenannten Hydrathüllen umschlossen. Die dissoziierten Ionen wiederum sind dadurch in ihrer freien Bewegung gehindert.

Die Auswirkungen osmotischer Vorgänge lassen sich mikroskopisch bei Pflanzenzellen mit farbigem Vakuolensaft beobachten. Veränderungen werden sichtbar, wenn die Konzentration der osmotisch wirksamen Teilchen im Innenraum einer Zelle und im Außenmedium voneinander abweicht. Zu den selektiv permeablen Membranen einer Pflanzenzelle zählen Tonoplast und Plasmalemma. Befindet sich nun eine Pflanzenzelle in einem hypotonischen Medium, so ist die Zelle prall mit Flüssigkeit gefüllt, da vermehrt Wassermoleküle in das Zellinnere einströmen.

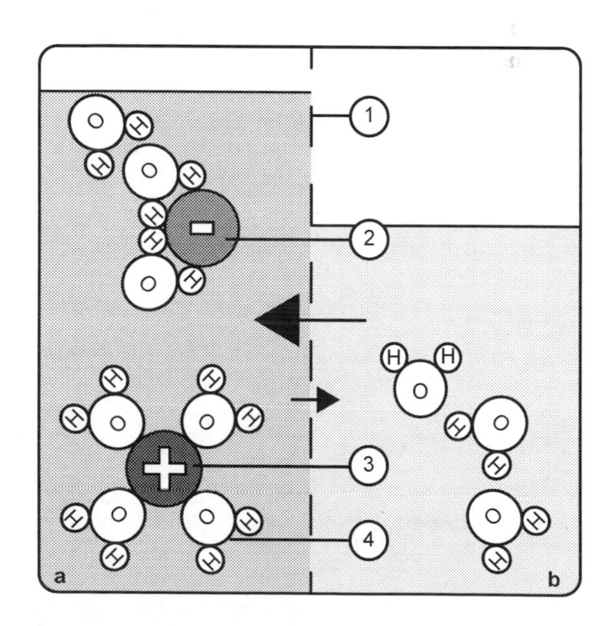

◘ **Abb. 4.1** Modellvorstellung zur Erklärung der Osmose: (**a**) hypertonische und (**b**) hypotonische Lösung; (1) selektiv permeable Membran, (2) negativ und (3) positiv geladene Ionen und (4) polare Wassermoleküle (nach Bannwarth et al. 2013, S. 193)

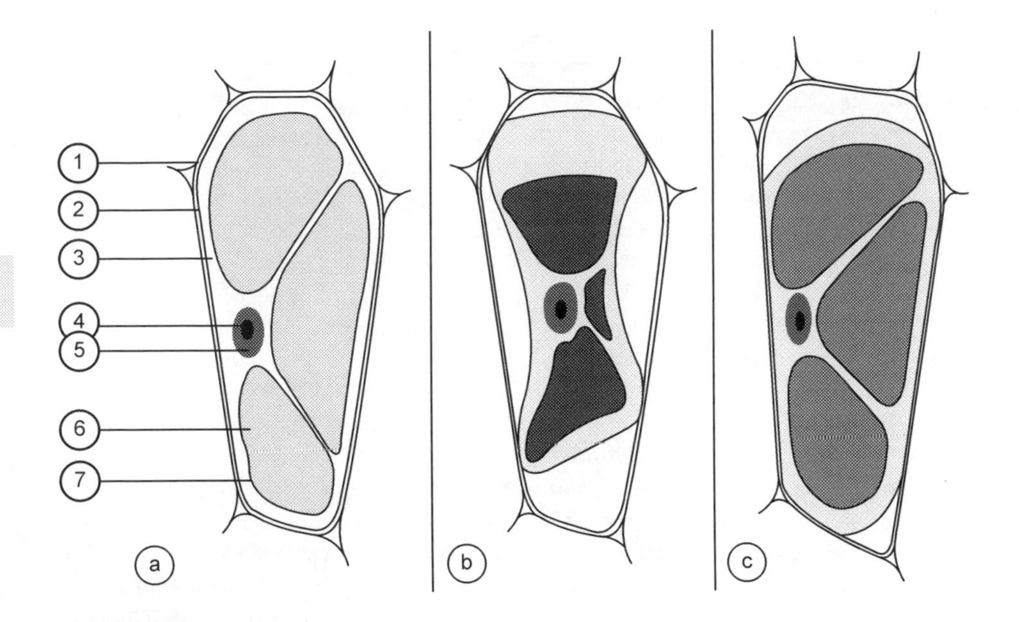

Abb. 4.2 Pflanzenzelle im Zustand der (**a**) Turgeszenz, (**b**) Plasmolyse (spätes Stadium) und (**c**) Deplasmolyse mit (1) Mittellamelle, die als Kittsubstanz zwischen den Zellwänden zweier benachbarten Pflanzenzellen liegt (ist im lichtmikroskopischen Bild nicht sichtbar, wird jedoch bei mikroskopischen Zeichnungen als Hilfslinie genutzt, um die äußere Grenze der Zellwand einer Zelle darzustellen), (2) Plasmalemma, (3) Cytoplasma, (4) Kernkörperchen/Nucleolus, (5) Zellkern/Nucleus, (6) Vakuole und (7) Tonoplast (verändert nach Schopfer und Brennicke 2010, S. 57)

Man sagt, die Pflanzenzelle ist voll turgeszent, d. h., sie steht durch das aufgenommene Wasser voll unter Spannung bzw. Druck (Abb. 4.2a). Die Lyse (Aufplatzen der Zelle) wird durch den Gegendruck der Zellwand verhindert. Ist das Außenmedium hingegen hypertonisch, so strömen vermehrt Wassermoleküle aus der Zelle hinaus. Dies hat eine starke Schrumpfung des Zellinneren zur Folge (Abb. 4.2b). Man spricht von der sogenannten Plasmolyse. Die Abbildung zeigt auch, dass durch erneutes Überführen einer nur kurzzeitig plasmolysierten Zelle in ein hypotonisches Medium der vorangegangene Wasserverlust umkehrbar ist: Es tritt eine Deplasmolyse ein.

Im Alltag lassen sich die Auswirkungen dieses Phänomens auch auf makroskopischer Ebene beobachten. So ist es bei der Zubereitung von Salaten ratsam, das Dressing erst kurz vor dem Verzehr hinzuzugeben. Denn schon nach kurzer Zeit fällt auf, dass die Salatblätter schlaff und welk wirken, da Wasser aus den Zellen durch das osmotisch hochwirksame Dressing herausgezogen wird. Die Zutaten eines Dressings sind unter anderem Speisesalz und Zucker. Salz (Natriumchlorid) dissoziiert in Wasser, und es bilden sich Natrium (Na^+)- und Clorid (Cl^-)-Ionen. Gibt man Haushaltszucker in Wasser, so löst sich die Kristallstruktur auf, und die einzelnen Moleküle liegen in Lösung vor. Können auf diese Weise gelöste Teilchen ebenfalls osmotisch wirksam sein? Dies führt zur Forschungsfrage:

Forschungsfrage:

Hat eine Zuckerlösung (in ähnlicher Weise wie eine Salzlösung) eine osmotische Wirkung auf Pflanzenzellen?

4.2 Aufgabenstellung

Planen Sie ein Experiment zur hypothesengeleiteten Untersuchung der zuvor genannten Forschungsfrage, führen Sie es durch und werten Sie es aus. Gehen Sie dabei auf alle nachfolgend genannten Punkte ein.

1. Hypothese: Formulieren Sie mithilfe der Sachinformation eine zur Forschungsfrage passende Hypothese. Dafür sollten Sie ...
- die unabhängige Variable benennen (s. Arbeitshinweis 1),
- die abhängige Variable benennen (s. Arbeitshinweis 2),
- den Zusammenhang der Variablen als Vorhersage in Wenn-dann- oder Je-desto-Form formulieren (s. Arbeitshinweis 3),
- Ihre Hypothese begründen (s. Arbeitshinweis 4),
- eine Nullhypothese und gegebenenfalls eine weitere alternativ zu untersuchende Hypothese formulieren (s. Arbeitshinweis 5).

2. Planung: Um Ihre Hypothese zu überprüfen, planen Sie einen geeigneten experimentellen Aufbau. Beschreiben Sie dazu möglichst genau, was beim Aufbau und bei der Durchführung zu berücksichtigen ist. Anschließend führen Sie Ihr Experiment durch. Die folgenden Fragen sollten während Ihrer Planung beantwortet werden:
- Wie soll die unabhängige Variable verändert werden und wie setzen Sie dies in der praktischen Durchführung um (s. Arbeitshinweis 6)?
- Wie soll die abhängige Variable gemessen werden (s. Arbeitshinweis 7)?
- Welche Störvariablen sind zu kontrollieren (s. Arbeitshinweis 8)?
- Wie lange soll das Experiment insgesamt dauern und wie viele Messungen sollen in diesem Zeitraum durchgeführt werden (s. Arbeitshinweis 9)?
- Wie oft soll das Experiment wiederholt werden (s. Arbeitshinweis 10)?

Sie können folgende Materialien nutzen: verschiedene Glasgefäße, Mikroskop, Objektträger mit Deckglas, rotschalige Zwiebel, Natriumchlorid, Saccharose (Haushaltszucker), Wasser (wenn vorhanden, voll entsalztes (VE-)Wasser verwenden).
Sicherheit (GHS-Symbole, H- und P-Sätze; ▶ Kap. 14):
Natriumchlorid: Gefahrensymbole: keine; H-Sätze: keine; P-Sätze: keine
Saccharose: Gefahrensymbole: keine; H-Sätze: keine; P-Sätze: keine
Entsorgung: Die verwendeten Natriumchlorid- und Saccharoselösungen können unter fließendem Wasser über den Abfluss entsorgt werden.

3. Beobachtung und Datenauswertung: Beschreiben Sie Ihre Beobachtungen. Interpretieren Sie danach die Beobachtungen im Hinblick auf die Hypothese. Welche Schlüsse lassen sich daraus ziehen und warum? Berücksichtigen Sie bei der Datenauswertung und Interpretation folgende Punkte:
- Beschreibung Ihrer Beobachtungen und Daten (s. Arbeitshinweis 11),
- Interpretation der Daten im Hinblick auf die Hypothese (s. Arbeitshinweis 12),
- Sicherheit Ihrer Interpretation (s. Arbeitshinweis 13),
- Methodenkritik (s. Arbeitshinweis 14),
- Ausblick für anschließende Untersuchungen (s. Arbeitshinweis 15).

4.3 Arbeitshinweise

Die Arbeitshinweise können Ihnen bei der Bearbeitung der Aufgabenstellung helfen. Bitte benutzen Sie diese nur, wenn Sie nicht mehr weiterwissen.

4.3.1 Hypothese

Arbeitshinweis 1

Was genau wollen Sie in Ihrem Experiment untersuchen? Welcher Faktor (unabhängige Variable) könnte die hauptsächliche bzw. die Sie interessierende Ursache für Veränderungen oder Unterschiede im Experimentausgang sein?

Lösungsbeispiel 1

Es soll untersucht werden, ob eine Zuckerlösung, in ähnlicher Weise, wie es für eine Salzlösung der Fall ist, osmotisch wirksam ist und bei Pflanzenzellen (genauer: Zellen des Zwiebelhäutchens) eine Plasmolyse auslöst. Somit wären die unterschiedlichen Lösungen (Salz- vs. Zuckerlösung) die unabhängige Variable.

Arbeitshinweis 2

Was genau wollen Sie in Ihrem Experiment untersuchen? An welchem Faktor (abhängige Variable) kann man den Einfluss der unabhängigen Variable erkennen? Dieser Faktor (abhängige Variable) wird sich vermutlich bei Variation der unabhängigen Variable verändern.

Lösungsbeispiel 2

Der Faktor, der sich in Abhängigkeit der unabhängigen Variable ändert, ist das Auftreten bzw. Fehlen von Plasmolyse bei pflanzlichen Zellen.

Arbeitshinweis 3

Welches Ergebnis erwarten Sie, wenn Ihre Vermutung stimmt? Wie wird die unabhängige Variable die abhängige Variable vermutlich beeinflussen? Formulieren Sie aus diesen Überlegungen heraus eine Hypothese als Vorhersage des vermuteten Zusammenhangs. Diese Hypothese ist als Wenn-dann- oder Je-desto-Satz zu formulieren.

Lösungsbeispiel 3

Wenn sich Pflanzenzellen in einem Medium befinden, das eine hohe Konzentration gelöster Saccharose aufweist, dann werden diese Zellen plasmolysieren, da die Saccharoselösung osmotisch wirksam ist.

Arbeitshinweis 4

Warum ist Ihre Hypothese plausibel? Benennen Sie Gründe, welche die Richtigkeit bzw. Plausibilität Ihrer Hypothese unterstützen. Nutzen Sie hierfür Ihr Vorwissen.

Lösungsbeispiel 4

Eine mögliche Ursache für die osmotische Wirksamkeit der Saccharose sind die zahlreichen Hydroxyl-(OH)-Gruppen, die aufgrund ihrer Polarität wasseranziehend wirken und Wasserstoffbrückenbindungen zu den Wassermolekülen ausbilden können.

Arbeitshinweis 5

Benennen Sie die Nullhypothese. Die Nullhypothese negiert den in der Hypothese vorausgesagten Effekt. Gibt es noch weitere Hypothesen? Formulieren Sie gegebenenfalls alternative Hypothesen.

Lösungsbeispiel 5

Ihre Nullhypothese könnte wie folgt aussehen (bedenken Sie, dass diese Alternative von Ihrer eigenen Hypothese abhängt!): Saccharoselösungen sind nicht osmotisch wirksam.

4.3.2 Planung

Arbeitshinweis 6

Wie nehmen Sie Veränderungen bei den Ausgangsbedingungen vor?
- Planen Sie einen geeigneten experimentellen Aufbau.
- Geben Sie an, wie Sie die unabhängige Variable variieren wollen.
- Überlegen Sie sich, wie viele verschiedene Ausprägungen der unabhängigen Variable angemessen sind.
- Entscheiden Sie, welcher Kontrollansatz benötigt wird.

Lösungsbeispiel 6

Es werden je eine gesättigte (bis zur Grenze der Löslichkeit) Natriumchlorid- und Saccharoselösung hergestellt. Danach werden mit VE-Wasser zwei Präparate von rötlichen Zwiebelhäutchenzellen aus der oberen Epidermis angefertigt. Nachdem im Mikroskop geeignete Zellen des ersten Präparats gefunden und zeichnerisch festgehalten wurden, werden nun einige Tropfen der gesättigten Natriumchloridlösung an den Rand des Deckgläschens gegeben und mit Filtrierpapier daruntergesogen. Analog verfährt man mit dem zweiten Präparat, nur wird hier die Saccharoselösung genutzt.

Arbeitshinweis 7

Wie weisen Sie Veränderungen bei den Auswirkungen nach? Überlegen Sie, wie Sie Änderungen der abhängigen Variable ermitteln bzw. messen wollen. Ist es weiterführend möglich, dass die Ausprägung der abhängigen Variable auch in Zahlen ausgedrückt wird?

Lösungsbeispiel 7

Die abhängige Variable lässt sich durch die mikroskopische Beobachtung von Zellen der Zwiebelepidermis mit rotem Vakuolensaft ermitteln. Bei der Zugabe eines osmotisch wirksamen hypertonischen Mediums werden die Zellen plasmolysieren.

Arbeitshinweis 8

Was beeinflusst das Experiment? Überlegen Sie, ob es weitere, bisher nicht berücksichtigte Variablen gibt, welche die Ergebnisse Ihres Experiments beeinflussen. Identifizieren Sie diese möglichen Störvariablen.

Lösungsbeispiel 8

Folgende Faktoren könnten Störvariablen sein: Die Zwiebelzellen könnten beschädigt und der rote Zellsaft ausgelaufen sein. Die angesetzten Lösungen könnten nicht hoch genug konzentriert und somit im Vergleich zum Zellinneren hypo- oder isotonisch sein (Lösung sollte an der Löslichkeitsgrenze liegen, d. h. Bodensatzbildung).

Arbeitshinweis 9

Wann, wie lange und in welchen Abständen soll beobachtet bzw. gemessen werden?

- Start der Beobachtung: Geben Sie den Zeitpunkt an, wann die Beobachtung beginnen soll.
- Dauer der Beobachtung: Überlegen Sie, wie lange der Zeitraum für eine angemessene Beobachtungsdauer ist.
- Intervalle der Beobachtung: Falls mehrere Zeitpunkte für die Beobachtung festgelegt werden sollen, überlegen Sie sich deren Anzahl und den Zeitabstand dazwischen.

Lösungsbeispiel 9

Die Beobachtungen in Ihrem Experiment könnten wie folgt aussehen: Die Beobachtung startet sofort nach Zugabe der Lösungen. Sobald einige Zellen plasmolysiert sind, wird die Beobachtung beendet. Wenn nach einigen Minuten keine Veränderungen eintreten, kann die Beobachtung ebenfalls gestoppt werden.

Arbeitshinweis 10

Wie oft soll das Experiment wiederholt werden? Überlegen Sie, wie oft Sie das Experiment durchführen wollen und wie Sie dies praktisch umsetzen. Kann man durch Variationen im Ablauf das Experiment noch optimieren?

Lösungsbeispiel 10

Zur Absicherung sollte das Experiment mehrmals durchgeführt werden. Dafür sollten mehrere mikroskopische (Frisch-)Präparate angefertigt werden.

4.3.3 Beobachtung und Datenauswertung

Arbeitshinweis 11

Wie sehen die Daten aus? Beschreiben und vergleichen Sie die Daten Ihrer experimentellen Ansätze, ohne diese dabei zu interpretieren.

Lösungsbeispiel 11

Ihre Beschreibung könnte Folgendes enthalten: Welche Unterschiede sind bei der abhängigen Variable aufgrund der Variation der unabhängigen Variable zu beobachten? Mit anderen Worten: Findet in den Zwiebelzellen bei Zugabe einer Saccharoselösung in gleicher Weise eine Plasmolyse statt wie bei Verwendung einer Salzlösung? Wie unterscheiden sich die parallelen Ansätze? Gibt es Besonderheiten in der Durchführung oder den Ergebnissen? Gibt es Ausreißer?

Arbeitshinweis 12

Wie können die Daten gedeutet werden?

- Ziehen Sie eine Schlussfolgerung für Ihre Hypothese: Wird Ihre Hypothese durch die Daten des Experiments gestützt oder widerlegt?
- Begründen Sie auf der Basis Ihrer Daten, warum Ihre Schlussfolgerung gerechtfertigt ist.
- Welche Schlussfolgerung kann aufgrund der Daten für das Ausgangsproblem gezogen werden?

Lösungsbeispiel 12

Ihre Interpretation sollte folgende Punkte beinhalten: Hypertonische Zuckerlösungen sind im Vergleich zu Salzlösungen ebenfalls/nicht osmotisch wirksam. Es konnten Hinweise gefunden werden, welche unsere Hypothesen stützen/widerlegen, da sich zeigte, dass …

Arbeitshinweis 13

Gibt es Einschränkungen bei der Deutung der Daten? Überlegen Sie, wie aussagekräftig Ihre Daten sind und ob es hier eventuelle Einschränkungen gibt. Wenn ja, wie lassen sich diese Einschränkungen erklären?

Lösungsbeispiel 13

Eine Einschränkung könnte sein, dass das Experiment zu früh abgebrochen wurde. Außerdem könnte eine zu niedrige Konzentration der hypertonischen Lösung die Ergebnisse beeinflussen.

Arbeitshinweis 14

Beurteilen Sie Ihr Experiment in Hinblick auf die Aspekte Hypothesenformulierung, Planung und Durchführung. Welche Punkte sollten gegebenenfalls für eine erneute Untersuchung geändert werden?

Lösungsbeispiel 14

Folgende Fragen sollten Sie z. B. beachten: War die Planung passend, um die Hypothese zu prüfen? War die Messung der abhängigen Variable adäquat? Gab es Störvariablen, die nicht berücksichtigt wurden?

Arbeitshinweis 15

Wie könnte es weitergehen? Stellen Sie folgende Überlegungen an: Sind während des Experimentierprozesses neue Forschungsfragen aufgetaucht, die Sie untersuchen möchten? Wurden neue mögliche abhängige Variablen identifiziert? Wie könnte man das Experiment unter veränderten Bedingungen durchführen?

Lösungsbeispiel 15

Es könnte überprüft werden, ob auch andere Zellen (pflanzlich oder tierisch) zu den gleichen Ergebnissen führen. Weiterführend könnte untersucht werden, ob unterschiedliche Konzentrationen einer Lösung (entweder bei dissoziierten oder molekularen Teilchen) unterschiedlich stark osmotisch wirksam sind.

4.4 Übungsfragen

Mit den folgenden Übungsfragen können Sie Ihr Wissen zum theoretischen Hintergrund sowie zur praktischen Umsetzung des Experiments überprüfen. Dabei wird vorausgesetzt, dass die Theorie zusätzlich mit der angegebenen Literatur vertieft und gegebenenfalls weitere Literatur recherchiert wurde. Die Antworten können im Appendix überprüft werden.

1. Nennen Sie die abhängige Variable in diesem Experiment zur Osmose bei einer Pflanzenzelle.

2. Wobei handelt es sich im Vergleich um eine hypertonische Lösung?
   a. gleich konzentrierte Lösung
   b. niedriger konzentrierte Lösung
   c. höher konzentrierte Lösung
   d. niedrigerer Anteil von Wassermolekülen pro gelöstem Ion
   e. höherer Anteil von Wassermolekülen pro gelöstem Ion

3. Was geschieht mit einer nicht zur Osmoregulation fähigen Zelle in einem hypertonischen Milieu?
   a. Wasserteilchen bewegen sich in beide Richtungen (Bruttostrom).
   b. Der Nettostrom der Wasserteilchen in die Zelle ist größer als der Ausstrom.
   c. Es werden ausschließlich Wasserteilchen in die Zelle aufgenommen.
   d. Es werden ausschließlich Wasserteilchen aus der Zelle an die Umgebung abgegeben.
   e. Der Nettostrom der Wasserteilchen in die Zelle ist kleiner als der Ausstrom.

4. Ist die Konzentration der im Zellsaft gelösten Stoffe gleich der des Plasmolytikums, dann …
   a. setzt die Plasmolyse ein.
   b. ist der Nettostrom der Wasserteilchen = 0.
   c. endet die Deplasmolyse.
   d. ist die Zelle plasmolysiert.
   e. ist der Nettostrom der Wasserteilchen ≠ 0.

5. Welche Auswirkungen hat ein Salatdressing auf Salatblätter?
   a. Das Salatdressing wirkt wie eine hypotonische Lösung.
   b. Die Zellen des Salats werden deplasmolysiert.
   c. Der Zellturgor lässt nach.
   d. Die Salatblätter wirken nach einiger Zeit schlaff.
   e. Die Wasserteilchen „strömen“ aus den Zellen des Salats.

6. Welche Bestandteile einer Pflanzenzelle sind selektiv permeabel?
   a. Tonoplast
   b. Zellwand
   c. Plasmamembran
   d. Mittellamelle

7. Was folgt auf die Überführung einer Pflanzenzelle in ein hypotonisches Milieu?
   a. Plasmolyse
   b. Turgeszenz
   c. Schrumpfung des Protoplasten
   d. Druck des Protoplasten auf die Zellwand
   e. Wasserabgabe

4.5 Appendix

4.5.1 Beispiel einer Musterlösung

Forschungsfrage: Hat eine Zuckerlösung (in ähnlicher Weise wie eine Salzlösung) eine osmotische Wirkung auf Pflanzenzellen?

Hypothese: Wenn sich Pflanzenzellen in einem Medium befinden, das eine hohe Konzentration gelöster Saccharose aufweist (UV), dann werden diese Zellen plasmolysieren (AV), da die Saccharoselösung osmotisch wirksam ist.

Materialien: Rote Zwiebel (*Allium cepa*), Wasser (wenn vorhanden voll entsalztes (VE-)Wasser verwenden), Mikroskop, 4 Objektträger mit je einem Deckgläschen, Präparierbesteck (Küchenmesser, Rasierklinge oder Skalpell, spitze Pinzette und Präpariernadel), 3 Pasteurpipetten, 2 Bechergläser (100 mL), Waage, 2 Spatel, 2 Glasrührstäbe.

Chemikalien: Saccharose, Natriumchlorid

Sicherheit (GHS-Symbole, H- und P-Sätze; ► Kap. 14):
Natriumchlorid: Gefahrensymbole: keine; H-Sätze: keine; P-Sätze: keine
Saccharose: Gefahrensymbole: keine; H-Sätze: keine; P-Sätze: keine

Entsorgung: Die verwendeten Natriumchlorid- und Saccharoselösungen können unter fließendem Wasser über den Abfluss entsorgt werden.

Durchführung: Zuerst wird die gesättigte Saccharose- und Natriumchloridlösung hergestellt. Dafür werden jeweils 10 mL VE-Wasser in zwei Bechergläser gefüllt. Anschließend wird je in ein Becherglas Saccharose ($>1{,}97\ \mathrm{g\ mL^{-1}}$) beziehungsweise Natriumchlorid ($> 0{,}36\ \mathrm{g\ mL^{-1}}$) hinzugefügt, bis die Stoffe nicht mehr in Lösung gehen und einen Bodensatz bilden. Danach stellt man zwei Frischpräparate aus Zellen des rötlichen Zwiebelhäutchens auf zwei Objektträgern her. Dafür wird mit einer scharfen Rasierklinge ein Quadrat von wenigen Millimetern Kantenlänge in die Innenseite eines Zwiebelspeicherblatts, wo sich die obere Epidermis befindet, geschnitten. Die Schnitte sollten nicht zu tief angesetzt werden (weniger als 1 mm). Nun wird mit einer Pinzette vorsichtig die oberste Schicht des Quadrats abgehoben und in einen Wassertropfen überführt, der zuvor auf einen Objektträger gegeben wurde. Im nächsten Arbeitsschritt setzt man neben diesen Tropfen ein Deckglas hochkant an und lässt es auf das Präparat hinuntergleiten. Als Nächstes wird der Objektträger unter ein Mikroskop gebracht. Nun wählt man von diesem ersten Präparat einen repräsentativen und gut sichtbaren Zellverband aus (je nach Vergrößerung nicht mehr als 3 bis 4 Zellen) und dokumentiert diesen, z. B. durch ein Foto mit dem Smartphone durch das Okular (Kremer 2011). Jetzt können mit der Pasteurpipette ein paar Tropfen der gesättigten Natriumchloridlösung seitlich neben das Deckglas gegeben werden. An die andere Seite hält man ein kleines Stück Zellstoff (z. B. von einem Papiertaschentuch), wodurch die gesättigte Natriumchloridlösung unter das Deckglas gesogen wird. Anschließend beobachtet man die Auswirkungen der neuen Umgebung auf den Zellverband und dokumentiert diese. Können keine Änderungen mehr beobachtet werden, wird das zweite Präparat hergestellt und mikroskopisch begutachtet. Hier verfährt man analog zum ersten Präparat mit dem Unterschied, dass nun die gesättigte Saccharoselösung genutzt wird.

Beobachtung: Sowohl bei einer gesättigten Natriumchlorid- als auch bei einer Saccharoselösung schrumpft nach weniger als einer Minute der Protoplast der Zwiebelzellen.

Theoriebasierte Erklärung: Die osmotische Wirksamkeit der Natriumchloridlösung ist bekannt und diente bei der Durchführung dieses Teils des Experiments zum Vergleich. Da bei der mikroskopischen Betrachtung der Zwiebelzellen nach Zugabe der Saccharoselösung das gleiche Ergebnis auftrat, wurde die osmotische Wirksamkeit dieses Stoffs ebenfalls nachgewiesen. Somit wurde deutlich, dass auch molekular gelöste Stoffe, die polare Gruppen besitzen, in entsprechender Konzentration eine Plasmolyse bei Pflanzenzellen auslösen können. Hier bilden sich ebenfalls Hydrathüllen aufgrund der polaren Gruppen dieser Moleküle aus, wodurch die Wassermoleküle an einer freien Bewegung gehindert werden.

4.5.2 Lösungen zu den Übungsfragen

1. Plasmolyse der Pflanzenzelle
2. c, d
3. a, e
4. b, d
5. c, d, e
6. a, c
7. b, d

Literatur

Bannwarth H, Kremer BP, Schulz A (2013) Basiswissen Physik, Chemie und Biochemie. 7.8 Diffusion und Osmose, 3. Aufl. Springer, Heidelberg, S 192–195

Schopfer P, Brennicke A (2010) Pflanzenphysiologie. Die Zelle als energetisches System. Springer, Heidelberg, S 47–70

Weiterführende Literatur

Kremer BP (2011) Mikroskopieren ganz einfach. Kosmos, Stuttgart

Kremer BP, Bannwarth H (2012) Pflanzen in Aktion erleben. 100 Experimente und Beobachtungen zur Pflanzenphysiologie, 2. Aufl. Schneider Verlag Hohengehren, Baltmannsweiler

Sadava D, Hillis DM, Heller HC, Berenbaum MR (2011) Purves Biologie. 6.3 Welches sind die Wege des passiven Membrantransports?. Spektrum, Heidelberg, S 149–156

Schlüter K, Kremer BP (2015) Modelle und Modellversuche im Biologieunterricht. Anregungen für den Selbstbau und den Einsatz im Unterricht, 2. Aufl. Schneider Verlag Hohengehren, Baltmannsweiler

Wanner G (2010) Mikroskopisch-botanisches Praktikum, 2. Aufl. Georg Thieme Verlag, Stuttgart

Einflüsse auf die Osmose im Modell

Andreas Peters, Till Bruckermann und Kirsten Schlüter

T. Bruckermann, K. Schlüter (Hrsg.), *Forschendes Lernen im Experimentalpraktikum Biologie*,
DOI 10.1007/978-3-662-53308-6_5

Auf der Grundlage der Erläuterungen zur Osmose sollen Faktoren ermittelt werden, die einen Einfluss auf die Geschwindigkeit des Wassernettostroms durch eine selektiv permeable Membran haben. Diese Faktoren sollen anhand des vorgestellten Modellexperiments überprüft werden.

Nach Bearbeitung dieses Kapitels sollen Sie die Frage, wie sich bei osmotischen Prozessen verschiedene Faktoren auf den Nettostrom von Wasser auswirken, hypothesenbasiert untersuchen und beantworten können. Im Speziellen können Sie …

Fachwissen

- das Grundprinzip der Osmose erklären.
- die Begriffe selektive Permeabilität, hypo-, iso- und hypertonisch erklären.
- Erkenntnisse aus einem Modellexperiment zur Osmose auf biologische Systeme übertragen.

Wissenschaftliches Denken

- alltägliche Phänomene als Grundlage einer wissenschaftlichen Forschungsfrage benennen.
- eine Forschungsfrage in einen wissenschaftlichen Kontext bringen.
- eine arbeitsleitende Hypothese entwickeln und theoretisch begründen.
- ein Experiment planen, benötigte Laborgeräte wählen und die Auswahl begründen.
- eine sinnvolle Messmethode für das Experiment auswählen.
- eine angemessene Beobachtungsdauer für das Experiment auswählen.
- Beobachtungen anstellen und dokumentieren.
- aufgrund Ihrer Daten und zugrundeliegender Theorie die Forschungsfrage angemessen beantworten.
- durch Beurteilung Ihrer Daten mögliche Einschränkungen in der Aussagekraft des Experiments identifizieren.

Laborfertigkeiten

Lösungen unterschiedlicher Konzentration ansetzen (Berechnungen anstellen, Massen abwiegen und Volumina abmessen).
Flüssigkeiten auf der Heizplatte erhitzen.

Zeitaufwand: Experimentaufbau/Vorbereitung: 15 bis 20 Minuten; Durchführung: 30 Minuten

5.1 Sachinformationen

Die Osmose ist ein passiver Transportprozess von kleinmolekularen Teilchen (z. B. Wasser) durch eine selektiv permeable Membran. Größere Moleküle und Ionen, die aufgrund ihrer Hydrathülle ebenfalls einen gewissen Umfang besitzen, werden zurückgehalten oder können nur erschwert diffundieren. Im zeitlichen Durchschnitt wandern immer mehr Wassermoleküle von der geringer konzentrierten (hypotonischen) zur höher konzentrierten (hypertonischen) Lösung. Dies geschieht, weil sich in der hypertonischen Lösung mehr Teilchen befinden, welche aufgrund ihrer Ladung (z. B. Ionen einer Salzlösung) oder ihrer polaren Bereiche (z. B. Zuckermoleküle) die ebenfalls polar gebauten Wasserteilchen anziehen und dadurch in ihrer Bewegung behindern.

In der hypertonischen Lösung sind somit weniger frei bewegliche Wassermoleküle als in der hypotonischen Lösung. Dadurch kann eine größere Menge Wasser die Membran von der hypotonischen in Richtung hypertonische Lösung passieren, als dies umgekehrt der Fall ist (▶ Kap. 3). Jede Zelle besitzt eine solche selektiv permeable Membran als Außengrenze zu ihrer Umgebung und ist deshalb den Prozessen der Osmose unterworfen.

Das Phänomen kann durch ein Modellexperiment verdeutlicht werden (◘ Abb. 5.1). Hierfür wird zunächst als selektiv permeable Membran etwas Cellophanfolie benötigt, die für Wassermoleküle durchlässig ist, während gelöste Teilchen aufgrund ihrer Hydrathülle nur erschwert hindurchwandern können. Diese Folie wird an einem Ende über ein ca. 5 cm langes Kunststoffrohr von ungefähr 2 bis 3 cm Durchmesser gestülpt und mit einem Gummiband straff befestigt. Für das andere Ende wird ein passender Gummistopfen mit Bohrung benötigt, in die eine Messpipette eingeführt wird. (Vorsicht: Um ein Zerbrechen der Pipette zu verhindern, diese vorher mit etwas Vaseline bestreichen und mit sanften Drehungen in die Bohröffnung drücken.) Bevor der Gummistopfen auf das Kunststoffrohr gesetzt wird, füllt man dieses noch vollständig mit einer gesättigten Natriumchloridlösung. Die Abbildung zeigt eine solche Vorrichtung, mit der das flüssigkeitsgefüllte Plastikrohr bis zur Hälfte in ein mit VE-Wasser (oder Leitungswasser) gefülltes Becherglas getaucht und mittels Muffe an einem Stativ befestigt wird. Da nun der Nettostrom des Wassers zur Natriumchloridlösung gerichtet ist, wird das Volumen der Lösung innerhalb des Rohrs zunehmen und in der Messpipette aufsteigen. Im Gegensatz zur qualitativen Beobachtung der Auswirkung osmotischer Vorgänge auf Zellebene (▶ Kap. 3) lässt sich dieser Aufbau auch für quantitative Bestimmungen nutzen.

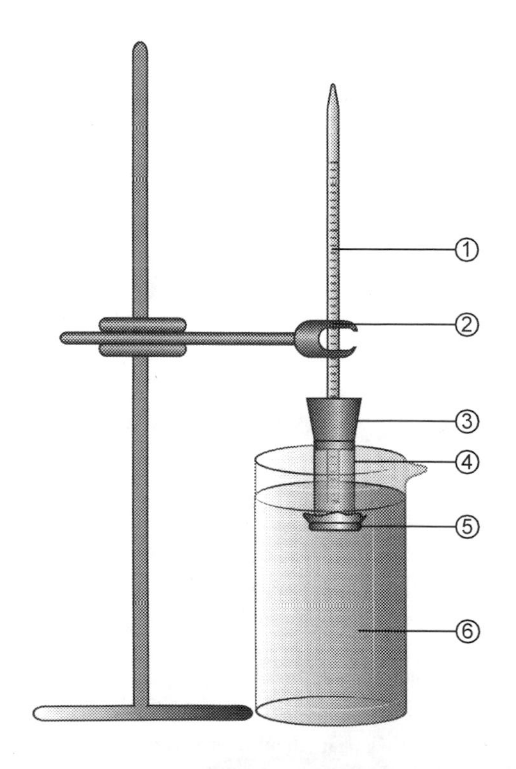

◘ **Abb. 5.1** Skizze eines Osmometermodells: (1) Messpipette, (2) Stativklemme, (3) durchbohrter Stopfen, (4) kurzes (Kunststoff-)Rohr mit gesättigter Natriumchloridlösung, (5) Cellophanfolie mit Gummiband und (6) Becherglas mit Wasser (nach Wild und Schmitt 2012, S. 105)

Es kann untersucht werden, von welchen Faktoren die Geschwindigkeit des Wassereinstroms in die hypertonische Lösung abhängig ist, um dadurch Alltagsphänomene erklären zu können. So ist zum Beispiel bei der Kultivierung von Obst (vor allem zu Beginn der Fruchtbildung) Regen sehr wichtig für ein optimales Wachstum. Jedoch wird er, insbesondere beim Kirschanbau, kurz vor der Erntezeit sehr gefürchtet. Häufig reicht nur ein kurzer Regenschauer, und die nun reifen, hoch kohlenhydrathaltigen Früchte platzen entlang kleinster Beschädigungen/Verletzungen auf. An diesen Stellen kann Wasser in die Früchte eindringen und von den Zellen durch osmotische Prozesse aufgenommen werden. Es fallen aber auch noch andere Prozesse auf, die durch Osmose erklärt werden können: Das Pantoffeltierchen (*Paramecium caudatum*) ist ein Einzeller, der in Süßgewässern wie Tümpeln und Pfützen zu finden ist und kontraktile Vakuolen besitzt. In diesen Zellorganellen sammelt sich überschüssiges Wasser, das in das Zellinnere des Einzellers eingedrungen ist. Um ein Platzen des Einzellers zu verhindern, wird dieses Wasser durch die kontraktilen Vakuolen nach außen abgegeben. Wenn man die Pulsationsfrequenz (Entleerungshäufigkeit) der kontraktilen Vakuole misst, fällt schnell auf, dass diese im Frühjahr geringer als im Hochsommer ist. Beide Phänomene führen zur Forschungsfrage:

Forschungsfrage:

Ist bei osmotischen Prozessen die Geschwindigkeit des Nettoeinstroms von Wasser in hypertonische Lösungen von der Konzentrationsdifferenz bzw. der Temperatur abhängig?

5.2 Aufgabenstellung

Planen Sie ein Experiment zur hypothesengeleiteten Untersuchung der zuvor genannten Forschungsfrage, führen Sie es durch und werten Sie es aus. Gehen Sie dabei auf alle nachfolgend genannten Punkte ein.

1. Hypothese: Formulieren Sie mithilfe der Sachinformation eine zur Forschungsfrage passende Hypothese. Dafür sollten Sie …

- die unabhängige Variable benennen (s. Arbeitshinweis 1),
- die abhängige Variable benennen (s. Arbeitshinweis 2),
- den Zusammenhang der Variablen als Vorhersage in Wenn-dann- oder Je-desto-Form formulieren (s. Arbeitshinweis 3),
- Ihre Hypothese begründen (s. Arbeitshinweis 4),
- eine Nullhypothese und gegebenenfalls eine weitere alternativ zu untersuchende Hypothese formulieren (s. Arbeitshinweis 5).

2. Planung: Um Ihre Hypothese zu überprüfen, planen Sie einen geeigneten experimentellen Aufbau. Beschreiben Sie dazu möglichst genau, was beim Aufbau und bei der Durchführung zu berücksichtigen ist. Anschließend führen Sie Ihr Experiment durch. Die folgenden Fragen sollten während Ihrer Planung beantwortet werden:

- Wie soll die unabhängige Variable verändert werden und wie setzen Sie dies in der praktischen Durchführung um (s. Arbeitshinweis 6)?
- Wie soll die abhängige Variable gemessen werden (s. Arbeitshinweis 7)?
- Welche Störvariablen sind zu kontrollieren (s. Arbeitshinweis 8)?

- Wie lange soll das Experiment insgesamt dauern und wie viele Messungen sollen in diesem Zeitraum durchgeführt werden (s. Arbeitshinweis 9)?
- Wie oft soll das Experiment wiederholt werden (s. Arbeitshinweis 10)?

Sie können folgende Materialien nutzen: verschiedene Glasgefäße, Messpipette, Cellophanfolie, Gummiband (zur Befestigung der Cellophanfolie), Gummistopfen mit Bohrung, Stoppuhren, Natriumchlorid, Wasser (wenn vorhanden, voll entsalztes (VE-)Wasser verwenden), Stativ, Stativklemme, Muffe, Heizplatte, Rührfisch, Thermometer.
Sicherheit (GHS-Symbole, H- und P-Sätze; ► Kap. 14):
Natriumchlorid: Gefahrenkennzeichnung (Nr. 1272/2008): keine; H-Sätze: keine; P-Sätze: keine
Saccharose: Gefahrenkennzeichnung (Nr. 1272/2008): keine; H-Sätze: keine; P-Sätze: keine
Entsorgung: Die Ansätze können unter fließendem Wasser über den Abfluss entsorgt werden.

3. Beobachtung und Datenauswertung: Beschreiben Sie Ihre Beobachtungen. Interpretieren Sie danach die Beobachtungen im Hinblick auf die Hypothese. Welche Schlüsse lassen sich daraus ziehen und warum? Berücksichtigen Sie bei der Datenauswertung und Interpretation folgende Punkte:
- Beschreibung Ihrer Beobachtungen und Daten (s. Arbeitshinweis 11),
- Interpretation der Daten im Hinblick auf die Hypothese (s. arbeitshinweis 12),
- Sicherheit Ihrer Interpretation (s. Arbeitshinweis 13),
- Methodenkritik (s. Arbeitshinweis 14),
- Ausblick für anschließende Untersuchungen (s. Arbeitshinweis 15).

5.3 Arbeitshinweise

Die Arbeitshinweise können Ihnen bei der Bearbeitung der Aufgabenstellung helfen. Bitte benutzen Sie diese nur, wenn Sie nicht mehr weiterwissen.

5.3.1 Hypothese

Arbeitshinweis 1

Was genau wollen Sie in Ihrem Experiment untersuchen? Welcher Faktor (unabhängige Variable) könnte die hauptsächliche bzw. die Sie interessierende Ursache für Veränderungen oder Unterschiede im Experimentausgang sein?

Lösungsbeispiel 1a

Es soll untersucht werden, ob unterschiedlich hohe Konzentrationsdifferenzen der Lösungen, die durch eine selektiv permeable Membran getrennt sind, einen Einfluss auf die Geschwindigkeit des Nettoeinstroms von Wasser haben. Somit ist die Konzentrationsdifferenz die unabhängige Variable.

Lösungsbeispiel 1b

Es soll untersucht werden, ob Lösungen unterschiedlicher Temperatur, die durch eine selektiv permeable Membran getrennt sind, einen Einfluss auf die Geschwindigkeit des Nettoeinstroms von Wasser haben. Somit ist die Temperatur die unabhängige Variable.

Arbeitshinweis 2

Was genau wollen Sie in Ihrem Experiment beobachten? An welchem Faktor (abhängige Variable) kann man den Einfluss der unabhängigen Variable erkennen? Dieser Faktor (abhängige Variable) wird sich vermutlich bei Variation der unabhängigen Variable verändern.

Lösungsbeispiel 2a und b

Der Faktor, der sich in Abhängigkeit der unabhängigen Variable ändert, ist die Geschwindigkeit des Nettoeinstroms der Wassermoleküle und damit die Volumenzunahme der hypertonischen Lösung. Das bedeutet, dass die Geschwindigkeit der Volumenzunahme der hypertonischen Lösung die abhängige Variable ist.

Arbeitshinweis 3

Welches Ergebnis erwarten Sie, wenn Ihre Vermutung stimmt? Wie wird die unabhängige Variable die abhängige Variable vermutlich beeinflussen? Formulieren Sie aus diesen Überlegungen heraus eine Hypothese als Vorhersage des vermuteten Zusammenhangs. Diese Hypothese ist als Wenn-dann- oder Je-desto-Satz zu formulieren.

Lösungsbeispiel 3a

So könnte Ihre Vorhersage aussehen: Je höher die Konzentrationsdifferenz zwischen den Lösungen ist, die durch eine selektiv permeable Membran getrennt sind, desto höher ist die Geschwindigkeit des Nettoeinstroms von Wasser in die hypertonische Lösung und desto höher ist die Geschwindigkeit der Volumenzunahme der hypertonischen Lösung. Außerdem ist die Volumenzunahme der hypertonischen Lösung insgesamt größer.

Lösungsbeispiel 3b

Je höher die Temperatur zweier Lösungen, die durch eine selektiv permeable Membran getrennt sind, desto höher ist die ungerichtete Eigenbewegung der Teilchen in der Lösung und desto schneller findet auch ein Nettoeinstrom des Wassers, bzw. eine Volumenzunahme der hypertonischen Lösung statt.

Arbeitshinweis 4

Warum ist Ihre Hypothese plausibel? Benennen Sie Gründe, welche die Richtigkeit bzw. Plausibilität Ihrer Hypothese unterstützen. Nutzen Sie hierfür Ihr Vorwissen.

Lösungsbeispiel 4a

In den hypertonischen Lösungen üben die gelösten Teilchen aufgrund ihrer Polarität Anziehungskräfte auf die sie umgebenden Wassermoleküle aus. Dadurch können die Wassermoleküle weniger effizient aus diesen Lösungen herauswandern. Es gelangen somit pro Zeiteinheit weniger Wassermoleküle durch zufallsgerichtete Wanderbewegungen aus den hypertonischen Lösungen heraus als in sie hinein. Dadurch nimmt deren Volumen zu. Diese Volumenzunahme ist umso größer, je stärker die hypertonische Lösung konzentriert ist (im Vergleich zur hypotonischen Lösung), denn umso mehr halten die vielen gelösten Teilchen die Wassermoleküle fest.

Lösungsbeispiel 4b

Bei höheren Temperaturen ist die Teilchenbewegung erhöht. Dies ist auch der Grund dafür, dass Durchmischungsprozesse (wie die Diffusion) bei höheren Temperaturen schneller stattfinden. Deshalb dürfte auch der Nettoeinstrom von Wassermolekülen durch eine selektiv permeable Membran umso schneller stattfinden, je höher die Temperatur ist.

Arbeitshinweis 5

Benennen Sie die Nullhypothese. Die Nullhypothese negiert den in der Hypothese vorausgesagten Effekt. Gibt es noch weitere Hypothesen? Formulieren Sie gegebenenfalls alternative Hypothesen.

Lösungsbeispiel 5a

Ihre Nullhypothese könnte wie folgt aussehen (Bedenken Sie, dass diese Alternative von Ihrer eigenen Hypothese abhängt!): Die Größe des Konzentrationsunterschieds zwischen zwei Lösungen, die durch eine selektiv permeable Membran getrennt sind, hat keinen Einfluss auf die Geschwindigkeit des Nettostroms.

Lösungsbeispiel 5b

Die Temperatur der Lösungen hat keinen Einfluss auf die Geschwindigkeit der Volumenzunahme der hypertonen Lösung.

5.3.2 Planung

Arbeitshinweis 6

Wie nehmen Sie Veränderungen bei den Ausgangsbedingungen vor?
- Planen Sie einen geeigneten experimentellen Aufbau.
- Geben Sie an, wie Sie die unabhängige Variable variieren wollen.

- Überlegen Sie sich, wie viele verschiedene Ausprägungen der unabhängigen Variable angemessen sind.
- Entscheiden Sie, welcher Kontrollansatz benötigt wird.

Lösungsbeispiel 6a

Es werden Lösungen (z. B. Natriumchlorid) in unterschiedlichen Konzentrationen hergestellt (5-prozentig, 25-prozentig, w/w). Diese Lösungen werden entweder nacheinander in das Osmometermodell (mit der niedrigsten Konzentration beginnen) oder gleichzeitig in zwei identische Vorrichtungen gegeben. Die Volumenzunahme wird durch Ablesen des Anstiegs der Wassersäule in der Messpipette in definierten Zeitintervallen ermittelt.

Lösungsbeispiel 6b

Es wird eine Lösung (z. B. Natriumchlorid) mit definierter Konzentration hergestellt (z. B. 10-prozentig, w/w). Es werden zwei identische Osmometermodelle aufgebaut, wobei das Wasser in den Ansätzen mittels Heizplatte unterschiedlich temperiert wird. Danach gibt man ein definiertes Volumen der hergestellten Lösung in die Modelle und misst den Anstieg der Wassersäule innerhalb der Messpipette in definierten Zeitintervallen.

Arbeitshinweis 7

Wie weisen Sie Veränderungen bei den Auswirkungen nach? Überlegen Sie, wie Sie Änderungen der abhängigen Variable ermitteln bzw. messen wollen. Ist es weiterführend möglich, dass die Ausprägung der abhängigen Variable auch in Zahlen ausgedrückt wird?

Lösungsbeispiel 7a und b

Die abhängige Variable kann durch das Ablesen der Volumenzunahme zu mehreren festgesetzten Zeitintervallen innerhalb der Messpipette bestimmt werden.

Arbeitshinweis 8

Was beeinflusst das Experiment? Überlegen Sie, ob es weitere, bisher nicht berücksichtigte Variablen gibt, welche die Ergebnisse Ihres Experiments beeinflussen? Identifizieren Sie diese möglichen Störvariablen.

Lösungsbeispiel 8a

Folgende Faktoren könnten Störvariablen sein: Unterschiedliche Temperaturen der zu vergleichenden Lösungen könnten das Ergebnis beeinflussen. Außerdem könnte die Verwendung unterschiedlicher Stoffe (z. B. unterschiedlicher Salze) bei der Herstellung der zu vergleichenden hypertonischen Lösungen einen Einfluss auf deren osmotische Wirksamkeit haben. Diese Faktoren sollten konstant gehalten werden.

Lösungsbeispiel 8b

Folgende Faktoren könnten Störvariablen sein: Ein Faktor könnten unterschiedliche Konzentrationen der Salzlösung in den zu vergleichenden Untersuchungsansätzen sein. Außerdem könnten auch unterschiedliche Stoffe (z. B. verschiedene Salze oder Zucker) in der hypertonischen Lösung von den zu vergleichenden Untersuchungsansätzen Einfluss auf die osmotische Wirksamkeit haben. Diese Faktoren sollten konstant gehalten werden.

Arbeitshinweis 9

Wann, wie lange und in welchen Abständen soll beobachtet bzw. gemessen werden?

- Start der Beobachtung: Geben Sie den Zeitpunkt an, wann die Beobachtung beginnen soll.
- Dauer der Beobachtung: Überlegen Sie, wie lange der Zeitraum für eine angemessene Beobachtungsdauer ist.
- Intervalle der Beobachtung: Falls mehrere Zeitpunkte für die Beobachtung festgelegt werden sollen, überlegen Sie sich deren Anzahl und den Zeitabstand dazwischen.

Lösungsbeispiel 9a und b

Die Messzeiten in Ihrem Experiment könnten wie folgt aussehen: Die Messzeit wird gestartet, sobald die hypertonischen Lösungen in die Osmometermodelle eingebracht wurden. Der Reaktionsansatz sollte ständig beobachtet/aufgezeichnet werden. Das Volumen in der Messpipette sollte in beiden/allen Ansätzen mehrfach zu festgelegten Zeiten bestimmt und notiert werden. Nachdem keine Volumenzunahme mehr zu verzeichnen ist, kann die Messung beendet werden.

Arbeitshinweis 10

Wie oft soll das Experiment wiederholt werden? Überlegen Sie, wie oft Sie das Experiment durchführen wollen und wie Sie dies praktisch umsetzen. Kann man durch Variationen im Ablauf das Experiment noch optimieren?

Lösungsbeispiel 10a

Zur Absicherung der Ergebnisse sollte ein Experiment mehrmals durchgeführt werden. Hierfür können mehrere Ansätze parallel oder zeitlich nacheinander erstellt und arbeitsteilig beobachtet werden. Wenn keine Unterschiede zwischen den verschiedenen Ansätzen zu messen sind, sollte die Konzentrationsdifferenz zwischen den zu vergleichenden hypertonischen Lösungen erhöht werden.

Lösungsbeispiel 10b

Zur Absicherung der Ergebnisse sollte ein Experiment mehrmals durchgeführt werden. Hierfür können mehrere Ansätze parallel oder zeitlich nacheinander erstellt und arbeitsteilig beobachtet werden. Wenn keine Unterschiede zwischen den verschiedenen Ansätzen zu messen sind, sollte die Temperaturdifferenz zwischen den zu vergleichenden hypertonischen Lösungen erhöht werden.

5.3.3 Beobachtung und Datenauswertung

Arbeitshinweis 11

Wie sehen die Daten aus? Beschreiben und vergleichen Sie die Daten Ihrer experimentellen Ansätze, ohne diese dabei zu interpretieren.

Lösungsbeispiel 11a und b

Ihre Beschreibung könnte Folgendes enthalten: Welche Unterschiede sind bei der abhängigen Variable aufgrund der unabhängigen Variable zu beobachten? Wie unterscheiden sich die parallelen Ansätze? Gibt es Besonderheiten in der Experimentdurchführung oder bei den Ergebnissen? Gibt es Ausreißer?

Arbeitshinweis 12

Wie können die Daten gedeutet werden?

- Ziehen Sie eine Schlussfolgerung für Ihre Hypothese: Wird Ihre Hypothese durch die Daten des Experiments gestützt oder widerlegt?
- Begründen Sie auf der Basis Ihrer Daten, warum Ihre Schlussfolgerung gerechtfertigt ist.
- Welche Schlussfolgerung kann aufgrund der Daten für das Ausgangsproblem gezogen werden?

Lösungsbeispiel 12a

Ihre Interpretation sollte folgende Punkte beinhalten: Die Größe des Konzentrationsunterschieds hatte einen/hatte keinen Einfluss auf die Geschwindigkeit der Volumenzunahme der hypertonen Lösung. Es konnten Hinweise gefunden werden, welche unsere Hypothesen stützen/widerlegen, da sich zeigte, dass …

Lösungsbeispiel 12b

Ihre Interpretation sollte folgende Punkte beinhalten: Die Temperatur der Lösungen hatte einen/hatte keinen Einfluss auf die Geschwindigkeit der Volumenzunahme der hypertonen Lösung. Es konnten Hinweise gefunden werden, welche unsere Hypothesen stützen/widerlegen, da sich zeigte, dass …

Arbeitshinweis 13

Gibt es Einschränkungen bei der Deutung der Daten? Überlegen Sie, wie aussagekräftig Ihre Daten sind und ob es hier eventuelle Einschränkungen gibt. Wenn ja, wie lassen sich diese Einschränkungen erklären?

Lösungsbeispiel 13a

Eine Einschränkung könnte sein, dass das Experiment eventuell aufgrund von begrenzter Zeit zu früh abgebrochen wurde. Außerdem könnten die Konzentrationsunterschiede zu gering sein, sodass keine auffällige Änderung zu verzeichnen ist. Des Weiteren könnte es sein, dass der gelöste Stoff in der hypertonen Lösung kein Natriumchlorid ist. Es könnte sich um einen osmotisch kaum wirksamen Stoff handeln, welcher die abhängige Variable nur minimal beeinflusst.

Lösungsbeispiel 13b

Außerdem könnte die gewählte Temperaturdifferenz zu gering sein.

Arbeitshinweis 14

Beurteilen Sie Ihr Experiment in Hinblick auf die Aspekte Hypothesenformulierung, Planung und Durchführung. Welche Punkte sollten gegebenenfalls für eine erneute Untersuchung geändert werden?

Lösungsbeispiel 14a und b

Folgende Fragen sollten Sie z. B. beachten: War die Planung passend, um die Hypothese zu prüfen? War die Messung der abhängigen Variable adäquat? Gab es Störvariablen, die nicht berücksichtigt wurden?

Arbeitshinweis 15

Wie könnte es weitergehen? Stellen Sie folgende Überlegungen an: Sind während des Experimentierprozesses neue Forschungsfragen aufgetaucht, die Sie untersuchen möchten? Wurden neue mögliche abhängige Variablen identifiziert? Wie könnte man das Experiment unter veränderten Bedingungen durchführen?

Lösungsbeispiel 15a und b

Zur weiteren Überprüfung könnte ermittelt werden, ob andere in Wasser lösliche Stoffe (wie z. B. Saccharose) in der hypertonischen Lösung zu ähnlichen Ergebnissen führen.

5.4 Übungsfragen

Mit den folgenden Übungsfragen können Sie Ihr Wissen zum theoretischen Hintergrund sowie zur praktischen Umsetzung des Experiments überprüfen. Dabei wird vorausgesetzt, dass die Theorie zusätzlich mit der angegebenen Literatur vertieft und gegebenenfalls weitere Literatur recherchiert wurde. Die Antworten können im Appendix überprüft werden.

1. Welche Entsprechung in der Natur findet sich für die Cellophanfolie und die Lösung im Rohr in dem Modell?
   a. Plasmamembran und Tonoplast
   b. Zellwand und Außenraum
   c. Zellwand und Zellinnenraum
   d. selektiv permeable Membran und Zellinnenraum
   e. Vakuole und Zellwand

2. Wie erklären Sie das Phänomen der platzenden Kirschen nach einem Sommerregen?

3. Die Lösung in der Messpipette des Modells steigt. Worauf können Sie schließen?
   a. Das Außenmedium ist hypertonisch.
   b. Die Konzentration des Innenmediums ist geringer.
   c. Der Nettostrom ist gleich null.
   d. Die Konzentration der hypotonischen Lösung nimmt zu.

4. Wie lange wird die „Zelle" in einem hypotonischen Medium im Modell Wasser aufnehmen?
   a. Bis die Ionen auf beiden Seiten in gleicher Anzahl vorliegen.
   b. Bis im Nettostrom keine Wasserteilchen mehr in die Zelle einströmen.
   c. Bis der Wasserdruck in der Zelle kleiner ist als das osmotische Potenzial.
   d. Bis im Bruttostrom keine Wasserteilchen mehr aus der Zelle strömen.

5. Welche Entsprechungen können Sie in einer Pflanzenzelle finden, wenn das kurze Plastikrohr (inklusive Messpipette) im Modell Wasser verliert?
   a. Der Protoplast drückt gegen die Zellwand.
   b. Der Turgor sinkt.
   c. Die Zellwand fällt zusammen.
   d. Die Zellmembran löst sich von der Zellwand.
   e. Das Volumen der Zelle vergrößert sich.

5.5 Appendix

5.5.1 Beispiele einer Musterlösung

Forschungsfrage A: Ist bei osmotischen Prozessen die Geschwindigkeit des Nettoeinstroms von Wasser in hypertonische Lösungen von der Konzentrationsdifferenz abhängig?

Hypothese A: Je höher die Konzentrationsdifferenz zwischen den Lösungen ist, die durch eine selektiv permeable Membran getrennt sind (UV), desto höher ist die Geschwindigkeit des Nettoeinstroms von Wasser in die hypertonische Lösung und desto höher ist die Geschwindigkeit der Volumenzunahme der hypertonischen Lösung (AV). Außerdem ist die Volumenzunahme der hypertonischen Lösung insgesamt größer.

Materialien: Becherglas (300 mL), Becherglas (1000 mL), Stativ, Muffe, Stativklemme, Kunststoffrohr (5 cm lang, 2 bis 3 cm im Durchmesser), Cellophanfolie, Gummiband, Stopfen mit Bohrung, Messpipette, Waage, Spatel, Wägepapier, Vaseline

Chemikalien: Natriumchlorid, Wasser (Wenn vorhanden, voll entsalztes (VE-)Wasser verwenden)

Sicherheit: (GHS-Symbole, H- und P-Sätze; ▶ Kap. 14):

Natriumchlorid: Gefahrenkennzeichnung (Nr. 1272/2008): keine; H-Sätze: keine; P-Sätze: keine

Entsorgung: Die Ansätze können unter fließendem Wasser über den Abfluss entsorgt werden.

Durchführung A: Zuerst setzt man zwei Lösungen von Natriumchlorid in unterschiedlichen Konzentrationen (z. B. 5-prozentig und 25-prozentig [w/w]) an. Eine Menge von 100 mL pro Lösung ist dabei ausreichend. Hierfür werden 5 g bzw. 25 g Natriumchlorid in ein Becherglas abgewogen und auf insgesamt 100 g mit Wasser aufgefüllt. Anschließend baut man das Osmometermodell auf: Zuerst stülpt man über ein Ende des Kunststoffrohrs etwas Cellophanfolie und befestigt diese mit einem Gummiband. Danach fixiert man das Rohr, mit der Folie Richtung Boden, mittels Muffe und Stativklemme an einem Stativ. Nun füllt man ein Becherglas (1000 mL) mit VE-Wasser und stellt dieses unter das Stativ. Jetzt variiert man die Höhe des Kunststoffrohrs soweit, bis es zur Hälfte in das VE-Wasser ragt. Im nächsten Schritt wird eine mit Vaseline bestrichene Messpipette vorsichtig (!) in die Bohrung eines Stopfens geschoben. Nachdem man das Rohr mit der Natriumchloridlösung niederer Konzentration gefüllt hat, setzt man den präparierten Stopfen auf. Das obere Ende der Messpipette (jenes mit der größeren Öffnung) ragt dabei nach unten in die Salzlösung. Nun misst man alle 30 Sekunden den Stand der Flüssigkeitssäule innerhalb der Messpipette. Nach 5 Minuten kann dieser Reaktionsansatz abgebrochen werden und analog mit der Natriumchloridlösung höherer Konzentration verfahren werden.

Beobachtung A: Die Flüssigkeitssäule innerhalb der Messpipette steigt in beiden Reaktionsansätzen an, wobei die im Reaktionsansatz höherer Konzentration viel schneller steigt.

Theoriebasierte Erklärung A: Die Cellophanfolie dient hier als selektiv permeable Membran, durch welche die Ionen des Natriumchlorids nicht hindurch diffundieren können. Da die beiden Natriumchloridlösungen im Vergleich zum VE-Wasser hypertonisch sind, kommt es zu einem Nettoeinstrom des Wassers in das präparierte Rohr, und das Flüssigkeitsvolumen innerhalb der Messpipette steigt an. Dies kann sogar bis zum Hinausströmen von Flüssigkeit aus der Messpipettenspitze führen. Es fällt auf, dass der Nettoeinstrom des Wassers bei der Natriumchloridlösung höherer Konzentration schneller stattfindet. Der Grund hierfür liegt in der größeren Menge an Ionen innerhalb der Lösung. Diese bilden Hydrathüllen aus und hindern auf diese Weise vorhandene sowie hineindiffundierte Wassermoleküle daran, aus der Lösung hinauszudiffundieren. Je mehr Ionen in einer Lösung vorhanden sind, desto mehr Wassermoleküle werden in den Hydrathüllen gebunden und können sich somit nicht mehr frei bewegen.

Forschungsfrage B: Ist bei osmotischen Prozessen die Geschwindigkeit des Nettoeinstroms von Wasser in hypertonische Lösungen von der Temperatur abhängig?

Hypothese B: Je höher die Temperatur zweier Lösungen, die durch eine selektiv permeable Membran getrennt sind (UV), desto schneller findet ein Nettoeinstrom des Wassers und eine Volumenzunahme der hypertonischen Lösung statt (AV).

Materialien, Chemikalien, Sicherheit und Entsorgung: wie oben

Durchführung B: Zuerst setzt man ca. 100 mL einer 10-prozentigen (w/w) Natriumchloridlösung an. Hierfür werden 10 g Natriumchlorid in ein Becherglas abgewogen und auf insgesamt 100 g mit Wasser aufgefüllt. Anschließend baut man das Osmometermodell, wie oben beschrieben, auf. Nun füllt man ein Becherglas (1000 mL) mit VE-Wasser, gibt einen Rührfisch hinzu und stellt es auf eine Heizplatte mit Rührfunktion. Danach stellt man Heizplatte und Becherglas zusammen unter das Stativ. Die Heizfunktion wird zurzeit noch nicht benötigt. Jetzt variiert man die Höhe des Kunststoffrohrs soweit, bis es zur Hälfte in das VE-Wasser ragt. Im nächsten Schritt wird eine mit Vaseline bestrichene Messpipette vorsichtig (!) in die Bohrung eines Stopfens geschoben. Nachdem man das Rohr mit der Natriumchloridlösung gefüllt hat, setzt man den präparierten Stopfen auf. Nun misst man alle 30 Sekunden den Stand der Flüssigkeitssäule innerhalb der Messpipette. Nach 5 Minuten kann dieser Reaktionsansatz abgebrochen werden. Als Nächstes entfernt man das Kunststoffrohr aus dem Becherglas und erhitzt das VE-Wasser mittels der Heizplatte auf 50 °C (Kontrolle durch Thermometer). Während das Wasser aufheizt, entfernt man den Stopfen vom Kunststoffrohr und entleert selbiges sowie die Messpipette. Ist die gewünschte Temperatur erreicht, wird das Kunststoffrohr wieder so positioniert, dass es zur Hälfte in das VE-Wasser ragt, dann wird es erneut mit der Natriumchloridlösung befüllt und der Stopfen mit der Messpipette aufgesetzt. Nun misst man wieder in gleichen Zeitintervallen (alle 30 Sekunden über 5 Minuten) den Stand der Flüssigkeitssäule innerhalb der Messpipette.

Beobachtung B: Die Flüssigkeitssäule innerhalb der Messpipette steigt in beiden Reaktionsansätzen an, wobei die Flüssigkeitssäule im Reaktionsansatz mit dem erhitzten VE-Wasser schneller steigt.

Theoriebasierte Erklärung B: Die Cellophanfolie dient hier als selektiv permeable Membran, durch die Ionen des Natriumchlorids nicht diffundieren können. Da die verwendete Natriumchloridlösung im Vergleich zu VE-Wasser hypertonisch ist, steigt der Nettoeinstrom des Wassers in das präparierte Rohr und damit auch der Flüssigkeitsspiegel innerhalb der Messpipette an. Dies kann sogar bis zum Hinausströmen von Flüssigkeit aus der Messpipettenspitze führen. Es fällt jedoch auch auf, dass der Nettoeinstrom des Wassers in eine Natriumchloridlösung bei einer höheren Temperatur schneller stattfindet. Der Grund hierfür ist die erhöhte thermische Eigenbewegung der Wassermoleküle. Nimmt die Temperatur zu, bewegen sich die Wassermoleküle innerhalb der Lösung mit einer höheren Geschwindigkeit. Es strömen also im gleichen Zeitintervall mehr Moleküle in die Lösung höherer Konzentration, wenn die Temperatur erhöht ist.

Hinweise zum Experiment: (1) Wasser strömt solange in die hypertonische Lösung hinein, bis der Druck der Wassersäule so groß ist wie der Druck, mit dem Wasserteilchen aus der hypotonischen in die hypertonische Lösung eindringen. Dabei ist es nicht unwahrscheinlich, dass Flüssigkeit oben aus der Pipette hinausströmt, sofern diese nicht lang genug ist. (2) Um den Experimentaufbau zu vereinfachen, kann auch ein U-Rohr mit einer selektiv permeablen Trennwand genutzt werden, falls vorhanden.

5.5.2 Lösungen zu den Übungsfragen

1. d
2. Kirschen enthalten im Sommer zum Zeitpunkt ihrer Reife besonders viele gelöste (Zucker-)Teilchen und weisen somit ein großes osmotisches Potenzial auf. Wenn die äußere Haut beschädigt ist, kann Wasser bis zu den Zellen vordringen. Aufgrund des hohen osmotischen Potenzials der Zellinhalte, dringt das Wasser in die Zellen ein. Wird der Zellinnendruck zu groß, platzen die nicht zur Osmoregulation fähigen Zellen.
3. d
4. b
5. b, d

Literatur

Wild A, Schmitt V (2012) Biochemische und physiologische Versuche mit Pflanzen. V4.2.4 Osmometermodell der pflanzlichen Zelle. Springer, Heidelberg, S 104–106

Weiterführende Literatur

Bannwarth H, Kremer BP, Schulz A (2013) Basiswissen Physik, Chemie und Biochemie. Springer, Heidelberg

Kremer BP, Bannwarth H (2012) Pflanzen in Aktion erleben. 100 Experimente und Beobachtungen zur Pflanzenphysiologie, 2. Aufl. Schneider Verlag Hohengehren, Baltmannsweiler

Schlüter K, Kremer BP (2015) Modelle und Modellversuche im Biologieunterricht. Anregungen für den Selbstbau und den Einsatz im Unterricht. 2. Aufl. Schneider Verlag Hohengehren, Baltmannsweiler

Storch V, Welsch R (2009) Kükenthal – Zoologisches Praktikum. Spektrum, Heidelberg

Aktivierungsenergie bei enzymatisch katalysierten Reaktionen

Andreas Peters, Till Bruckermann und Kirsten Schlüter

T. Bruckermann, K. Schlüter (Hrsg.), *Forschendes Lernen im Experimentalpraktikum Biologie*,
DOI 10.1007/978-3-662-53308-6_6

Dieser Abschnitt behandelt die mögliche Rolle von Enzymen in Bezug auf die Herabsetzung der Aktivierungsenergie, die benötigt wird, damit bestimmte Stoffumsetzungen stattfinden. Der Zusammenhang zwischen Enzym und der benötigten Aktivierungsenergie bei der Substratumsetzung wird beispielhaft anhand des Enzyms Urease in einem qualitativen experimentellen Nachweis überprüft.

Nach Bearbeitung dieses Kapitels sollen Sie eine Forschungsfrage am Beispiel der Abhängigkeit von Enzymen und der Herabsetzung der Aktivierungsenergie für bestimmte Stoffumsetzungen hypothesengeleitet untersuchen und beantworten können. Im Speziellen können Sie …

Fachwissen
- den allgemeinen energetischen Verlauf von chemischen Reaktionen schematisch erklären.
- den Begriff der Aktivierungsenergie bei chemischen Reaktionen erläutern.
- den Einfluss von Enzymen auf die Aktivierungsenergie vorhersagen und erklären.

Wissenschaftliches Denken
- alltägliche Phänomene als Grundlage einer wissenschaftlichen Forschungsfrage benennen.
- eine Forschungsfrage in einen wissenschaftlichen Kontext bringen.
- eine arbeitsleitende Hypothese entwickeln und theoretisch begründen.
- ein Experiment planen, benötigte Laborgeräte wählen und die Auswahl begründen.
- eine sinnvolle Messmethode für das Experiment auswählen.
- eine angemessene Beobachtungsdauer für das Experiment auswählen.
- Beobachtungen anstellen und dokumentieren.
- aufgrund Ihrer Daten und zugrundeliegender Theorie die Forschungsfrage angemessen beantworten.
- durch Beurteilung Ihrer Daten mögliche Einschränkungen in der Aussagekraft des Experiments identifizieren.

Laborfertigkeiten
- Lösungen unterschiedlicher Konzentration ansetzen (Berechnungen anstellen, Massen abwiegen und Volumina abmessen).
- pH-Werte mittels Indikatoren bestimmen.
- mit dem Gasbrenner unter Beachtung aller Sicherheitsmaßnahmen umgehen.
- Flüssigkeiten über der Brennerflamme erhitzen.

Zeitaufwand: Experimentaufbau/Vorbereitung: 10 bis 15 Minuten, Durchführung: 5 bis 10 Minuten

6.1 Sachinformationen

Jede (bio-)chemische Reaktion, egal ob exergonisch oder endergonisch, benötigt immer ein gewisses Maß an Aktivierungsenergie. So könnte man ein Gasgemisch aus Sauerstoff und Methan für eine längere Zeit ohne merkliche Veränderung lagern, obwohl das Gleichgewicht auf Seiten der Verbrennungsprodukte Wasser und Kohlenstoffdioxid liegt. Erst durch die Zufuhr von

Aktivierungsenergie in Form einer kleinen Flamme entzündet sich das Gemisch in einer heftigen exothermen Reaktion, da beide Ausgangsmoleküle durch die Wärmezufuhr sehr viel schneller miteinander reagieren.

Die energetischen Zustände im Verlauf einer Reaktion sind in ◘ Abb. 6.1 verallgemeinert dargestellt. Die Reaktanden (Ausgangsmoleküle) werden durch die Aktivierungsenergie auf ein höheres energetisches Niveau gebracht, den Übergangszustand. Die Zufuhr von Aktivierungsenergie erfolgt dabei z. B. in Form von Wärme, wie sie beispielsweise beim Entzünden einer kleinen Flamme entsteht. Im Übergangszustand liegen die Ausgangsmoleküle in einer energiereichen, instabilen Form vor, sodass sie miteinander reagieren können. Durch diese Reaktion bilden sich die energieärmeren und damit stabileren Produkte (beim Beispiel der oben beschriebenen Reaktion sind dies Wasser und Kohlenstoffdioxid). Auffällig bei diesem Kurvenverlauf ist, dass die Produkte ein energetisch niedrigeres Niveau besitzen als die Reaktanden. Bei endergonischen Reaktionen besitzen die Produkte dagegen ein energetisch höheres Niveau als die Reaktanden. Für einen erfolgreichen Reaktionsverlauf muss bei einer endergonischen Reaktion deshalb zusätzlich zur Aktivierungsenergie noch weitere Energie zugeführt werden.

In unserem Körper muss für jede physiologische Reaktion die energetische „Barriere" der Aktivierungsenergie überwunden werden. Jedoch kann dies in den meisten Fällen nicht durch zusätzliche Wärmezufuhr geschehen, da ansonsten auch unerwünschte Reaktionen, wie zum Beispiel der Zerfall von Komplexmolekülen wie der DNA oder Proteinen, ablaufen würden und so ein Überleben des Organismus nicht möglich wäre. Aus diesem Grund müssen bei allen Lebewesen substratspezifische Strategien bestehen, durch welche die Aktivierungsenergie für Stoffwechselreaktionen herabgesetzt wird. Dies lässt sich beispielhaft an einer für den Stickstoffkreislauf vieler Ökosysteme essenziellen Reaktion zeigen (Gl. 6.1).

$$H_2N - CO - NH_2 + H_2O \rightleftharpoons 2NH_3 + CO_2 \qquad \text{Gl. 6.1}$$

Viele Bodenbakterienarten (z. B. *Sporosarcina pasteurii*) besitzen die Fähigkeit, nach oben beschriebener Reaktionsgleichung Harnstoff in Ammoniak und Kohlenstoffdioxid zu zersetzen. Diese bakterielle Reaktion zeigt sich nicht nur draußen in der „Natur", sondern ist auch der Grund, warum es auf Toiletten, die nicht ausreichend gereinigt werden, unangenehm riecht. Vorbeigetropfter Urin, der ursprünglich steril ist, wird durch Bakterien zersetzt, und der darin enthaltene Harnstoff wird zu Ammoniak abgebaut. Letzterer ist der Verursacher des unschönen

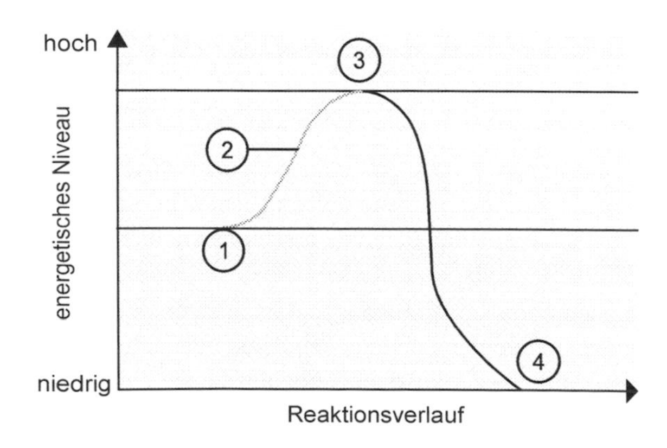

◘ **Abb. 6.1** Energetische Zustände im Verlauf einer Reaktion: (1) energetisches Niveau der Reaktanden, (2) zugeführte Aktivierungsenergie, (3) energetisches Niveau während des instabilen Übergangszustandes sowie bei (4) den Produkten (nach Purves et al. 2011, S. 205)

Geruchs. Der Abbau des Harnstoffs erfolgt dabei ganz ohne zusätzliche Wärmezufuhr. Eine Aktivierungsenergie scheint somit nicht benötigt zu werden. Dieses Phänomen erscheint bemerkenswert, da die thermische Zersetzung des Harnstoffs erst bei Temperaturen von ungefähr 80 °C einsetzt (Herr 2004). Eine Ursache für den geringeren thermischen Aufwand bei der bakteriellen Umsetzung könnten Enzyme sein.

Auch in Waschmitteln lassen sich Enzyme finden. Seit diese eingesetzt werden, sind Waschgänge mit niedrigeren Temperaturen möglich. Dadurch dass organische Schmutzpartikel durch diese Inhaltsstoffe des Waschmittels schon bei niedrigeren Temperaturen zersetzt werden, wird der Waschvorgang sowohl energie- als auch textilschonender.

Es besteht also die Annahme, dass Enzyme die Aktivierungsenergie senken. Doch wie lässt sich dies prüfen? Als Testsubstrate sollen eine Harnstofflösung und das Enzym Urease dienen, wobei Urease die Fähigkeit besitzt, Harnstoff abzubauen. Für das Experiment wird eine Enzymlösung, das Substrat für dieses Enzym sowie ein Nachweisreagenz für eventuell anfallende Zersetzungsprodukte benötigt. Hierbei ist zu berücksichtigen, dass das Reaktionsprodukt Ammoniak in Wasser alkalisch reagiert und den pH-Wert anhebt. Die zu untersuchende Forschungsfrage lautet:

Forschungsfrage:

Setzt das Enzym Urease die Aktivierungsenergie (in Form von Wärme) herab, die beim Abbau von Harnstoff benötigt wird?

6.2 Aufgabenstellung

Planen Sie ein Experiment zur hypothesengeleiteten Untersuchung der zuvor genannten Forschungsfrage, führen Sie es durch und werten Sie es aus. Gehen Sie dabei auf alle nachfolgend genannten Punkte ein.

1. Hypothese: Formulieren Sie mithilfe der Sachinformation eine zur Forschungsfrage passende Hypothese. Dafür sollten Sie …

- die unabhängige Variable benennen (s. Arbeitshinweis 1),
- die abhängige Variable benennen (s. Arbeitshinweis 2),
- den Zusammenhang der Variablen als Vorhersage in Wenn-dann- oder Je-desto-Form formulieren (s. Arbeitshinweis 3),
- Ihre Hypothese begründen (s. Arbeitshinweis 4),
- eine Nullhypothese und gegebenenfalls eine weitere alternativ zu untersuchende Hypothese formulieren (s. Arbeitshinweis 5).

2. Planung: Um Ihre Hypothese zu überprüfen, planen Sie einen geeigneten experimentellen Aufbau. Beschreiben Sie dazu möglichst genau, was beim Aufbau und bei der Durchführung zu berücksichtigen ist. Anschließend führen Sie Ihr Experiment durch. Die folgenden Fragen sollten während Ihrer Planung beantwortet werden:

- Wie soll die unabhängige Variable verändert werden und wie setzen Sie dies in der praktischen Durchführung um (s. Arbeitshinweis 6)?

- Wie soll die abhängige Variable gemessen werden (s. Arbeitshinweis 7)?
- Welche Störvariablen sind zu kontrollieren (s. Arbeitshinweis 8)?
- Wie lange soll das Experiment insgesamt dauern und wie viele Messungen sollen in diesem Zeitraum durchgeführt werden (s. Arbeitshinweis 9)?
- Wie oft soll das Experiment wiederholt werden (s. Arbeitshinweis 10)?

Sie können folgende Materialien nutzen: verschiedene Glasgefäße, Gasbrenner, 0,2-prozentige Ureaselösung (w/v), 1-prozentige Harnstofflösung (w/v), Bromthymolblaulösung.
Sicherheit (GHS-Symbole, H- und P-Sätze; ► Kap 14):
Urease: Gefahrenkennzeichnung (Nr. 1272/2008): keine; H-Sätze: keine; P-Sätze: keine
Harnstoff: Gefahrenkennzeichnung (Nr. 1272/2008): keine; H-Sätze: keine; P-Sätze: keine
Bromthymolblaulösung (0,5-prozentig in Ethanol): Gefahrenkennzeichnung (Nr. 1272/2008): GHS 02; H-Sätze: H225; P-Sätze: P210, P241, P280, P240, P303+P361+P353, P501
Entsorgung: Die Ansätze müssen in den Behälter für organische Lösungen entsorgt werden. Zur Abfallentsorgung den zuständigen zugelassenen Entsorger ansprechen.

3. Beobachtung und Datenauswertung: Beschreiben Sie Ihre Beobachtungen. Interpretieren Sie danach die Beobachtungen im Hinblick auf die Hypothese. Welche Schlüsse lassen sich daraus ziehen und warum? Berücksichtigen Sie bei der Datenauswertung und Interpretation folgende Punkte:
- Beschreibung Ihrer Beobachtungen und Daten (s. Arbeitshinweis 11),
- Interpretation der Daten im Hinblick auf die Hypothese (s. Arbeitshinweis 12),
- Sicherheit Ihrer Interpretation (s. Arbeitshinweis 13),
- Methodenkritik (s. Arbeitshinweis 14),
- Ausblick für anschließende Untersuchungen (s. Arbeitshinweis 15).

6.3 Arbeitshinweise

Die Arbeitshinweise können Ihnen bei der Bearbeitung der Aufgabenstellung helfen. Bitte benutzen Sie diese nur, wenn Sie nicht mehr weiterwissen.

6.3.1 Hypothese

Arbeitshinweis 1

Was genau wollen Sie in Ihrem Experiment untersuchen? Welcher Faktor (unabhängige Variable) könnte die hauptsächliche bzw. die Sie interessierende Ursache für Veränderungen oder Unterschiede im Experimentausgang sein?

Lösungsbeispiel 1

Es soll untersucht werden, ob das Enzym Urease die Aktivierungsenergie senkt, d. h., dass bei Anwesenheit des Enzyms der Abbau von Harnstoff auch bei Raumtemperatur funktioniert – und nicht nur bei 80 °C. Somit ist das Vorhandensein bzw. die Abwesenheit des Enzyms Urease die unabhängige Variable.

Arbeitshinweis 2

Was genau wollen Sie in Ihrem Experiment beobachten? An welchem Faktor (abhängige Variable) kann man den Einfluss der unabhängigen Variable erkennen? Dieser Faktor (abhängige Variable) wird sich vermutlich bei Variation der unabhängigen Variable verändern.

Lösungsbeispiel 2

Der Faktor, der sich in Abhängigkeit der unabhängigen Variable ändert, ist die Bildung von Ammoniak und Kohlenstoffdioxid. Beide entstehen bei der Zersetzung von Harnstoff. Das Vorhandensein dieser Produkte hängt von der zugeführten Aktivierungsenergie bzw. von der Gegenwart oder Abwesenheit des Enzyms Urease ab. Somit ist die Bildung von Ammoniak und Kohlenstoffdioxid die abhängige Variable.

Arbeitshinweis 3

Welches Ergebnis erwarten Sie, wenn Ihre Vermutung stimmt? Wie wird die unabhängige Variable die abhängige Variable vermutlich beeinflussen? Formulieren Sie aus diesen Überlegungen heraus eine Hypothese als Vorhersage des vermuteten Zusammenhangs. Diese Hypothese ist als Wenn-dann- oder Je-desto-Satz zu formulieren.

Lösungsbeispiel 3

Wenn sich das Enzym Urease in der Harnstofflösung befindet, dann zersetzt sich der Harnstoff auch bei geringerer Zufuhr von Aktivierungsenergie in seine Produkte Ammoniak und Kohlenstoffdioxid.

Arbeitshinweis 4

Warum ist Ihre Hypothese plausibel? Benennen Sie Gründe, welche die Richtigkeit bzw. Plausibilität Ihrer Hypothese unterstützen. Nutzen Sie hierfür Ihr Vorwissen.

Lösungsbeispiel 4

Damit die Umwelt durch einen geringeren Energieverbrauch geschont wird, werden Waschmitteln Enzyme (vor allem Proteasen) beigefügt. So können Verunreinigungen auch bei niedrigeren Temperaturen abgebaut werden. Auch im menschlichen Körper müssen sämtliche Stoffwechselprozesse bei gemäßigten Temperaturen (37 °C) stattfinden, denn hohe Temperaturen sind lebensbedrohlich. Stoffwechselreaktionen sind hier nur deshalb möglich, weil Enzyme wirken.

Arbeitshinweis 5

Benennen Sie die Nullhypothese. Die Nullhypothese negiert den in der Hypothese vorausgesagten Effekt. Gibt es noch weitere Hypothesen? Formulieren Sie gegebenenfalls alternative Hypothesen.

Lösungsbeispiel 5

Ihre Nullhypothese könnte wie folgt aussehen (bedenken Sie, dass diese Alternative von Ihrer eigenen Hypothese abhängt!): Enzyme haben keinen Einfluss auf die Aktivierungsenergie, die für den Ablauf der substratspezifischen Reaktion benötigt wird.

6.3.2 Planung

Arbeitshinweis 6

Wie nehmen Sie Veränderungen bei den Ausgangsbedingungen vor?

- Planen Sie einen geeigneten experimentellen Aufbau.
- Geben Sie an, wie Sie die unabhängige Variable variieren wollen.
- Überlegen Sie sich, wie viele verschiedene Ausprägungen der unabhängigen Variable angemessen sind.
- Entscheiden Sie, welcher Kontrollansatz benötigt wird.

Lösungsbeispiel 6

Es wird eine 1-prozentige Harnstofflösung (w/v) hergestellt, mit einigen Tropfen Bromthymolblau versehen und zu gleichen Volumina auf drei Reagenzgläser verteilt. Ein Reagenzglas wird mittels Gasbrenner erhitzt. In das zweite Reagenzglas gibt man einige Tropfen einer 0,2-prozentigen Ureaselösung (w/v). Das dritte Reagenzglas dient als Kontrollansatz zum Vergleich und bleibt unverändert.

Arbeitshinweis 7

Wie weisen Sie Veränderungen bei den Auswirkungen nach? Überlegen Sie, wie Sie Änderungen der abhängigen Variable ermitteln bzw. messen wollen. Ist es weiterführend möglich, dass die Ausprägung der abhängigen Variable auch in Zahlen ausgedrückt wird?

Lösungsbeispiel 7

Die abhängige Variable kann durch die Veränderung des pH-Wertes ermittelt werden, da Ammoniak in wässriger Lösung alkalisch reagiert.

Arbeitshinweis 8

Was beeinflusst das Experiment? Überlegen Sie, ob es weitere, bisher nicht berücksichtigte Variablen gibt, welche die Ergebnisse Ihres Experiments beeinflussen? Identifizieren Sie diese möglichen Störvariablen.

Lösungsbeispiel 8

Folgende Faktoren könnten Störvariablen sein: Verschiedene Volumina des Indikators könnten das Ergebnis beeinflussen. Gleiches gilt für unterschiedlich hohe Harnstoffkonzentrationen in den verschiedenen Untersuchungsansätzen. Diese Faktoren sollten daher konstant gehalten werden.

Arbeitshinweis 9

Wann, wie lange und in welchen Abständen soll beobachtet bzw. gemessen werden?
- Start der Beobachtung: Geben Sie den Zeitpunkt an, wann die Beobachtung beginnen soll.
- Dauer der Beobachtung: Überlegen Sie, wie lange der Zeitraum für eine angemessene Beobachtungsdauer ist.
- Intervalle der Beobachtung: Falls mehrere Zeitpunkte für die Beobachtung festgelegt werden sollen, überlegen Sie sich deren Anzahl und welcher Zeitabstand dazwischen eingehalten werden soll.

Lösungsbeispiel 9

Die Beobachtung in Ihrem Experiment könnte wie folgt aussehen:
Die Beobachtung wird gestartet:
- 1. Ansatz: sobald die Lösung in die Gasbrennerflamme gehalten wird.
- 2. Ansatz: sobald die Enzymlösung hinzugegeben wird.

Das Experiment ist dann zu beenden, wenn in allen drei Ansätzen keine Veränderungen des pH-Wertes mehr auftreten.

Arbeitshinweis 10

Wie oft soll das Experiment wiederholt werden? Überlegen Sie, wie oft Sie das Experiment durchführen wollen und wie Sie dies praktisch umsetzen. Kann man durch Variationen im Ablauf das Experiment noch optimieren?

Lösungsbeispiel 10

Zur Absicherung der Ergebnisse sollte ein Experiment mehrmals durchgeführt werden. Dies ist aufgrund des geringen Arbeitsaufwandes möglich.

6.3.3 Beobachtung und Datenauswertung

Arbeitshinweis 11

Wie sehen die Daten aus? Beschreiben und vergleichen Sie die Daten Ihrer experimentellen Ansätze, ohne diese dabei zu interpretieren.

Lösungsbeispiel 11

Ihre Beschreibung könnte Folgendes enthalten: Welche Unterschiede sind bei der abhängigen Variable aufgrund gezielter Variation der unabhängigen Variable zu beobachten? Wie groß fallen die gefundenen Unterschiede aus? Gibt es Besonderheiten in der Experimentdurchführung oder bei den Ergebnissen? Gibt es Ausreißer?

Arbeitshinweis 12

Wie können die Daten gedeutet werden?

- Ziehen Sie eine Schlussfolgerung für Ihre Hypothese: Wird Ihre Hypothese durch die Daten des Experiments gestützt oder widerlegt?
- Begründen Sie auf der Basis Ihrer Daten, warum Ihre Schlussfolgerung gerechtfertigt ist.
- Welche Schlussfolgerung kann aufgrund der Daten für das Ausgangsproblem gezogen werden?

Lösungsbeispiel 12

Ihre Interpretation sollte folgende Punkte beinhalten: Die Anwesenheit von Enzymen in der Lösung hatte einen/hatte keinen Einfluss auf die benötigte Aktivierungsenergie zur Umsetzung des Substrats. Es konnten Hinweise gefunden werden, welche unsere Hypothesen stützen/widerlegen, da sich zeigte, dass …

Arbeitshinweis 13

Gibt es Einschränkungen bei der Deutung der Daten? Überlegen Sie, wie aussagekräftig Ihre Daten sind und ob es hier eventuell Einschränkungen gibt. Wenn ja, wie lassen sich diese Einschränkungen erklären?

Lösungsbeispiel 13

Eine Einschränkung könnte sein, dass eine zu geringe Enzymkonzentration oder eine überalterte Enzymlösung gewählt und so das Ergebnis verfälscht wurde, da auf diese Weise die Substratumsetzung nicht optimal (vielleicht auch gar nicht) erfolgen kann. Außerdem könnte die Einwirkzeit des Enzyms zu gering gewesen sein.

Arbeitshinweis 14

Beurteilen Sie Ihr Experiment im Hinblick auf die Aspekte Hypothesenformulierung, Planung und Durchführung. Welche Punkte sollten gegebenenfalls für eine erneute Untersuchung geändert werden?

Lösungsbeispiel 14

Folgende Fragen sollten Sie z. B. beachten: War die Planung passend, um die Hypothese zu prüfen? War die Messung der abhängigen Variable adäquat? Gab es Störvariablen, die nicht berücksichtigt wurden?

Arbeitshinweis 15

Wie könnte es weitergehen? Stellen Sie folgende Überlegungen an: Sind während des Experimentierprozesses neue Forschungsfragen aufgetaucht, die Sie untersuchen möchten? Wurden neue mögliche abhängige Variablen identifiziert? Wie könnte man das Experiment unter veränderten Bedingungen durchführen?

Lösungsbeispiel 15

Es könnte überprüft werden, ob auch andere Enzyme mit ihrem Substrat zu den gleichen Ergebnissen führen (z. B. die Zersetzung von H_2O_2 durch Katalase). Des Weiteren können experimentelle Schritte folgen, bei denen andere Nachweise für die Reaktionsprodukte angewendet werden (z. B. Nachweis von CO_2 durch Kalkwasserprobe).

6.4 Übungsfragen

Mit den folgenden Übungsfragen können Sie Ihr Wissen zum theoretischen Hintergrund sowie zur praktischen Umsetzung des Experiments überprüfen. Dabei wird vorausgesetzt, dass die Theorie zusätzlich mit der angegebenen Literatur vertieft und gegebenenfalls weitere Literatur recherchiert wurde. Die Antworten können im Appendix überprüft werden.

1. In welchem pH-Bereich besitzt Bromthymolblau seinen Umschlagpunkt?
   a. pH 6–7,6
   b. pH 8,2–10,2
   c. pH 3–5
   d. pH 4–6

2. Zu welcher Enzymklasse gehört die Urease?
   a. Katalasen
   b. Hydrolasen
   c. Transferasen
   d. Isomerasen
   e. Ligasen

3. Was wird als Aktivierungsenergie bezeichnet?
   a. Energiegehalt der Produkte
   b. Energiedifferenz zwischen Übergangszustand und Produkten
   c. Energiegehalt der Reaktanden

d. Energiedifferenz zwischen Reaktanden und Produkten
e. Energiedifferenz zwischen Übergangszustand und Reaktanden

4. Welche Produkte entstehen bei der Zersetzung von Harnstoff?
   a. Sauerstoff
   b. Kohlenstoffdioxid
   c. Wasserstoff
   d. Nitrat
   e. Ammoniak
   f. Harnsäure

5. Beschreiben Sie den Kontrollansatz zum Nachweis, dass Urease die Aktivierungsenergie herabsetzt.

6. Skizzieren Sie analog zum oben angeführten Graphen (◘ Abb. 6.1) die Energiezustände im Reaktionsverlauf einer endergonischen Reaktion.

6.5 Appendix

6.5.1 Beispiel einer Musterlösung

Forschungsfrage: Setzt das Enzym Urease die Aktivierungsenergie (in Form von Wärme) herab, die beim Abbau von Harnstoff benötigt wird?

Hypothese: Wenn sich das Enzym Urease in der Harnstofflösung befindet (UV), dann zersetzt sich der Harnstoff auch bei geringerer Zufuhr von Aktivierungsenergie in seine Produkte Ammoniak und Kohlenstoffdioxid (AV).

Materialien: 3 Reagenzgläser, Reagenzglasständer, Reagenzglasklammer, Gasbrenner, 2 Pasteurpipetten

Chemikalien: Ureaselösung (0,2-prozentig, w/v) bzw. alternativ 2 g Sojabohnen (Samen von *Glycine max*), Harnstofflösung (1-prozentig, w/v), Bromthymolblaulösung (0,5-prozentig, w/v, in Ethanol)

Sicherheit: (GHS-Symbole, H- und P-Sätze; ► Kap. 14):
Urease: Gefahrenkennzeichnung (Nr. 1272/2008): keine; H-Sätze: keine; P-Sätze: keine
Harnstoff: Gefahrenkennzeichnung (Nr. 1272/2008): keine; H-Sätze: keine; P-Sätze: keine
Bromthymolblaulösung (0,5-prozentig, w/v, in Ethanol): Gefahrenkennzeichnung (Nr. 1272/2008): GHS 02; H-Sätze: H225; P-Sätze: P210, P241, P280, P240, P303+P361+P353, P501

Entsorgung: Die Ansätze müssen in den Behälter für organische Lösungen entsorgt werden. Zur Abfallentsorgung den zuständigen zugelassenen Entsorger ansprechen.

Durchführung: Man füllt die drei Reagenzgläser ungefähr 2 cm hoch mit der 1-prozentigen Harnstofflösung und fügt anschließend 2 bis 3 Tropfen der Bromthymolblaulösung hinzu. Nun wird die Lösung im ersten Reagenzglas vorsichtig bis kurz vor dem Siedepunkt in der Brennerflamme erhitzt. In das zweite Reagenzglas werden 4 bis 5 Tropfen der 0,2-prozentigen Ureaselösung gegeben. Das dritte Reagenzglas dient dem Vergleich.

Falls keine Urease vorhanden ist, kann man diese aus Sojabohnen gewinnen. Genauere Informationen hierzu befinden sich unten unter „Hinweise zum Experiment" – Aspekt (3).

Beobachtung: Nach Zugabe von Bromthymolblau färben sich zunächst alle Lösungen gelb. Nach dem Erhitzen in der Brennerflamme färbt sich die Lösung im ersten Reagenzglas über grün nach blau. Weniger als eine Minute nach der Zugabe der Ureaselösung in das zweite Reagenzglas, färbt sich die Lösung blau. Die Lösung von Reagenzglas 3 bleibt farblich unverändert.

Theoriebasierte Erklärung: Der Vergleichsansatz in Reagenzglas 3 zeigt, dass Harnstoff bei Zimmertemperatur nicht zersetzt wird, da sich hier der pH-Indikator nicht ändert. Durch Erhitzen der Lösung, wie in Reagenzglas 1 geschehen, zersetzt sich jedoch Harnstoff in Kohlenstoffdioxid und Ammoniak (im Zahlenverhältnis 1:2). Mit Wasser reagiert Ammoniak zu Ammonium- (NH_4^+) und Hydroxid-Ionen (OH^-). Dies bewirkt einen Anstieg des pH-Wertes der Lösung, der durch den Farbumschlag des Indikators angezeigt wird. Das beim Harnstoffabbau entstandene Kohlenstoffdioxid reagiert mit Wasser zu Kohlensäure (H_2CO_3). Die Kohlensäure wiederum zerfällt in Protonen (H^+) und Hydrogencarbonationen (HCO_3^-). Die Zahl der entstandenen Protonen ist jedoch geringer als jene der Hydroxidionen (s. obiges Zahlenverhältnis von Kohlenstoffdioxid und Ammoniak). Insofern ist die Ansäuerung im Vergleich zu Alkalisierung zu vernachlässigen. Durch die Zugabe von Urease in Reagenzglas 2 zersetzt sich wiederum Harnstoff in die gleichen Produkte wie beim Erhitzen, was ebenfalls durch den Farbumschlag des Indikators angezeigt wird. Jedoch wird hierfür keine Aktivierungsenergie in Form von Wärme benötigt. Der Vergleich der beschriebenen Reaktionsansätze demonstriert somit beispielhaft für ein Enzym (hier Urease), dass dieses die Aktivierungsenergie für seine spezifische Reaktion (hier Spaltung von Harnstoff/ lat. *urea*) herabsetzt (Bannwart und Kremer 2011, Wild und Schmitt 2012).

Hinweise zum Experiment: (1) Eine alkalische Reaktion des Ammoniaks (NH_3) ist in wässriger Lösung möglich. Dabei entziehen die Ammoniakmoleküle einigen Wassermolekülen je ein H^+-Ion (Proton). Als Folge davon entstehen sowohl positiv geladene Ammoniumionen (NH_4^+) als auch negativ geladene Hydroxidionen (OH^-). Letztere bedingen den Anstieg des pH-Wertes. (2) Der pH-Indikator Bromthymolblau ist im sauren Bereich gelblich und schlägt bei pH 5,8–7,6 nach blau um. Bei pH 7,0 ist eine Grünfärbung wahrzunehmen (Jander und Blasius 1989). (3) Alternativ zum Kauf der Urease lässt sich dieses Enzym auch aus getrockneten Sojabohnen gewinnen. Hierfür werden 2 g dieser Bohnen in einem Mixer zerkleinert und anschließend mit 20 mL Wasser übergossen. Nach kurzer Zeit setzt sich das Sojabohnenpulver ab. Danach wird mit dem Überstand weitergearbeitet. Hiervon werden während des Experiments nur wenige Tropfen der Lösung benötigt. Die Lösung kann nicht gelagert werden und sollte frisch hergestellt werden.

6.5.2 Lösungen zu den Übungsfragen

1. a
2. b
3. e

4. b, e
5. Der Kontrollansatz enthält Harnstoff, aber keine Urease. Es zeigt sich, dass die Raumtemperatur nicht ausreicht, um die Reaktion zu starten.
6. Die Lösung entspricht der Abbildung (■ Abb. 6.1). Nur liegt in dieser Aufgabe das Energieniveau der Produkte höher als das der Reaktanden. Dennoch ist Aktivierungsenergie notwendig, um den Übergangszustand zu erreichen.

Literatur

Bannwarth H, Kremer BP (2011) Vom Stoffaufbau zum Stoffwechsel. Erkunden – Erfahren – Experimentieren. 13.14 Enzymhemmung und Enzymspezifität: Harnstoffabbau durch Urease, 2. Aufl. Schneider Verlag Hohengehren, Baltmannsweiler, S 221–224

Herr A (2004) Thermische Zersetzung von Festharnstoff für mobile SCR-Katalysatoranwendungen. Resource Document. https://kluedo.ub.uni-kl.de/frontdoor/index/index/year/2005/docId/1598. Zugegriffen: 23. Mai 2015

Jander G, Blasius E (1989) Lehrbuch der analytischen und präparativen anorganischen Chemie. S. Hirtzel, Stuttgart

Weiterführende Literatur

Müller S, Kromke M, Vogt H, Moll D (2007) Enzymkinetik in der Schule. Biol Unserer Zeit 37:260–265

Sadava D, Hillis DM, Heller HC, Berenbaum MR (2011) Purves Biologie. 8.3 Was sind Enzyme? Spektrum, Heidelberg, S 204–207

Wild A, Schmitt V (2012) Biochemische und physiologische Versuche mit Pflanzen. V 3.1.2 Verringerung der Aktivierungsenergie durch Urease. Springer, Heidelberg, S 74–75

Temperaturabhängigkeit der Enzymaktivität

Andreas Peters, Till Bruckermann, Julia Arnold, Kerstin Kremer und Kirsten Schlüter

T. Bruckermann, K. Schlüter (Hrsg.), *Forschendes Lernen im Experimentalpraktikum Biologie*,
DOI 10.1007/978-3-662-53308-6_7

Dieses Kapitel zeigt auf, dass die Stoffwechselaktivität der Enzyme von verschiedenen Faktoren beeinflusst werden kann. Zudem sollen Vermutungen über den Zusammenhang zwischen der Temperatur und der Enzymaktivität aufgestellt werden. Diese Vermutungen können anschließend am Beispiel der hydrolytischen Spaltung von Fetten mittels Lipasen überprüft werden.

Nach der Bearbeitung dieses Kapitels sollen Sie eine Forschungsfrage hypothesengeleitet untersuchen und auf der Grundlage Ihrer Ergebnisse beantworten können. Im Speziellen können Sie ...

Fachwissen
- die Bedeutung von Enzymen für den menschlichen Körper erklären.
- den allgemeinen strukturellen Aufbau von Enzymen beschreiben.
- den Aufbau von Lipiden auf molekularer Ebene als Substrat der Lipasen erklären.
- das enzymatische Wirkprinzip anhand der Lipasen beispielhaft erläutern.

Wissenschaftliches Denken
- alltägliche Phänomene als Grundlage einer wissenschaftlichen Forschungsfrage benennen.
- eine arbeitsleitende Hypothese entwickeln und theoretisch begründen.
- ein Experiment planen, benötigte Laborgeräte auswählen und die Auswahl begründen.
- eine sinnvolle Messmethode für das Experiment auswählen.
- Beobachtungen anstellen und dokumentieren.
- aufgrund Ihrer Daten und zugrundeliegender Theorie die Forschungsfrage angemessen beantworten.
- durch Beurteilung Ihrer Daten mögliche Einschränkungen in der Aussagekraft des Experiments identifizieren.

Laborfertigkeiten
- Lösungen mit unterschiedlichen Konzentrationen ansetzen, indem Sie Berechnungen anstellen, Volumina abmessen bzw. Stoffmassen abwiegen und die Stoffe mischen.
- definierte Volumina mittels Pipetten aufnehmen und in verschiedene Laborgefäße überführen.
- mittels pH-Indikatoren Aussagen über den pH-Bereich von Lösungen treffen.

Zeitaufwand: Experimentaufbau/Vorbereitung: 35 bis 40 Minuten; Durchführung: 15 bis 20 Minuten

7.1 Sachinformationen

Die Hauptaufgabe von Enzymen besteht in der Herabsetzung der Aktivierungsenergie von Stoffwechselprozessen. Da Enzyme substrat- und reaktionsspezifisch arbeiten, können sie in Lebewesen ganz gezielt bestimmte physiologische Reaktionen veranlassen, die eigentlich ein viel höheres Maß an Energie benötigen würden. Da in Gegenwart von Enzymen geringere Aktivierungsenergie in Form von Wärmezufuhr benötigt wird, bleiben unerwünschte Nebenreaktionen bedingt durch zu hohe Temperaturen aus, wie z. B. eine Denaturierung von Proteinen (► Kap. 6).

Wenn man den komplexen Aufbau von Enzymen näher betrachtet, stellt sich sehr schnell die Frage, ob Faktoren existieren, welche die Enzymaktivität beeinflussen können. Enzyme sind Polypeptide, die erst durch die Ausformung einer spezifischen dreidimensionalen Struktur ihre Aufgabe erfüllen können. Diese charakteristische Form (auch Konformation genannt) entsteht durch Wechselwirkungen verschiedener Bereiche innerhalb eines Moleküls. So werden unter anderem Wasserstoffbrückenbindungen ausgebildet, die eher als schwache, d. h. wenig stabile Bindungen fungieren. Ebenfalls können Ionenbindungen in Polypeptiden vorkommen. Sie bestehen zwischen Molekülbereichen mit negativer und positiver Ladung. Diese Ionenbindungen gelten als starke Bindungen, sofern ein Stoff in kristalliner Form, also als Salz, vorliegt. Im wässrigen Milieu können sie dagegen durch äußere Einflüsse leicht aufgebrochen werden. Ein solcher Einfluss kann z. B. die Veränderung der Temperatur sein.

Um dies untersuchen zu können, werden im Folgenden die Lipasen näher betrachtet. Lipasen sind Enzyme aus der Gruppe der Hydrolasen, sie katalysieren (beschleunigen) also die Aufspaltung von Verbindungen unter Anlagerung von Wasser. Lipasen lassen sich in einer Vielzahl von Organismen vorfinden, wie zum Beispiel bei Säugetieren. Für unseren Körper sind Lipasen insofern essenziell, da Fette nicht direkt resorbiert, d. h. vom Darm ins Blut aufgenommen werden können und zunächst aufgespalten werden müssen. Fette sind Dreifachester aus Glycerin und insgesamt drei Fettsäuremolekülen. Lipasen katalysieren nun die hydrolytische Spaltung der Esterbindungen, wodurch man schließlich, über Di- und Monoglyceride als Zwischenprodukte, wieder Glycerin und die einzelnen Fettsäuren erhält (◘ Abb. 7.1). Diese können danach leichter vom Körper resorbiert werden.

Doch Lipasen lassen sich nicht nur innerhalb eines Organismus antreffen. Auch in nahezu allen Milchprodukten befinden sich kleine Mengen dieser Enzyme. Sie können entweder schon zuvor in der Milch enthalten gewesen sein, wobei sie jedoch meistens beim Pasteurisieren denaturiert werden, oder sie gelangen erst später durch den Eintrag von verschiedenen Mikroorganismen in das Milchprodukt, z. B. bei unsauberer Verarbeitung oder im privaten Gebrauch. Aus diesem Grund kennt man den Vorgang der enzymkatalysierten Spaltung von Fetten durch Anlagerung von Wasser (Lipolyse) nicht nur innerhalb des Körpers. Für das Ranzigwerden von Butter ist ebenfalls dieser Prozess verantwortlich. Deshalb bewahrt man fetthaltige Lebensmittel im Kühlschrank auf. Dadurch kann die Lipolyse zwar nicht gestoppt, aber wenigstens stark verlangsamt werden. Diese Begebenheiten führen zur Forschungsfrage:

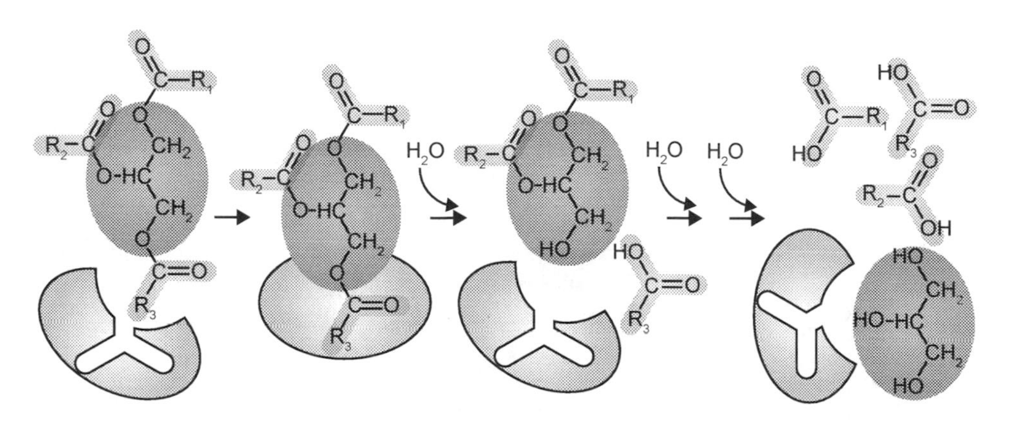

◘ **Abb. 7.1** Enzymatische Spaltung von Fetten (Lipolyse)

Forschungsfrage:

Ist die Enzymaktivität von Lipase temperaturabhängig?

7.2 Aufgabenstellung

Planen Sie ein Experiment zur hypothesengeleiteten Untersuchung der zuvor genannten Forschungsfrage, führen Sie es durch und werten Sie es aus. Gehen Sie dabei auf alle nachfolgend genannten Punkte ein.

1. Hypothese: Formulieren Sie mithilfe der Sachinformation eine zur Forschungsfrage passende Hypothese. Dafür sollten Sie …

- die unabhängige Variable benennen (s. Arbeitshinweis 1),
- die abhängige Variable benennen (s. Arbeitshinweis 2),
- den Zusammenhang der Variablen als Vorhersage in Wenn-dann- oder Je-desto-Form formulieren (s. Arbeitshinweis 3),
- Ihre Hypothese begründen (s. Arbeitshinweis 4),
- eine Nullhypothese und gegebenenfalls eine weitere alternativ zu untersuchende Hypothese formulieren (s. Arbeitshinweis 5).

2. Planung: Um Ihre Hypothese zu überprüfen, planen Sie einen geeigneten experimentellen Aufbau. Beschreiben Sie dazu möglichst genau, was beim Aufbau und bei der Durchführung zu berücksichtigen ist. Anschließend führen Sie Ihr Experiment durch. Die folgenden Fragen sollten während Ihrer Planung beantwortet werden:

- Wie soll die unabhängige Variable verändert werden und wie setzen Sie dies in der praktischen Durchführung um (s. Arbeitshinweis 6)?
- Wie soll die abhängige Variable gemessen werden (s. Arbeitshinweis 7)?
- Welche Störvariablen sind zu kontrollieren (s. Arbeitshinweis 8)?
- Wie lange soll das Experiment insgesamt dauern und wie viele Messungen sollen in diesem Zeitraum durchgeführt werden (s. Arbeitshinweis 9)?
- Wie oft soll das Experiment wiederholt werden (s. Arbeitshinweis 10)?

Sie können folgende Materialien nutzen: verschiedene Glasgefäße, Messpipette, Pasteurpipette, Stoppuhr, Eiswürfel, Schüttelwasserbad, Kondensmilch, 5-prozentige Lipaselösung (w/v), 8-prozentige Natriumcarbonatlösung (w/v), 1-prozentige Phenolphthaleinlösung (w/v, in Ethanol).

Tipp: Natriumcarbonatlösung erhöht den pH-Wert der Kondensmilch, sodass ein Farbwechsel des Indikators die Entstehung von Fettsäuren anzeigt.

Sicherheit (GHS-Symbole, H- und P-Sätze; ► Kap. 14):

Lipaselösung: Gefahrenkennzeichnung (Nr. 1272/2008): keine; H-Sätze: keine; P-Sätze: keine

Natriumcarbonatlösung: Gefahrenkennzeichnung (Nr. 1272/2008): GHS07; H-Sätze: H319; P-Sätze: P280, P264, P305+P351+P338, P337+P313

Phenolphthalein 1-prozentig in Ethanol: Gefahrenkennzeichnung (Nr. 1272/2008): GHS02, GHS08; H-Sätze: H225, H341, H350; P-Sätze: P210, P280, P303+P361+P353, P308+P313, P370+P378, P403+P235

Entsorgung: Die Ansätze müssen je nach pH-Wert in einen Behälter für Säuren oder Laugen entsorgt werden. Zur Abfallentsorgung den zuständigen zugelassenen Entsorger ansprechen.

3. Beobachtung und Datenauswertung: Beschreiben Sie Ihre Beobachtungen. Interpretieren Sie danach die Beobachtungen im Hinblick auf die Hypothese. Welche Schlüsse lassen sich daraus ziehen und warum? Berücksichtigen Sie bei der Datenauswertung und Interpretation folgende Punkte:
- Beschreibung Ihrer Beobachtungen und Daten (s. Arbeitshinweis 11),
- Interpretation der Daten im Hinblick auf die Hypothese (s. Arbeitshinweis 12),
- Sicherheit Ihrer Interpretation (s. Arbeitshinweis 13),
- Methodenkritik (s. Arbeitshinweis 14),
- Ausblick für anschließende Untersuchungen (s. Arbeitshinweis 15).

7.3 Arbeitshinweise

Die Arbeitshinweise können Ihnen bei der Bearbeitung der Aufgabenstellung helfen. Bitte benutzen Sie diese nur, wenn Sie nicht mehr weiterwissen.

7.3.1 Hypothese

Arbeitshinweis 1

Was genau wollen Sie in Ihrem Experiment untersuchen? Welcher Faktor (unabhängige Variable) könnte die hauptsächliche bzw. die Sie interessierende Ursache für Veränderungen oder Unterschiede im Experimentausgang sein?

Lösungsbeispiel 1

Es soll untersucht werden, ob die Temperatur ein möglicher Einflussfaktor auf die Enzymaktivität von Lipasen ist. Somit ist die Höhe der Temperatur eine mögliche unabhängige Variable.

Arbeitshinweis 2

Was genau wollen Sie in Ihrem Experiment beobachten? An welchem Faktor (abhängige Variable) kann man den Einfluss der unabhängigen Variable erkennen? Dieser Faktor (abhängige Variable) wird sich Variable vermutlich bei Variation der unabhängigen Variable verändern.

Lösungsbeispiel 2

Der Faktor, der sich in Abhängigkeit der unabhängigen Variable ändert, ist die Enzymaktivität der Lipasen. Damit ist die Enzymaktivität die abhängige Variable.

Arbeitshinweis 3

Welches Ergebnis erwarten Sie, wenn Ihre Vermutung stimmt? Wie wird die unabhängige Variable die abhängige Variable vermutlich beeinflussen? Formulieren Sie aus diesen Überlegungen heraus eine Hypothese als Vorhersage des vermuteten Zusammenhangs. Diese Hypothese ist als Wenn-dann- oder Je-desto-Satz zu formulieren.

Lösungsbeispiel 3

So könnte Ihre Vorhersage aussehen: Je höher die Temperatur einer Lipaselösung, desto höher ist die Enzymaktivität der Lipasen. Eine mögliche Einschränkung der Vorhersage wäre: Bei einer bestimmten Temperaturhöhe sinkt die Lipaseaktivität wieder, da die Enzyme denaturieren.

Arbeitshinweis 4

Warum ist Ihre Hypothese plausibel? Benennen Sie Gründe, welche die Richtigkeit bzw. Plausibilität Ihrer Hypothese unterstützen. Nutzen Sie hierfür Ihr Vorwissen.

Lösungsbeispiel 4

Die Temperatur könnte einen Einfluss auf die Enzymaktivität haben, da es sich bei der enzymatischen Umsetzung von Substraten um eine (bio-)chemische Reaktion handelt. Deshalb dürfte auch hier die RGT-Regel (Reaktionsgeschwindigkeit-Temperatur-Regel) greifen. Diese Regel besagt, dass ein positiver Zusammenhang zwischen der Temperatur und der Reaktionsgeschwindigkeit besteht. Deshalb müsste die Umsetzung des Substrats durch das Enzym bei höheren Temperaturen schneller ablaufen.

Arbeitshinweis 5

Benennen Sie die Nullhypothese. Die Nullhypothese negiert den in der Hypothese vorausgesagten Effekt. Gibt es noch weitere Hypothesen? Formulieren Sie gegebenenfalls alternative Hypothesen.

Lösungsbeispiel 5

Ihre Nullhypothese könnte wie folgt aussehen (bedenken Sie, dass diese Alternative von Ihrer eigenen Hypothese abhängt!): Es besteht kein Zusammenhang zwischen Temperatur und Enzymaktivität.

7.3.2 Planung

Arbeitshinweis 6

Wie nehmen Sie Veränderungen bei den Ausgangsbedingungen vor?
- Planen Sie einen geeigneten experimentellen Aufbau.
- Geben Sie an, wie Sie die unabhängige Variable variieren wollen.

- Überlegen Sie sich, wie viele verschiedene Ausprägungen der unabhängigen Variable angemessen sind.
- Entscheiden Sie, welcher Kontrollansatz benötigt wird.

Lösungsbeispiel 6

Man gibt in 20 mL Kondensmilch ungefähr 15 Tropfen des Indikators. Anschließend erhöht man den pH-Wert der Lösung, indem man langsam bis kurz hinter den Umschlagpunkt des Indikators Natriumcarbonatlösung hinzutropft. Wenn Fettsäuren freigesetzt werden, kann das durch einen Wechsel der Indikatorfarbe gezeigt werden. Die so vorbereitete Lösung wird in je 3 Reagenzgläser zu gleichen Volumina aufgeteilt. Danach werden die Ansätze auf unterschiedliche Temperaturen erwärmt/abgekühlt (zum Beispiel im Wasserbad oder Kühlschrank). Zum Schluss gibt man gleichzeitig definierte Volumina der Lipaselösung hinzu und misst die Zeit, die zum Entfärben der Lösung benötigt wird.

Arbeitshinweis 7

Wie weisen Sie Veränderungen bei den Auswirkungen nach? Überlegen Sie, wie Sie Änderungen der abhängigen Variable ermitteln bzw. messen wollen. Ist es weiterführend möglich, dass die Ausprägung der abhängigen Variable auch in Zahlen ausgedrückt wird?

Lösungsbeispiel 7

Die abhängige Variable kann durch die Veränderung des pH-Wertes gemessen werden. Bei der Lipolyse werden vermehrt Fettsäuren freigesetzt, die den pH-Wert herabsenken. Mit einem geeigneten Indikator (z. B. Phenolphthalein) lässt sich die Änderung des pH-Wertes sichtbar machen.

Arbeitshinweis 8

Was beeinflusst das Experiment? Überlegen Sie, ob es weitere, bisher nicht berücksichtigte Variablen gibt, welche die Ergebnisse Ihres Experiments beeinflussen? Identifizieren Sie diese möglichen Störvariablen.

Lösungsbeispiel 8

Folgende Faktoren könnten Störvariablen sein: Die Enzymkonzentration in den Reaktionsansätzen kann unterschiedlich hoch sein, wenn pro Ansatz versehentlich verschiedene Volumina der Lipaselösung hinzugegeben wurden. Durch Zugabe von übermäßig viel Natriumcarbonatlösung könnte der pH-Wert zu stark angestiegen und zu weit vom Umschlagpunkt des Indikators entfernt sein, sodass die freigesetzten Fettsäuren (bedingt durch die Lipasereaktion) nicht zu dem erwarteten Farbumschlag des Indikators führen.

Arbeitshinweis 9

Wann, wie lange und in welchen Abständen soll beobachtet bzw. gemessen werden?

- Start der Beobachtung: Geben Sie den Zeitpunkt an, wann die Beobachtung beginnen soll.
- Dauer der Beobachtung: Überlegen Sie, wie lange der Zeitraum für eine angemessene Beobachtungsdauer ist.
- Intervalle der Beobachtung: Falls mehrere Zeitpunkte für die Beobachtung festgelegt werden sollen, überlegen Sie sich deren Anzahl und welcher Zeitabstand dazwischen bestehen soll.

Lösungsbeispiel 9

Die Beobachtung in Ihrem Experiment könnte wie folgt aussehen: Die Beobachtung wird bei jedem Reaktionsansatz gestartet, sobald die Enzymlösung hinzugegeben wurde. Die Reaktionsansätze sollten ständig auf mögliche Farbumschläge beobachtet werden Die Messung wird dann beendet, wenn keine Änderung des pH-Wertes durch Farbänderung des Indikators mehr erkennbar ist.

Arbeitshinweis 10

Wie oft soll das Experiment wiederholt werden? Überlegen Sie, wie oft Sie das Experiment durchführen wollen und wie Sie dies praktisch umsetzen. Kann man durch Variationen im Ablauf das Experiment noch optimieren?

Lösungsbeispiel 10

Zur Absicherung der Ergebnisse sollte ein Experiment mehrmals durchgeführt werden. Hierfür können mehrere identische Ansätze parallel angefertigt und arbeitsteilig beobachtet werden. Eine Optimierung des Experiments erscheint sinnvoll, wenn sich keine Unterschiede in den verschieden temperierten Reaktionsansätzen bemerkbar machen. Es sollte dann die Temperaturdifferenz zwischen den Ansätzen erhöht werden.

7.3.3 Beobachtung und Datenauswertung

Arbeitshinweis 11

Wie sehen die Daten aus? Beschreiben und vergleichen Sie die Daten Ihrer experimentellen Ansätze, ohne diese dabei zu interpretieren.

Lösungsbeispiel 11

Ihre Ergebnisdarstellung sollte Antworten auf folgende Fragen geben: Wie stark unterscheiden sich die gewählten Ausprägungen der unabhängigen Variable voneinander, d. h., wie groß ist der Temperaturunterschied zwischen den Reaktionsansätzen? Wie stark unterscheiden sich die Ergebnisse der Reaktionsansätze, d. h., wie schnell ist bei unterschiedlichen Temperaturen der Umschlagpunkt des Indikators erreicht? Gibt es Besonderheiten oder Ausreißer?

Arbeitshinweis 12

Wie können die Daten gedeutet werden?

- Ziehen Sie eine Schlussfolgerung für Ihre Hypothese: Wird Ihre Hypothese durch die Daten des Experiments gestützt oder widerlegt?
- Begründen Sie auf der Basis Ihrer Daten, warum Ihre Schlussfolgerung gerechtfertigt ist.
- Welche Schlussfolgerung kann aufgrund der Daten für das Ausgangsproblem gezogen werden?

Lösungsbeispiel 12

Ihre Interpretation sollte folgende Punkte beinhalten: Unterschiedliche Temperaturen hatten einen/hatten keinen Einfluss auf die Enzymaktivität. Es konnten Hinweise gefunden werden, welche unsere Hypothesen stützen/widerlegen, da sich zeigte, dass …

Arbeitshinweis 13

Gibt es Einschränkungen bei der Deutung der Daten? Überlegen Sie, wie aussagekräftig Ihre Daten sind und ob es hier eventuelle Einschränkungen gibt. Wenn ja, wie lassen sich diese Einschränkungen erklären?

Lösungsbeispiel 13

Eine Einschränkung könnte sein, dass der Versuch eventuell aufgrund von begrenzter Zeit zu früh abgebrochen wird und noch keine Farbänderung eingetreten ist. Eine weitere Einschränkung könnte auch durch eine überalterte Enzymlösung bestehen, die nicht adäquat aufbewahrt wurde (z. B. Lipase aus Pankreatin muss bei weniger als + 15 °C gelagert werden).

Arbeitshinweis 14

Beurteilen Sie Ihr Experiment in Hinblick auf die Aspekte Hypothesenformulierung, Planung und Durchführung. Welche Punkte sollten gegebenenfalls für eine erneute Untersuchung geändert werden?

Lösungsbeispiel 14

Folgende Fragen sollten Sie z. B. beachten: War die Planung passend, um die Hypothese zu prüfen? War die Messung der abhängigen Variable adäquat? Gab es Störvariablen, die nicht berücksichtigt wurden?

Arbeitshinweis 15

Wie könnte es weitergehen? Stellen Sie folgende Überlegungen an: Sind während des Experimentierprozesses neue Forschungsfragen aufgetaucht, die Sie untersuchen möchten? Wurden neue mögliche abhängige Variablen identifiziert? Wie könnte man das Experiment unter veränderten Bedingungen durchführen?

Lösungsbeispiel 15

Es könnten weitere Temperaturen gewählt werden, um einen genauen Graphen für die Enzymaktivität in Abhängigkeit von der Temperatur zu erstellen. Zur weiteren Überprüfung könnten zusätzlich noch andere Enzyme auf temperaturabhängige Aktivität überprüft werden. Des Weiteren könnte man auch Faktoren wie z. B. den pH-Wert und die daraus resultierenden Auswirkungen auf die Enzymaktivität überprüfen.

7.4 Übungsfragen

Mit den folgenden Übungsfragen können Sie Ihr Wissen zum theoretischen Hintergrund sowie zur praktischen Umsetzung des Experiments überprüfen. Dabei wird vorausgesetzt, dass die Theorie zusätzlich mit der angegebenen Literatur vertieft und gegebenenfalls weitere Literatur recherchiert wurde. Die Antworten können im Appendix überprüft werden.

1. Ein Fett besteht aus zwei Typen von molekularen Bausteinen. Benennen Sie diese.

2. Ergänzen Sie die Lücken: Beim Fettabbau (Fachbegriff: ______________) werden Fette unter Anlagerung von ______________ in ______________ und ______________ gespalten. Einen Prozess, bei dem ein Molekül mithilfe von Wasser gespalten wird, nennt man auch ______________.

3. Durch die aus der Lipolyse freigesetzten Produkte wird der pH-Wert einer ursprünglich alkalischen Lösung …
   a. abgesenkt.
   b. angehoben.
   c. gleich bleiben.
   d. zu einer Entfärbung von Phenolphthalein führen.
   e. zu einer Rosafärbung von Phenolphthalein führen.

4. Begründen Sie die Zugabe von Natriumcarbonatlösung zu den Reaktionsansätzen im Experiment.

5. Wo findet die Fettverdauung hauptsächlich statt?
   a. Magen
   b. Dünndarm
   c. Mund
   d. Dickdarm
   e. Blinddarm

6. Zu welcher Enzymgruppe zählt die Lipase?
   a. Isomerasen
   b. Transferasen
   c. Hydrolasen
   d. Ligasen
   e. Katalasen

7. Beschreiben Sie eine möglichst genaue Vorhersage für die Enzymaktivität von Lipase im Falle der Temperaturabhängigkeit für einen Bereich von 10–60 °C.

7.5 Appendix

7.5.1 Beispiel für eine Musterlösung

Forschungsfrage: Ist die Enzymaktivität von Lipase temperaturabhängig?

Hypothese: Je höher die Temperatur einer Lipaselösung (UV), desto höher ist die Enzymaktivität der Lipasen (AV). Eine mögliche Einschränkung der Vorhersage wäre: Bei einer bestimmten Temperaturhöhe sinkt die Lipaseaktivität wieder, da die Enzyme denaturieren.

Materialien: 3 Reagenzgläser, Reagenzglasständer, Messpipette (10 mL), Pasteurpipette, Stoppuhr, Wasserbad für Reagenzgläser (alternativ Heizplatte und Becherglas zum Aufbau eines Wasserbads), Kühlschrank (alternativ Eiswürfel und Becherglas), Kondensmilch

Chemikalien: Lipaselösung (5-prozentig, w/v), Natriumcarbonatlösung (8-prozentig, w/v), Phenolphthalein (1-prozentig, w/v, in Ethanol)

Sicherheit (GHS-Symbole, H- und P-Sätze; ► Kap. 14):

Lipaselösung: Gefahrenkennzeichnung (Nr. 1272/2008): keine; H-Sätze: keine; P-Sätze: keine

Natriumcarbonatlösung: Gefahrenkennzeichnung (Nr. 1272/2008): GHS07; H-Sätze: H319; P-Sätze: P280, P264, P305+P351+P338, P337+P313

Phenolphthalein (1-prozentig, w/v, in Ethanol): Gefahrenkennzeichnung (Nr. 1272/2008): GHS02, GHS08; H-Sätze: H225, H341, H350; P-Sätze: P210, P280, P303+P361+P353, P308+P313, P370+P378, P403+P235

Entsorgung: Die Ansätze müssen je nach pH-Wert in einen Behälter für Säuren oder Laugen entsorgt werden. Zur Abfallentsorgung den zuständigen zugelassenen Entsorger ansprechen.

Durchführung: Zuerst werden ca. 20 mL Kondensmilch in ein Becherglas gegeben und mittels einer Pasteurpipette 15 Tropfen des pH-Indikators Phenolphthalein (1-prozentig, w/v, in Ethanol) hinzugegeben. Anschließend wird so lange langsam Natriumcarbonatlösung hinzugetropft, bis sich der Farbumschlag des Indikators in ein leichtes Rosa einstellt. Hierfür genügen zumeist nur einige Tropfen der Natriumcarbonatlösung. Das Reagenzglas sollte immer wieder geschüttelt werden, um eine gleichmäßige Verteilung der Natriumcarbonatlösung zu erzielen. Im nächsten Schritt werden insgesamt dreimal 5 mL dieser Lösung mittels Messpipette entnommen und jeweils in ein Reagenzglas überführt. Die Lösung von einem dieser Reagenzgläser wird anschließend im Wasserbad auf 37 °C erwärmt, während ein zweiter Reaktionsansatz im Kühlschrank auf ungefähr 10 °C herabgekühlt wird. Der dritte Ansatz wird bei Zimmertemperatur stehen gelassen.

Sind die gewünschten Temperaturen erreicht, werden zeitgleich in alle drei Reaktionsansätze 0,5 mL der Lipaselösung gegeben und die Zeiten bis zum Farbumschlag der Lösungen gemessen.

Beobachtung: Nach Zugabe der Lipaselösungen färben sich alle drei Reaktionsansätze von leicht rosa zu milchig weiß. Der Farbumschlag tritt im erwärmten Reaktionsansatz nach nur wenigen Minuten am schnellsten ein. Der gekühlte Ansatz benötigt am längsten. Hier tritt erst nach ungefähr 10 bis 15 Minuten ein Farbumschlag ein.

Theoriebasierte Erklärung: Phenolphathalein färbt Lösungen ab einem pH-Wert von 8,4 rosa und ist bei niedrigeren pH-Werten farblos. Da Kondensmilch weitestgehend pH-neutral bis ganz leicht sauer ist, wird der pH-Wert durch die Zugabe einer Natriumcarbonatlösung bis zum Umschlagpunkt des Indikators Phenolphthalein erhöht. Gibt man nun Lipase in diese Lösung, so werden die in der Kondensmilch befindlichen Fette über Di- und Monoglyceride bis hin zu Glycerin und Fettsäuren aufgespalten. Diese Fettsäuren bewirken schließlich eine erneute Absenkung des pH-Wertes, wodurch die Lösung wieder ihre ursprüngliche milchige Färbung annimmt. Dies geschieht bei höheren Temperaturen schneller, da hier die Teilchen eine schnellere Eigenbewegung besitzen. Diese Bewegung erhöht auch die Wahrscheinlichkeit der Bildung eines Enzym-Substrat-Komplexes pro Zeitintervall, wodurch die Spaltung der Fette schneller stattfinden kann. Die Regel der schnelleren Umsetzung des Substrats bei erhöhter Temperatur gilt solange, bis das Enzym durch zu große Hitze inaktiviert wird, da sich beispielsweise Wasserstoffbrückenbindungen auflösen.

Hinweise zum Experiment: (1) Der pH-Wert der Kondensmilch sollte nur vorsichtig erhöht werden. Stark alkalische Lösungen könnten die Aktivität des Enzyms beeinflussen. Ein pH-Wert nahe dem Umschlagpunkt bei pH 8,4 ist ideal. (2) Die Enzymaktivität der Lipase folgt einer Optimumskurve. Bis zu einem Bereich von ca. 37 °C steigt die Aktivität und sinkt dann bei höheren Temperaturen wieder.

7.5.2 Lösungen zu den Übungsfragen

1. Glycerin und Fettsäuren
2. Lipolyse, Wasser, Glycerin, Fettsäuren, Hydrolyse
3. a, d
4. Natriumcarbonat hebt den pH-Wert der Kondensmilch zu einem alkalischen Milieu an, sodass entstehende Fettsäuren durch pH-Wertänderung (Absenkung) nachgewiesen werden.
5. b
6. c
7. Die Enzymaktivität der Lipase wird mit steigender Temperatur ebenfalls ansteigen (RGT-Regel) und bei ca. 37 °C ein Optimum erreichen. Danach sinkt die Enzymaktivität schnell auf den Nullpunkt.

Weiterführende Literatur

Arnold J, Kremer K (2012) Lipase in Milchprodukten. Prax Naturwiss, Biol 61:15–21

Bannwarth H, Kremer BP (2011) Vom Stoffaufbau zum Stoffwechsel. Erkunden – Erfahren – Experimentieren. 13.13 Spaltung von Milchfett durch Pankreas-Lipase, 2. Aufl. Schneider Verlag Hohengehren, Baltmannsweiler, S 219–221

Sadava D, Hillis DM, Heller HC, Berenbaum MR (2011) Purves Biologie. 8.5 Wie wird die Enzymaktivität reguliert?. Spektrum, Heidelberg, S 210–219

Gehemmte Enzyme am Beispiel der Amylase

Till Bruckermann, Andreas Peters und Kirsten Schlüter

T. Bruckermann, K. Schlüter (Hrsg.), *Forschendes Lernen im Experimentalpraktikum Biologie*,
DOI 10.1007/978-3-662-53308-6_8

In diesem Kapitel wird die allo- und isosterische Hemmung von Enzymen erläutert. Für die isosterische Hemmung wird hier der Hemmstoff Acarbose, welcher mit anderen Polysacchariden (z. B. Stärke) um das aktive Zentrum der Amylasen konkurriert, beispielhaft vorgestellt. Zudem sollen Vermutungen über den Zusammenhang zwischen Inhibitorkonzentration und Enzymaktivität aufgestellt werden. Diese Vermutungen können anschließend anhand eines Experimentaufbaus überprüft werden.

Nach der Bearbeitung dieses Kapitels sollen Sie eine Forschungsfrage hypothesengeleitet untersuchen und auf der Grundlage Ihrer Ergebnisse beantworten können. Im Speziellen können Sie ...

Fachwissen

- wichtige Bestandteile von Enzymen benennen.
- die Mechanismen der allo- und isosterischen Hemmung erläutern.
- den Nutzen der Enzymhemmung zur medizinischen Behandlung erklären.

Wissenschaftliches Denken

- alltägliche Phänomene als Grundlage einer wissenschaftlichen Forschungsfrage benennen.
- eine arbeitsleitende Hypothese entwickeln und theoretisch begründen.
- ein Experiment planen, benötigte Laborgeräte auswählen und die Auswahl begründen.
- eine sinnvolle Messmethode für das Experiment auswählen.
- Beobachtungen anstellen und dokumentieren.
- aufgrund Ihrer Daten und zugrundeliegender Theorie die Forschungsfrage angemessen beantworten.
- durch Beurteilung Ihrer Daten mögliche Einschränkungen in der Aussagekraft des Experiments identifizieren.

Laborfertigkeiten

- Lösungen unterschiedlicher Konzentration ansetzen (Berechnungen anstellen, Massen abwiegen und Volumina abmessen).
- definierte Volumina mittels Mikropipetten aufnehmen und in verschiedene Laborgefäße überführen.
- einen typischen Nachweis von Stärke durchführen und auswerten

Zeitaufwand: Experimentaufbau/Vorbereitung: 15 bis 20 Minuten; Durchführung: 25 bis 30 Minuten

8.1 Sachinformationen

Die Hauptaufgabe von Enzymen ist es, die Aktivierungsenergie von bestimmten Reaktionen herabzusetzen (► Kap. 6). Dies geschieht zunächst durch die Bildung eines Enzym-Substrat-Komplexes, wobei das spezifische Substrat am aktiven Zentrum des Enzyms eine zumeist nichtkovalente Bindung (z. B. durch Wasserstoffbrückenbindungen) eingeht. Die Bindung löst sich wieder auf, wenn das Substrat in das jeweilige Produkt umgewandelt wurde. Diese Art der Reaktion kann an einem Enzym tausendfach innerhalb einer Sekunde stattfinden. Jedoch existieren auch Mechanismen, welche die Ausbildung von Enzym-Substrat-Komplexen verhindern. Dies geschieht durch die Bindung eines Inhibitors an das Enzym. Beim Inhibitor kann es sich zum Beispiel um körperfremde Gifte, aber auch um körpereigene Substanzen zur Regulation handeln. Man unterscheidet hauptsächlich zwischen zwei unterschiedlichen Weisen der Enzymhemmung:

Bei der *allosterischen (nichtkompetitiven)* Hemmung haftet sich der Inhibitor an eine Stelle des Enzyms, die sich außerhalb des aktiven Zentrums befindet. Dies bewirkt eine Umwandlung der dreidimensionalen Enzymstruktur, die als Konformation bezeichnet wird. Inhibitoren induzieren somit einen Wechsel von der aktiven in eine inaktive bzw. weniger aktive Konformation eines Enzyms, wobei das aktive Zentrum von diesem Gestaltwechsel direkt betroffen ist. Solange der Inhibitor am Enzym gebunden ist, kann das Enzym das spezifische Substrat nicht mehr bestmöglich binden, weshalb Letzteres seltener umgesetzt und somit die Bildungsgeschwindigkeit des Produktes herabgesetzt wird.

Von *isosterischer (kompetitiver)* Hemmung spricht man bei strukturellen Ähnlichkeiten zwischen Substrat und Inhibitor. Dadurch wird für beide die Bindung am aktiven Zentrum des Enzyms möglich. Kommt es zu einer Bindung von Enzym und Inhibitor, so ist das aktive Zentrum besetzt und eine Bildung des Enzym-Substrat-Komplexes wird verhindert. Hier verlangsamt sich ebenfalls die Produktbildungsgeschwindigkeit. Dabei handelt es sich häufig um eine reversible Form der Hemmung, da die Bindung mit dem Inhibitor nicht beständig ist.

Ein praktisches Beispiel der Enzymhemmung ist die medikamentöse Therapie von Diabetes des Typs II. Wenn ein Mensch unter dieser Krankheit leidet, ist die Aufnahme von Glucose aus dem Blutkreislauf in die körpereigenen Zellen gestört. Dadurch steigt die Glucosekonzentration im Blut unnatürlich hoch an, wodurch auch die osmotische Wirksamkeit zunimmt und als Reaktion vermehrt Wasser aus den Zellen ins Blut gelangt. Die Nieren versuchen diesem Zustand entgegenzuwirken, indem vermehrt Urin produziert wird. Weil unter anderem dieser Wasserverlust potenzielle Gefahren für den Organismus bedeuten kann, ist es ratsam, den Blutzuckerspiegel in einem tolerierbaren Bereich zu halten. Eine Möglichkeit besteht darin, die Aufnahme von Kohlenhydraten aus der Nahrung durch bestimmte Medikamente zu kontrollieren. Hier können sogenannte Pseudooligosaccharide, wie zum Beispiel Acarbose, genutzt werden, um die Spaltung von Poly- und Oligosacchariden in kleinere Kohlenhydrate zu verlangsamen (Wehmeier 2004). Durch diese Wirkstoffgruppe werden im Körper befindliche Enzyme, wie beispielsweise Amylasen gehemmt und damit letztendlich auch die Resorption kleinmolekularer Kohlenhydrate vom Darm ins Blut verlangsamt. Dadurch möchte man einen zu hohen und raschen Anstieg des Blutzuckerspiegels verhindern.

Amylasen im Speichel spalten Stärke zunächst in kleinere Oligosaccharide, die dann wiederum zu Maltose als Endprodukt und Maltotriosen als Zwischenprodukte gespalten werden. Maltotriosen werden zu Maltose und Glucose umgesetzt, sodass schlussendlich ein Verhältnis von Glucose und Maltose im Verhältnis von 1:15 vorliegt (Ruppersberg 2016).

◘ Abbildung 8.1 illustriert den molekularen Aufbau von Acarbose und Amylose. Hier lassen sich strukturelle Ähnlichkeiten erkennen, die auf das Wirkungsprinzip dieser enzymatischen Hemmung hinweisen können. Unter Laborbedingungen lässt sich die Wirksamkeit dieses Medikaments wie folgt aufzeigen: Man stellt zunächst eine Lösung aus löslicher Stärke (= Amylose) her und versetzt diese mit einer Acarboseaufschlämmung. Anschließend gibt man wenige Milliliter einer α-Amylaselösung hinzu. Obwohl sich nun im Ansatz Enzyme befinden, die Amylose spalten können, sind selbst nach mehreren Minuten der Inkubation noch große Mengen des Substrats vorhanden.

Jedoch ist eine vollständige Hemmung der kohlenhydratspaltenden Enzyme bei der Behandlung von Diabetes nicht ratsam, da auf diese Weise eine zu geringe Aufnahme energiereicher Moleküle in den Körper stattfindet. Außerdem würde eine sehr große Menge der Poly- und Oligosaccharide in den Dickdarm gelangen und dort durch Bakterien fermentiert werden, wodurch Nebenwirkungen wie übermäßige Gasansammlungen in den Verdauungsorganen und Durchfall entstehen. Da sich der Kohlenhydratgehalt der aufgenommenen Nahrung bei verschiedenen Mahlzeiten stark unterscheidet, stellt sich die Frage, ob es möglich ist, die Acarbose so zu

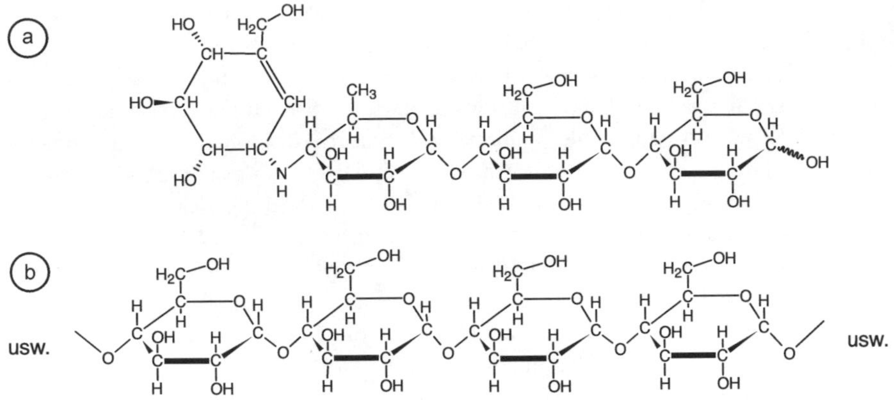

Abb. 8.1 Strukturelle Ähnlichkeit zwischen (**a**) Acarbose und (**b**) Amylose (nach Scherr 2005)

dosieren, dass ausreichend (aber nicht übermäßig) Glucose ins Blut gelangt und gleichzeitig nicht zu viele Kohlenhydrate im Dickdarm ankommen, wo sie Blähungen verursachen. Das würde voraussetzen, dass die Acarbose in Abhängigkeit von ihrer Konzentration die Amylasemoleküle in unterschiedlichem Ausmaß hemmt und nicht die Enzymaktivität sofort auf null setzt. Die beschriebene Problemstellung führt zu folgender Forschungsfrage:

Forschungsfrage:

Ist die Enzymaktivität der α-Amylase von der Menge des Inhibitors (Acarbose) abhängig?

8.2 Aufgabenstellung

Planen Sie ein Experiment zur hypothesengeleiteten Untersuchung der zuvor genannten Forschungsfrage, führen Sie es durch und werten Sie es aus. Gehen Sie dabei auf alle nachfolgend genannten Punkte ein.

1. Hypothese: Formulieren Sie mithilfe der Sachinformation eine zur Forschungsfrage passende Hypothese. Dafür sollten Sie …

- die unabhängige Variable benennen (s. Arbeitshinweis 1),
- die abhängige Variable benennen (s. Arbeitshinweis 2),
- den Zusammenhang der Variablen als Vorhersage in Wenn-dann- oder Je-desto-Form formulieren (s. Arbeitshinweis 3),
- Ihre Hypothese begründen (s. Arbeitshinweis 4),
- eine Nullhypothese und gegebenenfalls eine weitere alternativ zu untersuchende Hypothese formulieren (s. Arbeitshinweis 5).

2. Planung: Um Ihre Hypothese zu überprüfen, planen Sie einen geeigneten experimentellen Aufbau. Beschreiben Sie dazu möglichst genau, was beim Aufbau und bei der Durchführung zu berücksichtigen ist. Anschließend führen Sie Ihr Experiment durch. Die folgenden Fragen sollten während Ihrer Planung beantwortet werden:

- Wie soll die unabhängige Variable verändert werden und wie setzen Sie dies in der praktischen Durchführung um (s. Arbeitshinweis 6)?
- Wie soll die abhängige Variable gemessen werden (s. Arbeitshinweis 7)?
- Welche Störvariablen sind zu kontrollieren (s. Arbeitshinweis 8)?
- Wie lange soll das Experiment insgesamt dauern und wie viele Messungen sollen in diesem Zeitraum durchgeführt werden (s. Arbeitshinweis 9)?
- Wie oft soll das Experiment wiederholt werden (s. Arbeitshinweis 10)?

Sie können folgende Materialien nutzen: verschiedene Glasgefäße, Wasserbad, Stoppuhr, Mikropipetten, Acarbose-Aufschlämmung (1 Tablette mit 100 mg des Wirkstoffs im Mörser zerreiben und in 20 mL VE-Wasser aufschlämmen), 0,1-prozentige Stärkelösung, 1-prozentige α-Amylaselösung, Lugol'sche Lösung.
Sicherheit (GHS-Symbole, H- und P-Sätze; ▶ Kap. 14):
Stärke: Gefahrenkennzeichnung (Nr. 1272/2008): keine; H-Sätze: keine; P-Sätze: keine
Amylaselösung (1-prozentig): Gefahrenkennzeichnung (Nr. 1272/2008): GHS 08; H-Sätze: H334; P-Sätze: P261; P304+P340; P342+P311
Lugol'sche Lösung: Gefahrenkennzeichnung (Nr. 1272/2008): GHS 08; H-Sätze: H373; P-Sätze: P260, P314, P501
Entsorgung: Mit Lugol'scher Lösung versetzte Flüssigkeiten können stark verdünnt unter fließendem Wasser in den Abfluss gegeben werden.

3. Beobachtung und Datenauswertung: Beschreiben Sie Ihre Beobachtungen. Interpretieren Sie danach die Beobachtungen im Hinblick auf die Hypothese. Welche Schlüsse lassen sich daraus ziehen und warum? Berücksichtigen Sie bei der Datenauswertung und Interpretation folgende Punkte:

- Beschreibung Ihrer Beobachtungen und Daten (s. Arbeitshinweis 11),
- Interpretation der Daten im Hinblick auf die Hypothese (s. Arbeitshinweis 12),
- Sicherheit Ihrer Interpretation (s. Arbeitshinweis 13),
- Methodenkritik (s. Arbeitshinweis 14),
- Ausblick für anschließende Untersuchungen (s. Arbeitshinweis 15).

8.3 Arbeitshinweise

Die Arbeitshinweise können Ihnen bei der Bearbeitung der Aufgabenstellung helfen. Bitte benutzen Sie diese nur, wenn Sie nicht mehr weiterwissen.

8.3.1 Hypothese

Arbeitshinweis 1

Was genau wollen Sie untersuchen? Was wollen Sie in Ihrem Experiment untersuchen? Welcher Faktor (unabhängige Variable) könnte die hauptsächliche bzw. die Sie interessierende Ursache für Veränderungen oder Unterschiede im Experimentausgang sein?

Lösungsbeispiel 1

Es soll untersucht werden, ob unterschiedliche Konzentrationen der Acarbose einen Einfluss auf die Enzymaktivität haben. Damit wäre die Acarbosekonzentration eine mögliche unabhängige Variable.

Arbeitshinweis 2

Was genau wollen Sie in Ihrem Experiment beobachten? An welchem Faktor (abhängige Variable) kann man den Einfluss der unabhängigen Variable erkennen? Dieser Faktor (abhängige Variable) wird sich vermutlich bei Variation der unabhängigen Variable verändern.

Lösungsbeispiel 2

Der Faktor, der sich in Abhängigkeit der unabhängigen Variable ändert, ist die Umsetzungsgeschwindigkeit des Substrats Amylose durch das Enzym α-Amylase (= Enzymaktivität). Damit ist die Umsetzungsgeschwindigkeit die abhängige Variable.

Arbeitshinweis 3

Welches Ergebnis erwarten Sie, wenn Ihre Vermutung stimmt? Wie wird die unabhängige Variable die abhängige Variable vermutlich beeinflussen? Formulieren Sie aus diesen Überlegungen heraus eine Hypothese als Vorhersage des vermuteten Zusammenhangs. Diese Hypothese ist als Wenn-dann- oder Je-desto-Satz zu formulieren.

Lösungsbeispiel 3

So könnte Ihre Vorhersage aussehen: Je höher die Inhibitorkonzentration, desto geringer ist die Umsetzungsgeschwindigkeit des Substrats durch das Enzym α-Amylase (Enzymaktivität).

Arbeitshinweis 4

Warum ist Ihre Hypothese plausibel? Benennen Sie Gründe, welche die Richtigkeit bzw. Plausibilität Ihrer Hypothese unterstützen. Nutzen Sie hierfür Ihr Vorwissen.

Lösungsbeispiel 4

Die Inhibitorkonzentration könnte einen Einfluss auf die Umsetzungsgeschwindigkeit haben, da bei gleichbleibender Anzahl Enzyme die Wahrscheinlichkeit für eine hemmende Bindung erhöht wird. Folglich werden pro Zeiteinheit weniger Enzym-Substrat-Komplexe gebildet, und die Umsetzung in das Produkt verlangsamt sich.

Arbeitshinweis 5

Benennen Sie die Nullhypothese. Die Nullhypothese negiert den in der Hypothese vorausgesagten Effekt. Gibt es noch weitere Hypothesen? Formulieren Sie gegebenenfalls alternative Hypothesen.

Lösungsbeispiel 5

Ihre Nullhypothese könnte wie folgt aussehen (bedenken Sie, dass diese Alternative von Ihrer eigenen Hypothese abhängt!): Die Inhibitorkonzentration hat keinen Einfluss auf die Umsetzungsgeschwindigkeit des Substrats durch das spezifische Enzym (Enzymaktivität).

8.3.2 Planung

Arbeitshinweis 6

Wie nehmen Sie Veränderungen bei den Ausgangsbedingungen vor?
- Planen Sie einen geeigneten experimentellen Aufbau.
- Geben Sie an, wie Sie die unabhängige Variable variieren wollen.
- Überlegen Sie sich, wie viele verschiedene Ausprägungen der unabhängigen Variable angemessen sind.
- Entscheiden Sie, welcher Kontrollansatz benötigt wird.

Lösungsbeispiel 6

Es wird eine 0,1-prozentige Stärkelösung hergestellt und zu je 5 mL auf sechs Reagenzgläser verteilt. In fünf Reagenzgläser werden verschiedene Volumina der Acarboseaufschlämmung gegeben (zum Beispiel 0,025; 0,05; 0,1; 0,15; 0,45 mL). Danach gibt man rasch 1 mL einer 1-prozentigen Amylaselösung in alle Ansätze. Anschließend werden alle Reagenzgläser für fünf Minuten bei 37 °C im Wasserbad inkubiert. Zum Schluss führt man überall durch Zugabe von Lugol'scher Lösung einen qualitativen Nachweis für Stärke durch.

Arbeitshinweis 7

Wie weisen Sie Veränderungen bei den Auswirkungen nach? Überlegen Sie, wie Sie Änderungen der abhängigen Variable ermitteln bzw. messen wollen. Ist es weiterführend möglich, dass die Ausprägung der abhängigen Variable auch in Zahlen ausgedrückt wird?

Lösungsbeispiel 7

Die abhängige Variable (d. h. die Enzymaktivität) kann durch die Konzentrationsabnahme des Ausgangssubstrats (= Amylose) gemessen werden. Je geringer die Umsetzungsgeschwindigkeit in das Produkt, desto höher ist die verbleibende Konzentration des Substrats in einem bestimmten Zeitintervall. Das Ausgangssubstrat lässt sich durch Lugol'sche

Lösung nachweisen (blaue bis violette Färbung). Konzentrationsunterschiede lassen sich durch unterschiedliche Farbintensitäten abschätzen, wobei die Menge der eingesetzten Lugol'schen Lösung konstant gehalten werden soll.

Arbeitshinweis 8

Was beeinflusst das Experiment? Überlegen Sie, ob es weitere, bisher nicht berücksichtigte Variablen gibt, welche die Ergebnisse Ihres Experiments beeinflussen? Identifizieren Sie diese möglichen Störvariablen.

Lösungsbeispiel 8

Folgende Faktoren könnten Störvariablen sein, wenn sie bei den verschiedenen Ansätzen nicht konstant gehalten werden: Die Temperatur der Ansätze könnte unterschiedlich hoch sein. Die Menge der ursprünglich eingesetzten Stärke könnte sich in den verschiedenen Reaktionsansätzen unterscheiden. Es könnten sich unterschiedliche Enzymkonzentrationen in den Reaktionsansätzen befinden.

Arbeitshinweis 9

Wann, wie lange und in welchen Abständen soll beobachtet bzw. gemessen werden?

- Start der Beobachtung: Geben Sie den Zeitpunkt an, wann die Beobachtung beginnen soll.
- Dauer der Beobachtung: Überlegen Sie, wie lange der Zeitraum für eine angemessene Beobachtungsdauer ist.
- Intervalle der Beobachtung: Falls mehrere Zeitpunkte für die Beobachtung festgelegt werden sollen, überlegen Sie sich deren Anzahl und welcher Zeitabstand dazwischen bestehen soll.

Lösungsbeispiel 9

Die Beobachtung in Ihrem Experiment könnte wie folgt aussehen: Die Beobachtung wird erst nach dem Erwärmen aller Reaktionsansätze mit der Zugabe der Lugol'schen Lösung gestartet. Sobald ein Unterschied in den Farbintensitäten zwischen den Ansätzen erkennbar und dokumentiert ist, kann die Beobachtung beendet werden.

Arbeitshinweis 10

Wie oft soll das Experiment wiederholt werden? Überlegen Sie, wie oft Sie das Experiment durchführen wollen und wie Sie dies praktisch umsetzen. Kann man durch Variationen im Ablauf das Experiment noch optimieren?

Lösungsbeispiel 10

Zur Absicherung der Ergebnisse sollte ein Experiment mehrmals durchgeführt werden. Hierfür können mehrere Ansätze parallel angefertigt werden und arbeitsteilig beobachtet werden. Wenn die Farbunterschiede zwischen den Reaktionsansätzen (nach dem Zusatz von Lugol'scher Lösung zum Stärkenachweis) nicht deutlich sind, sollten Inhibitor- oder Enzymkonzentration angepasst werden. Eventuell muss auch die Inkubationszeit verändert werden.

8.3.3 Beobachtung und Datenauswertung

Arbeitshinweis 11

Wie sehen die Daten aus? Beschreiben und vergleichen Sie die Daten Ihrer experimentellen Ansätze, ohne diese dabei zu interpretieren.

Lösungsbeispiel 11

Ihre Ergebnisdarstellung könnte Folgendes enthalten: Wie stark unterscheiden sich die gewählten Ausprägungen der unabhängigen Variable voneinander, d. h., wie groß ist der Konzentrationsunterschied des Inhibitors? Wie stark unterscheiden sich die Ergebnisse (d. h. die Färbungen) der Reaktionsansätze nach Zugabe des Nachweisreagenzes? Gibt es Besonderheiten oder Ausreißer?

Arbeitshinweis 12

Wie können die Daten gedeutet werden?

- Ziehen Sie eine Schlussfolgerung für Ihre Hypothese: Wird Ihre Hypothese durch die Daten des Experiments gestützt oder widerlegt?
- Begründen Sie auf der Basis Ihrer Daten, warum Ihre Schlussfolgerung gerechtfertigt ist.
- Welche Schlussfolgerung kann aufgrund der Daten für das Ausgangsproblem gezogen werden?

Lösungsbeispiel 12

Ihre Interpretation sollte folgende Punkte beinhalten: Die Inhibitorkonzentration hat einen/hat keinen Einfluss auf die Umsetzungsgeschwindigkeit durch das Enzym (die Enzymaktivität). Es konnten Hinweise gefunden werden, welche unsere Hypothesen stützen/widerlegen, da sich zeigte, dass …

Arbeitshinweis 13

Gibt es Einschränkungen bei der Deutung der Daten? Überlegen Sie, wie aussagekräftig Ihre Daten sind und ob es hier eventuell Einschränkungen gibt. Wenn ja, wie lassen sich diese Einschränkungen erklären?

Lösungsbeispiel 13

Eine Einschränkung könnte sein, dass für die Reaktionsansätze zu hohe oder geringe Inhibitormengen gewählt wurden oder die Einwirkzeit des Enzyms zu kurz oder lang war. In einem solchen Fall lassen sich dann kaum Farbunterschiede durch den Nachweis mittels Lugol'scher Lösung feststellen.

Arbeitshinweis 14

Beurteilen Sie Ihr Experiment in Hinblick auf die Aspekte Hypothesenformulierung, Planung und Durchführung. Welche Punkte sollten gegebenenfalls für eine erneute Untersuchung geändert werden?

Lösungsbeispiel 14

Folgende Fragen sollten Sie z. B. beachten: War die Planung passend, um die Hypothese zu prüfen? War die Messung der abhängigen Variable adäquat? Gab es Störvariablen, die nicht berücksichtigt wurden?

Arbeitshinweis 15

Wie könnte es weiter gehen? Stellen Sie folgende Überlegungen an: Sind während des Experimentierprozesses neue Forschungsfragen aufgetaucht, die Sie untersuchen möchten? Wurden neue mögliche abhängige Variablen identifiziert? Wie könnte man das Experiment unter veränderten Bedingungen durchführen?

Lösungsbeispiel 15

Zur weiteren Überprüfung der Allgemeingültigkeit müssten ähnliche Versuche mit anderen Enzymen folgen. Es könnten durch objektive Messmethoden die Konzentrationsunterschiede des verbleibenden Substrats noch genauer gemessen werden (z. B. durch photometrische Messungen). Außerdem könnte auch untersucht werden, ob durch Acarbose andere Enzyme des Kohlenhydratstoffwechsels gehemmt werden können (z. B. Invertase).

8.4 Übungsfragen

Mit den folgenden Übungsfragen können Sie Ihr Wissen zum theoretischen Hintergrund sowie zur praktischen Umsetzung des Experiments überprüfen. Dabei wird vorausgesetzt, dass die Theorie zusätzlich mit der angegebenen Literatur vertieft und gegebenenfalls weitere Literatur recherchiert wurde. Die Antworten können im Appendix überprüft werden.

1. Wo wird das Enzym Amylase gebildet?
   a. Mundspeicheldrüse
   b. Magen
   c. Leber
   d. Bauchspeicheldrüse
   e. Darm

2. Stärke ist ein …
   a. Kohlenhydrat
   b. Monosaccharid
   c. Kohlenwasserstoff
   d. Polysaccharid
   e. Protein

3. Welche Farbe zeigt ein Reaktionsansatz von Amylase, Acarbose und löslicher Stärke nach einigen Minuten?
   a. grünliche Färbung
   b. gelblich-bräunliche Färbung
   c. ziegelrote Färbung
   d. bläuliche Färbung
   e. keine Färbung

4. Begründen Sie, warum Acarbose ein geeigneter Hemmstoff für α-Amylase sein könnte.

5. Um auf unterschiedliche Kohlenhydratgehalte verschiedener Mahlzeiten reagieren zu können und Nebenwirkungen wie Blähungen zu vermeiden, sollte Acarbose passend dosiert werden. Wie lässt sich dieser Umstand enzymatisch erklären?

6. Worauf beruht die Hemmung der Amylase durch Acarbose?
   a. Substratähnlichkeit
   b. Substratbindung durch Acarbose
   c. Konformationsänderung beim Enzym
   d. Temperaturerhöhung
   e. Schlüssel-Schloss-Prinzip

7. Um welche Art der Hemmung handelt es sich in diesem Beispiel?
   a. allosterische Hemmung
   b. isosterische Hemmung
   c. negative Rückkopplung
   d. kompetitive Hemmung
   e. nichtkompetitive Hemmung

8.5 Appendix

8.5.1 Beispiel für eine Musterlösung

Forschungsfrage: Ist die Enzymaktivität der α-Amylase von der Menge des Inhibitors (Acarbose) abhängig?

Hypothese: Je höher die Inhibitorkonzentration (UV), desto geringer ist die Umsetzungsgeschwindigkeit des Substrats durch das Enzym α-Amylase (Enzymaktivität; AV).

Materialien: Mörser und Pistill, Heizplatte, Becherglas (300 mL), Mikropipetten (0,45 mL; 0,15 mL; 0,1 mL; 0,05 mL, 0,025 mL), 6 Reagenzgläser, Reagenzglasständer, Wasserbad (alternativ Heizplatte und Becherglas zum Aufbau eines Wasserbads)

Chemikalien: Stärkelösung 0,1-prozentig, Amylaselösung 1-prozentig, Glucobay®-100mg-Filmtabletten (Wirkstoff: Acarbose), Lugol'sche Lösung

Sicherheit: (GHS-Symbole, H- und P-Sätze; ▶ Kap. 14):

Stärke: Gefahrenkennzeichnung (Nr. 1272/2008): keine; H-Sätze: keine; P-Sätze: keine

Amylaselösung (1-prozentig): Gefahrenkennzeichnung (Nr. 1272/2008): GHS 08; H-Sätze: H334; P-Sätze: P261; P304+P340; P342+P311

Lugol'sche Lösung: Gefahrenkennzeichnung (Nr. 1272/2008): GHS 08; H-Sätze: H373; P-Sätze: P260, P314, P501

Entsorgung: Mit Lugol'scher Lösung versetzte Flüssigkeiten können stark verdünnt unter fließendem Wasser in den Abfluss gegeben werden.

Durchführung: Zuerst wird eine 0,1-prozentige Stärkelösung angesetzt und solange erhitzt, bis die Flüssigkeit aufklart. Nachdem die Lösung auf Raumtemperatur abgekühlt ist, werden auf 6 Reagenzgläser je 5 mL verteilt. Danach wird mit einem Pistill eine Glucobay®-100mg-Filmtablette im Mörser zerrieben, und es werden 20 mL VE-Wasser hinzugegeben. Anschließend werden folgende Volumina dieser entstandenen Acarboseaufschlämmung in 5 Reagenzgläser gegeben: 0,025; 0,05; 0,1; 0,15 und 0,45 mL. Nun gibt man möglichst gleichzeitig je 1 mL einer 1-prozentigen Amylaselösung in alle 6 Ansätze. Anschließend werden alle Reagenzgläser für 15 Minuten bei 37 °C im Wasserbad erwärmt. Direkt danach führt man überall durch Zugabe von 3 Tropfen Lugol'scher Lösung einen Stärkenachweis durch.

Beobachtung: Nach Durchführung des Stärkenachweises mittels Lugol'scher Lösung fällt ein Unterschied in der Färbung der verschiedenen Ansätzen auf. Während der Ansatz ohne Acarbose beziehungsweise mit einer Konzentration von 0,025 mL nur die gelb-bräunliche Färbung der hinzugefügten Lugol'schen Lösung aufweist, nehmen die restlichen Ansätze eine blaue bis violette Färbung an, deren Intensität proportional zur Acarbosekonzentration zunimmt.

Theoriebasierte Erklärung: Durch die Zugabe von Lugol'scher Lösung wird vorhandene Stärke nachgewiesen, wobei eine intensive blau-violette Färbung für eine höhere Stärkekonzentration spricht. In den Ansätzen ohne Acarbose und demjenigen geringstmöglicher Konzentration findet eine vollständige Umsetzung der Stärke statt, wodurch hier der Nachweis negativ ausfällt. Ein negativer Nachweis ist angezeigt, wenn nach Zugabe von Lugol'scher Lösung zum Reaktionsansatz die ursprünglich gelb-bräunliche Farbe des Nachweisreagenzes erhalten bleibt.

In den restlichen Ansätzen befindet sich jedoch noch Stärke, weil die α-Amylase durch die Acarbose in ihrer Aktivität gehemmt wurde. Aufgrund der Stärke verfärben sich die Reaktionsansätze nach Zugabe der Lugol'schen Lösung blau-violett. Die Intensität der Färbung nimmt mit der Menge an Acarbose im Reaktionsansatz proportional zu. Das bedeutet, dass die Menge an nicht umgesetzter Stärke mit der Menge an Acarbose in der Lösung steigt. Somit hängt die Enzymaktivität der α-Amylase von der Menge des Inhibitors (Acarbose) ab.

Hinweise zum Versuch: (1) Bei der Aufnahme der Acarbose mit den Mikropipetten ist darauf zu achten, die Aufschlämmung kurz vorher durch Aufrühren zu homogenisieren. Andernfalls setzt sich die schwerlösliche Acarbose am Boden der Aufschlämmung ab, was eine Ungleichverteilung des Wirkstoffs zur Folge hat. (2) Die Farbreaktion durch Zugabe von Lugol'scher Lösung entsteht durch Einlagerung von Polyiodidionen (I_5^-, I_7^- *und* I_9^-) in die schraubenförmigen Amylose. Die Lösung färbt sich blau-violett bis schwarz. Abhängig von der Konzentration des Hemmstoffs oder Inkubationszeit kann auch eine rötliche Färbung eintreten, da Amylose vermehrt in kurze Kettenfragmente (Dextrine) aufgespalten wird (Bannwarth und Kremer 2011).

8.5.2 Lösungen zu den Übungsfragen

1. a, d
2. a, d
3. d
4. Amylasen sind Enzyme, die unter anderem zur Spaltung von Polysacchariden, wie Amylose, befähigt sind. Dies geschieht durch die Passung der Molekülstruktur der Amylose zum aktiven Zentrum des Enzyms (Schlüssel-Schloss-Prinzip). Durch die Strukturähnlichkeit von Acarbose und Amylose konkurrieren beide um das aktive Zentrum.
5. Werden zu geringe Konzentrationen an Acarbose gewählt, besteht das Problem, dass nicht ausreichend Inhibitor vorhanden ist, welcher mit dem Substrat (Poly- und Oligosaccharide) um das aktive Zentrum der Amylase konkurriert. Dadurch würde zu viel Substrat abgebaut werden und der Blutzuckerspiegel übermäßig ansteigen. Werden dagegen zu große Mengen an Acarbose eingesetzt, findet kaum noch eine Umsetzung des Substrats statt, da das aktive Zentrum der Amylase-Moleküle meist von der Acarbose blockiert ist. Dadurch würden zu wenig Abbauprodukte entstehen, letztendlich zu wenig Glucosemoleküle ins Blut gelangen und der Blutzuckerspiegel zu stark absinken. Andererseits würden zu viele Kohlenhydrate in den Darm befördert, wo sie von Bakterien verstoffwechselt werden und dadurch Blähungen hervorrufen. Enthält die Nahrung nur wenig Kohlenhydrate, muss die zugeführte Menge an Arcabose entsprechend gering sein, damit ausreichend Abbauprodukte für die Aufrechterhaltung des Blutzuckerspiegels zur Verfügung stehen. Ist die aufgenommene Kohlenhydratmenge groß, muss auch die Acarbosezufuhr erhöht werden, um den Kohlenhydratabbau entsprechend einzuschränken. Damit gelangen aber auch mehr Kohlenhydrate in den Dickdarm.
6. a, e
7. b, d

Literatur

Bannwarth H, Kremer BP (2011) Vom Stoffaufbau zum Stoffwechsel. Erkunden – Erfahren – Experimentieren. 13.9 Amylasen bauen pflanzliche Stärke enzymatisch ab, 2. Aufl. Schneider Verlag Hohengehren, Baltmannsweiler, S 214–215

Ruppersberg K (2016) Stärkeverdauung durch Speichel: Was kommt eigentlich dabei heraus?. MNU J 69:325–328

Scherr D (2005) Hemmung eines Stoffwechsel-Enzyms. Biol Unserer Zeit 35:54–56

Wehmeier U (2004) Acarbose, ein therapeutisch eingesetzter Wirkstoff: Biosynthese und Funktion. BIOspektrum 1:34–36

Weiterführende Literatur

Sadava D, Hillis DM, Heller HC, Berenbaum MR (2011) Purves Biologie. 8.5 Wie wird die Enzymaktivität reguliert?. Spektrum, Heidelberg, S 210–219

Bedingungen der Zellatmung

Andreas Peters, Till Bruckermann und Kirsten Schlüter

T. Bruckermann, K. Schlüter (Hrsg.), *Forschendes Lernen im Experimentalpraktikum Biologie*,
DOI 10.1007/978-3-662-53308-6_9

Zunächst wird in diesem Kapitel eine kurze Zusammenfassung über die Zellatmung wiedergegeben. Nachfolgend soll durch Abänderung des vorgestellten Versuchsaufbaus ermittelt werden, welche Bedingungen respiratorische Prozesse bei Pflanzensamen (z. B. Erbsen) beeinflussen.

Nach der Bearbeitung dieses Kapitels sollen Sie eine Forschungsfrage hypothesengeleitet untersuchen und auf der Grundlage Ihrer Ergebnisse beantworten können. Im Speziellen können Sie ...

Fachwissen

- den Nutzen der Zellatmung für ein Lebewesen erklären.
- die Teilschritte innerhalb der Zellatmung erläutern.
- zentrale Moleküle, die im Rahmen der Zellatmung entstehen, benennen.
- Voraussetzungen identifizieren, unter welchen Bedingungen Zellatmung bei bestimmten Lebewesen stattfindet.

Wissenschaftliches Denken

- alltägliche Phänomene als Grundlage einer wissenschaftlichen Forschungsfrage benennen.
- eine arbeitsleitende Hypothese entwickeln und theoretisch begründen.
- ein Experiment planen, benötigte Laborgeräte auswählen und die Auswahl begründen.
- eine sinnvolle Messmethode für das Experiment auswählen.
- Beobachtungen anstellen und dokumentieren.
- aufgrund Ihrer Daten und zugrundeliegender Theorie die Forschungsfrage angemessen beantworten.
- durch Beurteilung Ihrer Daten mögliche Einschränkungen in der Aussagekraft des Experiments identifizieren.

Laborfertigkeiten

- Lösungen mit unterschiedlichen Konzentrationen ansetzen, indem Sie Berechnungen anstellen, Volumina abmessen bzw. Massen abwiegen und die Stoffe mischen.
- einen typischen Nachweis für Kohlenstoffdioxid durchführen und auswerten.

Zeitaufwand: Experimentaufbau/Vorbereitung: 15 bis 20 Minuten; Durchführung: 25 bis 40 Minuten

9.1 Sachinformationen

Wenn wir im Alltag von Atmung sprechen, meinen wir damit häufig die Lungenatmung (Ventilation). Doch neben der Ventilation bezeichnet der Begriff Atmung auch die Zellatmung. Unter Zellatmung versteht man allgemein den Abbau von „Betriebsstoffen" wie Glucose unter Verbrauch von Sauerstoff. Stoffe mit einem hohen Gehalt an chemischer Energie (wie z. B. Glucose) werden dabei in energiearme Verbindungen (Kohlenstoffdioxid und Wasser) umgewandelt. Die bei diesem Abbau freigesetzte Energie wird in einer Form gespeichert, die für die Zelle nutzbar ist, wie z. B. Adenosintriphosphat (ATP). Der Abbau der energiereichen Glucose erfolgt nach und nach in vier großen Teilschritten, da bei einer abrupten Freisetzung der Energie die Zelle Schaden nehmen könnte. Während des ersten Abbauschritts (1), der Glykolyse, werden Einfachzucker unter Erzeugung von Adenosintriphosphat und NADH zunächst in zwei Pyruvatmoleküle umgewandelt. Diese werden im anschließenden Abbauschritt (2) durch oxidative Decarboxylierung (Freisetzung von einem CO_2-Molekül und Übertragung von je zwei Elektronen pro Pyruvat auf NAD^+) zu einem Acetatrest abgebaut, welcher an das Coenzym A bindet. Dieser Komplex mit der Bezeichnung Acetyl-CoA geht in den (3) Citratzyklus ein, wodurch der Acetylrest schrittweise weiter zu Kohlenstoffdioxid oxidiert wird. Hierbei entstehen aus jedem Acetylrest zwei CO_2-Moleküle. Außerdem wird ein ATP (genauer GTP) gebildet. Durch mehrere Oxidationsschritte werden bei Durchlaufen des Citratzyklus Elektronen auf die Elektronencarrier NAD^+ und FAD übertragen und hier in Form von NADH und $FADH_2$ zwischengespeichert. Mit diesem dritten Teilschritt der Zellatmung ist die Glucose vollständig abgebaut. In der vierten Phase der Zellatmung, der Atmungskette, wird schließlich die Energie, die in den Molekülen NADH und $FADH_2$ zwischengespeichert ist, über eine Elektronentransportkette freigesetzt und zum Aufbau eines Protonen- bzw. Ladungsgefälles genutzt. Hierbei werden Protonen der Grundsubstanz der Mitochondrien (Matrix) entzogen und durch Proteine der inneren Mitochondrienmembran in den Zwischenmembranraum gepumpt. Dadurch entsteht ein Ladungsunterschied zwischen der Grundsubstanz und dem Zwischenmembranraum der Mitochondrien. Dieser Ladungsunterschied kann anschließend genutzt werden, um die Synthese von ATP durch die ATP-Synthase anzutreiben. ATP ist somit das für Lebewesen zentrale Produkt der Zellatmung. Ein weiteres Produkt der Zellatmung ist Wasser. Dieses entsteht, indem die Elektronen, die von NADH und $FADH_2$ in die Elektronentransportkette (Atmungskette) eingespeist wurden, letztendlich auf Sauerstoff übertragen werden. Durch die Aufnahme von 2 Elektronen und 2 Protonen wird Sauerstoff somit zu Wasser reduziert (◘ Tab. 9.1).

Einen möglichen Beleg für das Vorkommen von Zellatmung bei Organismen sowie beim Menschen liefert der qualitative Nachweis von Kohlenstoffdioxid in der Exspirationsluft (Ausatmungsluft). Dieses Nebenprodukt der Zellatmung, das in (fast) allen Körperzellen entsteht, wird über den Blutkreislauf in Richtung Lunge abtransportiert. Für diesen Abtransport diffundiert das in den Zellen anfallende CO_2 in das Blutplasma. Ein kleiner Prozentsatz des Kohlenstoffdioxids löst sich direkt im Plasma. Jedoch reagiert der größte Anteil mit Wasser weiter zu Kohlensäure,

◘ Tab.9.1 Übersicht der Phasen und Produkte der Zellatmung

Substrat	Phase	Abbauprodukte		$NADH/FADH_2$	ATP
		Organisch	Anorganisch		
1 Glucose	Glykolyse	2 Pyruvat	–	2/-	2
2 Pyruvat	Oxidative Decarboxylierung	2 Acetylreste (gebunden an Coenzym A)	2 CO_2	2/-	–
2 Acetyl-CoA	Citratzyklus		4 CO_2	6/2	2
10 NADH + 2 $FADH_2$ + 6 O_2	Atmungskette pro NADH – Bildung von 2,5 ATP pro $FADH_2$ – Bildung von 1,5 ATP	10 NAD^+/2 FAD	12 H_2O		28
				Gesamt	32

die schließlich in ein Hydrogencarbonation und ein Proton zerfällt. Die zugrundeliegende Reaktionsgleichung lässt sich wie folgt beschreiben:

$$CO_2 + H_2O \rightleftharpoons H_2CO_3 \rightleftharpoons H^+ + HCO_3^- \rightleftharpoons 2H^+ + CO_3^{2-} \quad \text{Gl. 9.1}$$

Gelangt das Blut in die Blutkapillaren der Lunge, diffundiert das Kohlenstoffdioxid aus dem Blut in die Lungenbläschen hinein, da dort – bedingt durch die Einatmungsluft – die Konzentration an CO_2 geringer ist als im Blut. Aus den Hydrogencarbonationen im Blut entstehen entsprechend der oben beschriebenen Reaktionsgleichung wieder CO_2- und H_2O-Moleküle. Grund für diese verstärkte Rückreaktion ist die gesunkene CO_2-Konzentration in den Lungenkapillaren.

Die erhöhte Kohlenstoffdioxidkonzentration in der Exspirationsluft lässt sich mit Kalkwasser nachweisen. Hierbei handelt es sich um eine filtrierte und damit klare Calciumhydroxidlösung, in der folgende Ionen vorliegen:

$$Ca(OH)_2 \rightleftharpoons Ca^{2+} + 2OH^- \quad \text{Gl. 9.2}$$

Leitet man in das Kalkwasser nun Kohlenstoffdioxid ein, so bildet sich ein weißlicher Niederschlag. Er entsteht, indem Calcium- und Carbonationen miteinander reagieren. Bei dem Niederschlag handelt es sich um Kalk bzw. Calciumcarbonat ($CaCO_3$).

$$Ca^{2+} + CO_3^{2-} \rightleftharpoons CaCO_3 \quad \text{Gl. 9.3}$$

Um die Anreicherung der Ausatemluft mit Kohlenstoffdioxid zu veranschaulichen, wird üblicherweise folgender Versuchsaufbau gewählt: Es werden zwei Waschflaschen mit Kalkwasser gefüllt und, wie in ◘ Abb. 9.1 ersichtlich, miteinander verbunden. Beide Zuleitungen zu den

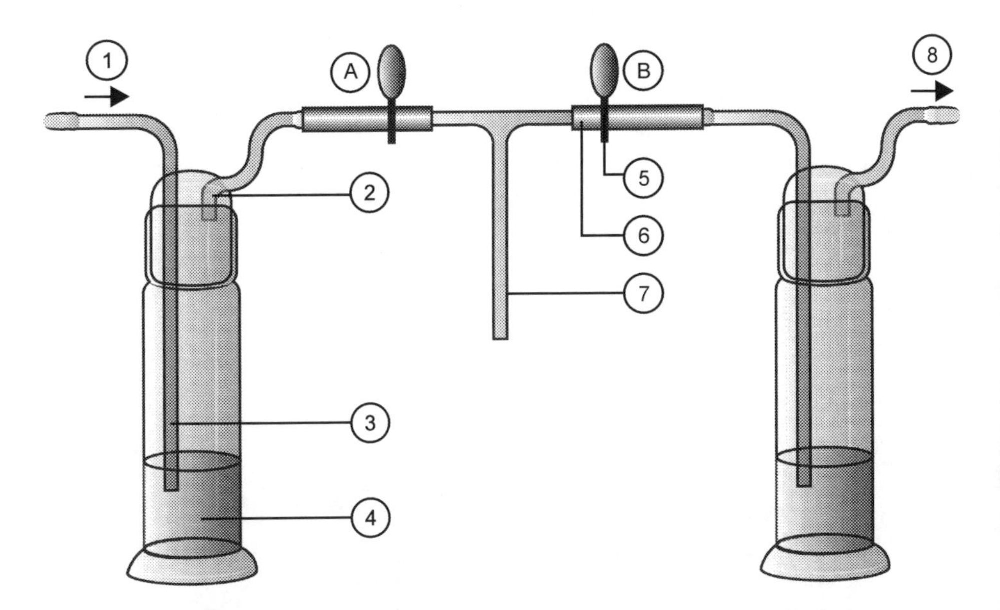

◘ **Abb. 9.1** Versuchsaufbau zum Nachweis von Kohlenstoffdioxid in der Atemluft: (1) Luftweg beim Einatmen, (2) kurzes Glasröhrchen, (3) langes Glasröhrchen, (4) Kalkwasser, (5) Schlauchklemme, (6) Gummischlauch, (7) T-Stück, (8) Luftweg beim Ausatmen; Klemme B beim Einatmen und Klemme A beim Ausatmen schließen (nach Bannwarth und Kremer 2011)

Waschflaschen werden mit Schlauchklemmen (A, B) versperrt. Am T-Stück wird ein Mundaufsatz befestigt. Über Waschflasche 1 wird dann, nach Öffnung der entsprechenden Schlauchklemme (A), ein möglichst großes Luftvolumen eingeatmet. Durch das Kalkwasser in der Waschflasche 1 wird das Kohlenstoffdioxid aus der Umgebungs- und damit Einatmungsluft herausgefiltert. Um zu verhindern, dass von einer Versuchsperson beim Einatmen Kalkwasser aufgesaugt und verschluckt wird, ist auf den genauen Aufbau der Apparatur zu achten. So muss bei der ersten Waschflasche das kurze Röhrchen mit dem T-Stück verbunden und die Schlauchklemme (B) vor der zweiten Waschflasche geschlossen sein! Danach wird die Zuleitung von Waschflasche 1 (Schlauchklemme A) geschlossen und die für Waschflasche 2 (Schlauchklemme B) geöffnet. Nun atmet man über das T-Stück in Waschflasche 2 wieder aus.

Durch leichte Modifikationen des beschriebenen Versuchsaufbaus könnte man diesen nutzen, um Kohlenstoffdioxid als Zellatmungsprodukt bei nichttierischen Organismen nachzuweisen. Denn auch Pflanzensamen benötigen bei der Keimung Energie in Form von ATP. Dieses wird durch eine „Veratmung" energiereicher Speicherstoffe zur Verfügung gestellt. Jedoch stellt sich die Frage, unter welchen Bedingungen Zellatmung überhaupt betrieben werden kann? Wie verhält es sich beispielsweise mit getrockneten Samen, wie z. B. gelben Erbsen, welche man in vielen Supermärkten vorfindet? Die aus diesen Überlegungen abgeleitete Forschungsfrage lautet:

Forschungsfrage:

Findet die Zellatmung bei Pflanzensamen auch im getrockneten Zustand statt?

9.2 Aufgabenstellung

Planen Sie ein Experiment zur hypothesengeleiteten Untersuchung der zuvor genannten Forschungsfrage, führen Sie es durch und werten Sie es aus. Gehen Sie dabei auf alle nachfolgend genannten Punkte ein.

1. Hypothese: Formulieren Sie mithilfe der Sachinformation eine zur Forschungsfrage passende Hypothese. Dafür sollten Sie …
- die unabhängige Variable benennen (s. Arbeitshinweis 1),
- die abhängige Variable benennen (s. Arbeitshinweis 2),
- den Zusammenhang der Variablen als Vorhersage in Wenn-dann- oder Je-desto-Form formulieren (s. Arbeitshinweis 3),
- Ihre Hypothese begründen (s. Arbeitshinweis 4),
- eine Nullhypothese und gegebenenfalls eine weitere alternativ zu untersuchende Hypothese formulieren (s. Arbeitshinweis 5).

2. Planung: Um Ihre Hypothese zu überprüfen, planen Sie einen geeigneten experimentellen Aufbau. Beschreiben Sie dazu möglichst genau, was beim Aufbau und bei der Durchführung zu berücksichtigen ist. Anschließend führen Sie Ihr Experiment durch. Die folgenden Fragen sollten während Ihrer Planung beantwortet werden:
- Wie soll die unabhängige Variable verändert werden und wie setzen Sie dies in der praktischen Durchführung um (s. Arbeitshinweis 6)?
- Wie soll die abhängige Variable gemessen werden (s. Arbeitshinweis 7)?
- Welche Störvariablen sind zu kontrollieren (s. Arbeitshinweis 8)?

- Wie lange soll das Experiment insgesamt dauern und wie viele Messungen sollen in diesem Zeitraum durchgeführt werden (s. Arbeitshinweis 9)?
- Wie oft soll das Experiment wiederholt werden (s. Arbeitshinweis 10)?

Sie können folgende Materialien nutzen: gelbe Erbsen (getrocknet und über Nacht gequollen), verschiedene Glasgefäße, Waschflaschen, Gummischläuche, Vakuumpumpe, Calciumhydroxidlösung.
Calciumhydroxid: Gefahrenkennzeichnung (Nr. 1272/2008): GHS 05; GHS 07, H-Sätze: 315, 318, 335, P-Sätze: 261, 280, 304+340, 305+351+338, 332+313
Entsorgung: Calciumhydroxidlösungen sind als gefährlicher Abfall zu entsorgen (Sammelbehälter für Laugen) und unter Beachtung der behördlichen Vorschriften zu beseitigen. Zur Abfallentsorgung sollten Sie den zuständigen zugelassenen Entsorger ansprechen.

3. Beobachtung und Datenauswertung: Beschreiben Sie Ihre Beobachtungen. Interpretieren Sie danach die Beobachtungen im Hinblick auf die Hypothese. Welche Schlüsse lassen sich daraus ziehen und warum? Berücksichtigen Sie bei der Datenauswertung und Interpretation folgende Punkte:
- Beschreibung Ihrer Beobachtungen und Daten (s. Arbeitshinweis 11),
- Interpretation der Daten im Hinblick auf die Hypothese (s. Arbeitshinweis 12),
- Sicherheit Ihrer Interpretation (s. Arbeitshinweis 13),
- Methodenkritik (s. Arbeitshinweis 14),
- Ausblick für anschließende Untersuchungen (s. Arbeitshinweis 15).

9.3 Arbeitshinweise

Die Arbeitshinweise können Ihnen bei der Bearbeitung der Aufgabenstellung helfen. Bitte benutzen Sie diese nur, wenn Sie nicht mehr weiterwissen.

9.3.1 Hypothese

Arbeitshinweis 1

Was genau wollen Sie in Ihrem Experiment untersuchen? Welcher Faktor (unabhängige Variable) könnte die hauptsächliche bzw. die Sie interessierende Ursache für Veränderungen oder Unterschiede im Experimentausgang sein?

Lösungsbeispiel 1

Es soll untersucht werden, unter welchen Bedingungen Pflanzensamen (z. B. gelbe Erbsen) Zellatmung betreiben. Dabei sollen sowohl getrocknete als auch gequollene Samen (wurden über Nacht in Wasser eingelegt) auf Atmungsprozesse überprüft werden. Damit wäre der Quellungsgrad von Erbsensamen die unabhängige Variable.

Arbeitshinweis 2

Was genau wollen Sie in Ihrem Experiment beobachten? An welchem Faktor (abhängige Variable) kann man den Einfluss der unabhängigen Variable erkennen? Dieser Faktor (abhängige Variable) wird sich vermutlich bei Variation der unabhängigen Variable verändern.

Lösungsbeispiel 2

Der Faktor, der sich in Abhängigkeit der unabhängigen Variable ändert, ist die Bildung von CO_2-Gas durch Zellatmung. Damit ist die Entstehung dieses Gases die abhängige Variable.

Arbeitshinweis 3

Welches Ergebnis erwarten Sie, wenn Ihre Vermutung stimmt? Wie wird die unabhängige Variable die abhängige Variable vermutlich beeinflussen? Formulieren Sie aus diesen Überlegungen heraus eine Hypothese als Vorhersage des vermuteten Zusammenhangs. Diese Hypothese ist als Wenn-dann- oder Je-desto-Satz zu formulieren.

Lösungsbeispiel 3

So könnte Ihre Vorhersage aussehen: Pflanzensamen (z. B. gelbe Erbsen) keimen nur, wenn sie sich in einer feuchten Umgebung befinden. D. h., nur bei Feuchtigkeit finden in den Samen Lebensvorgänge, also Stoffwechselprozesse wie die Zellatmung, statt. Somit wird nur dann, wenn die Erbsen gequollen sind, Kohlenstoffdioxid als ein Nebenprodukt der Zellatmung nachweisbar sein.

Arbeitshinweis 4

Warum ist Ihre Hypothese plausibel? Benennen Sie Gründe, welche die Richtigkeit bzw. Plausibilität Ihrer Hypothese unterstützen. Nutzen Sie hierfür Ihr Vorwissen.

Lösungsbeispiel 4

Samen von Hülsenfrüchten lassen sich über einen langen Zeitraum lagern (z. B. im Supermarktregal), ohne dass diese anfangen zu keimen. Hierfür ist jedoch vorher die Trocknung der Samen wichtig, denn ohne Wasser können keine Stoffwechselprozesse innerhalb der Zellen stattfinden. Durch die erneute Zugabe von Wasser fangen die Samen jedoch an zu keimen, wofür wiederum Energie (ATP) benötigt wird. Diese Energie kann durch den Abbau von Speicherstoffen in den Samen mittels Zellatmung bereitgestellt werden.

Arbeitshinweis 5

Benennen Sie die Nullhypothese. Die Nullhypothese negiert den in der Hypothese vorausgesagten Effekt. Gibt es noch weitere Hypothesen? Formulieren Sie gegebenenfalls alternative Hypothesen.

Lösungsbeispiel 5

Ihre Nullhypothese könnte wie folgt aussehen (bedenken Sie, dass diese Alternative von Ihrer eigenen Hypothese abhängt!): Der Quellungsgrad von Erbsensamen hat keinen Einfluss auf die Atmungsprozesse.

9.3.2 Planung

Arbeitshinweis 6

Wie nehmen Sie Veränderungen bei den Ausgangsbedingungen vor?
- Planen Sie einen geeigneten experimentellen Aufbau.
- Geben Sie an, wie Sie die unabhängige Variable variieren wollen.
- Überlegen Sie sich, wie viele verschiedene Ausprägungen der unabhängigen Variable angemessen sind.
- Entscheiden Sie, welcher Kontrollansatz benötigt wird.

Lösungsbeispiel 6

Man verbindet insgesamt drei Waschflaschen mittels Gummischlauch. In die mittlere wird das Untersuchungsobjekt eingefüllt. In die anderen beiden gibt man eine klare Kalkwasserlösung. Anschließend schließt man zur Luftzirkulation eine Vakuumpumpe am Ende einer der äußeren Waschflaschen an. Es werden insgesamt zwei Ansätze aufgebaut und einer mit gequollenen und der andere mit getrockneten Erbsen gefüllt.

Arbeitshinweis 7

Wie weisen Sie Veränderungen bei den Auswirkungen nach? Überlegen Sie, wie Sie Änderungen der abhängigen Variable ermitteln bzw. messen wollen. Ist es weiterführend möglich, dass die Ausprägung der abhängigen Variable auch in Zahlen ausgedrückt wird?

Lösungsbeispiel 7

Kohlenstoffdioxid als ein Produkt der Zellatmung lässt sich durch Einleiten dieses Gases in Kalkwasser nachweisen. Es fällt ein weißlicher Niederschlag aus. Mittels einer Vakuumpumpe kann man die entstehenden Gase von Samen in Kalkwasser einleiten (da Pflanzen keinen aktiven Atmungsapparat besitzen).

Arbeitshinweis 8

Was beeinflusst das Experiment? Überlegen Sie, ob es weitere, bisher nicht berücksichtigte Variablen gibt, welche die Ergebnisse Ihres Experiments beeinflussen? Identifizieren Sie diese möglichen Störvariablen.

Lösungsbeispiel 8

Folgende Faktoren könnten Störvariablen sein: Es könnte zu wenig Calciumhydroxid für die Herstellung des Nachweisreagenzes in Wasser gelöst worden und somit die Nachweisreaktion nicht eindeutig sichtbar sein. Die eingesetzte Calciumhydroxidlösung könnte bereits vor Experimentbeginn trübe sein (da sie vor längerer Zeit angesetzt und jetzt nicht filtriert wurde), wodurch ein positiver Nachweis nur schwer zu erkennen ist. Die Produktion von Kohlenstoffdioxid könnte zu gering ausfallen, da eventuell zu wenige Erbsen genutzt wurden, die Quellzeit zu kurz gewählt war oder die Erbsen sich nicht lange genug in der mittleren Waschflasche befanden, sodass sich die Luft um sie herum noch nicht ausreichend mit CO_2 angereichert hat.

Arbeitshinweis 9

Wann, wie lange und in welchen Abständen soll beobachtet bzw. gemessen werden?

- Start der Beobachtung: Geben Sie den Zeitpunkt an, wann die Beobachtung beginnen soll.
- Dauer der Beobachtung: Überlegen Sie, wie lange der Zeitraum für eine angemessene Beobachtungsdauer ist.
- Intervalle der Beobachtung: Falls mehrere Zeitpunkte für die Beobachtung festgelegt werden sollen, überlegen Sie sich deren Anzahl und den Zeitabstand dazwischen.

Lösungsbeispiel 9

Die Beobachtung in Ihrem Experiment könnte wie folgt aussehen: Die Beobachtung wird mit dem Einschalten der Vakuumpumpe gestartet. Bei einem positiven Nachweis von Kohlenstoffdioxid wird der Versuch beendet. Sobald das CO_2 der Umgebungsluft durch die vorgeschaltete Waschflasche mit Kalkwasser nicht mehr abgefangen wird (erkennbar an einem deutlichen weißen Niederschlag in der ersten Waschflasche), ist der Versuch abzubrechen, da ansonsten das Ergebnis durch das CO_2 der Umgebungsluft verfälscht wird.

Arbeitshinweis 10

Wie oft soll das Experiment wiederholt werden? Überlegen Sie, wie oft Sie das Experiment durchführen wollen und wie Sie dies praktisch umsetzen. Kann man durch Variationen im Ablauf das Experiment noch optimieren?

Lösungsbeispiel 10

Zur Absicherung der Ergebnisse sollte ein Experiment mehrmals durchgeführt werden. Hierfür können mehrere Ansätze parallel angefertigt und arbeitsteilig beobachtet werden. Aufgrund des hohen und speziellen Materialaufwands sollten mehrere Ansätze hintereinander durchgeführt werden oder ein Zusammenschluss mit anderen Laborgruppen stattfinden. Wenn keine Unterschiede zwischen den getrockneten und den gequollenen Erbsen zu beobachten sind, sollte man eventuell die Menge an Erbsensamen in den Ansätzen erhöhen.

9.3.3 Beobachtung und Datenauswertung

Arbeitshinweis 11

Wie sehen die Daten aus? Beschreiben und vergleichen Sie die Daten Ihrer experimentellen Ansätze, ohne diese dabei zu interpretieren.

Lösungsbeispiel 11

Ihre Ergebnisdarstellung könnte Folgendes enthalten: Wie stark unterscheiden sich die gewählten Ausprägungen der unabhängigen Variable voneinander, d. h., welcher Grad der Quellung wurde in den Ansätzen gewählt? Wie stark unterscheiden sich die Ergebnisse der Reaktionsansätze, d. h., wie stark ist die Trübung bzw. der weiße Niederschlag im Kalkwasser (Calciumhydroxidlösung) in den einzelnen Ansätzen? Gibt es Besonderheiten oder Ausreißer?

Arbeitshinweis 12

Wie können die Daten gedeutet werden?

- Ziehen Sie eine Schlussfolgerung für Ihre Hypothese: Wird Ihre Hypothese durch die Daten des Experiments gestützt oder widerlegt?
- Begründen Sie auf der Basis Ihrer Daten, warum Ihre Schlussfolgerung gerechtfertigt ist.
- Welche Schlussfolgerung kann aufgrund der Daten für das Ausgangsproblem gezogen werden?

Lösungsbeispiel 12

Ihre Interpretation sollte folgende Punkte beinhalten: Der Quellungsgrad der Erbsen hat einen/hat keinen Einfluss auf die Zellatmung. Es konnten Hinweise gefunden werden, welche unsere Hypothesen stützen/widerlegen, da sich zeigte, dass …

Arbeitshinweis 13

Gibt es Einschränkungen bei der Deutung der Daten? Überlegen Sie, wie aussagekräftig Ihre Daten sind und ob es hier eventuell Einschränkungen gibt. Wenn ja, wie lassen sich diese Einschränkungen erklären?

Lösungsbeispiel 13

Das Experiment wurde eventuell aufgrund von begrenzter Zeit zu früh abgebrochen. Möglicherweise wurde nicht genug CO_2 aus der Umgebungsluft abgefangen und dieses dann als Produkt aus der Zellatmung interpretiert.

Arbeitshinweis 14

Beurteilen Sie Ihr Experiment im Hinblick auf die Aspekte Hypothesenformulierung, Planung und Durchführung. Welche Punkte sollten gegebenenfalls für eine erneute Untersuchung geändert werden?

Lösungsbeispiel 14

Folgende Fragen sollten Sie z. B. beachten: War die Planung passend, um die Hypothese zu prüfen? War die Messung der abhängigen Variable adäquat? Gab es Störvariablen, die nicht berücksichtigt wurden?

Arbeitshinweis 15

Wie könnte es weitergehen? Stellen Sie folgende Überlegungen an: Sind während des Experimentierprozesses neue Forschungsfragen aufgetaucht, die Sie untersuchen möchten? Wurden neue mögliche abhängige Variablen identifiziert? Wie könnte man das Experiment unter veränderten Bedingungen durchführen?

Lösungsbeispiel 15

Zur weiteren Überprüfung der Allgemeingültigkeit müssten Versuche mit anderen Samen als der Erbse folgen. Es ist möglich, Erbsen unterschiedlich lange quellen zu lassen, um sie dann vergleichend auf Atmungsprozesse zu untersuchen. Man könnte auch die Menge an produziertem CO_2 pro Zeiteinheit quantitativ bestimmen (z. B. mit einer CO_2-Sonde).

9.4 Übungsfragen

Mit den folgenden Übungsfragen können Sie Ihr Wissen zum theoretischen Hintergrund sowie zur praktischen Umsetzung des Experiments überprüfen. Dabei wird vorausgesetzt, dass die Theorie zusätzlich mit der angegebenen Literatur vertieft und gegebenenfalls weitere Literatur recherchiert wurde. Die Antworten können im Appendix überprüft werden.

1. Bringen Sie die vier großen Teilschritte der Zellatmung in die richtige Reihenfolge.
   a. Glykolyse
   b. Citratzyklus
   c. Oxidative Decarboxylierung
   d. Atmungskette

2. Die Rolle des Sauerstoffs bei der Zellatmung ist, …
   a. an das Ausgangssubstrat (Glucose) zu binden, um dieses zu oxidieren.
   b. Elektronen der Elektronentransportkette aufzunehmen.
   c. die Reaktionen der Glykolyse zu katalysieren.
   d. nach der Abspaltung von C-Atomen aus der Glucose an diese C-Atome zu binden und dadurch CO_2 zu bilden.
   e. ATP-Synthase zu aktivieren.

3. Welches sind notwendige Bedingungen zum experimentellen Nachweis der Zellatmung bei Pflanzensamen?
   a. Grüne Pflanzensamen
   b. Belichtung der Ansätze
   c. Gequollene Samen
   d. Samen im Dormanzstadium

4. Woran ist die abhängige Variable „Stattfinden von Zellatmung" messbar, wenn Erbsensamen in ihrem Quellungsgrad variiert werden?
   a. Erhöhung des pH-Wertes
   b. Positiver Stärkenachweis
   c. Bildung von Kohlenstoffdioxid
   d. Erhöhte SauerstoffkKonzentration

5. Stellen Sie eine Vermutung an, wie das Ergebnis Ihres Experiments ausfallen würde, wenn Sie grüne Erbsensamen verwenden würden. Berücksichtigen Sie bei Ihrer Antwort, dass grüne Gewebe Photosynthese betreiben.

6. Notieren Sie die Reaktionsgleichung von Kohlensäure (H_2CO_3) und Calciumhydroxid ($Ca(OH)_2$).

7. Welcher Stoff fällt beim Nachweis von Kohlenstoffdioxid mit Calciumhydroxid aus?

9.5 Appendix

9.5.1 Beispiel für eine Musterlösung

Forschungsfrage: Findet die Zellatmung bei Pflanzensamen auch im getrockneten Zustand statt?

Hypothese: Wenn die Erbsen gequollen sind (UV), dann wird Kohlenstoffdioxid (AV) als ein Nebenprodukt der Zellatmung nachweisbar sein.

Materialien: Getrocknete und gequollene gelbe Erbsen (jeweils ca. 50 g), 2 Bechergläser (500 mL), Trichter, Filterpapier, 6 Waschflaschen, 6 Gummischläuche (passend für Waschflaschen), 2 Vakuumpumpen

Chemikalien: Calciumhydroxid, Wasser (wenn vorhanden, voll entsalztes (VE-)Wasser verwenden)

Sicherheit (GHS-Symbole, H- und P-Sätze; ► Kap. 14):
Calciumhydroxid: Gefahrenkennzeichnung (Nr. 1272/2008): GHS 05, GHS 07; H-Sätze: 315, 318, 335; P-Sätze: 261, 280, 304+340, 305+351+338, 332+313

Entsorgung: Calciumhydroxidlösungen sind als gefährlicher Abfall zu entsorgen (Sammelbehälter für Laugen) und unter Beachtung der behördlichen Vorschriften zu beseitigen; zur Abfallentsorgung den zuständigen zugelassenen Entsorger ansprechen.

Versuchsdurchführung: Vor Versuchsbeginn werden ca. 100 mL einer klaren Kalkwasserlösung angesetzt. Hierfür wird in eine entsprechende Menge VE-Wasser eine halbe Spatelspitze Calciumhydroxid gegeben. Anschließend wird die trübe Lösung filtriert und nur noch mit dem klaren Filtrat weitergearbeitet. Als Nächstes verbindet man insgesamt drei Waschflaschen mittels zwei Gummischlauchstücken. In die mittlere Waschflasche wird das Untersuchungsobjekt in Form der gequollenen Erbsen eingefüllt. In die anderen beiden gibt man das klare Filtrat der Kalkwasserlösung. Anschließend schließt man zur Luftzirkulation eine Vakuumpumpe am Ende einer der äußeren Waschflaschen an. Es ist auf die genaue Anordnung der langen und kurzen Leitungsröhrchen zu achten, um ein Herausdrücken oder Aufsaugen der Calciumhydroxidlösungen zu verhindern (◘ Abb. 9.2). Parallel wird ein zweiter Ansatz aufgebaut und mit getrockneten Erbsen befüllt.

Beobachtung: In beiden Ansätzen trübt sich das Kalkwasser in der ersten Waschflasche nach weniger als einer Minute. Im Ansatz mit den gequollenen Erbsen färbt sich nach wenigen Minuten auch das Kalkwasser in der dritten Waschflasche milchig. Im Ansatz mit den getrockneten Erbsen lässt sich hingegen in der dritten Waschflasche kein Niederschlag feststellen.

Deutung: Die Trübung des Kalkwassers in den ersten Waschflaschen beider Ansätze rührt von der Reaktion mit dem in der Luft enthaltenden Kohlenstoffdioxid. Kohlenstoffdioxid gelangt in die Lösung und reagiert mit Wasser über Kohlensäure zu Hydrogencarbonat. Hydrogencarbonat dissoziiert weiter zu Carbonationen. Es liegt hier Reaktionsgleichung Gl. 9.1 zugrunde. Die Carbonationen reagieren nun weiter mit den im Kalkwasser vorhandenen Calciumionen (Gl. 9.2 und 9.3). Dadurch entsteht in Wasser schwerlösliches Calciumcarbonat, das als weißlicher Niederschlag ausfällt.

Die gleiche Reaktion findet im Ansatz mit den gequollenen Erbsen auch in der dritten Waschflasche statt. Jedoch kann hier nicht das Kohlenstoffdioxid aus der Umgebungsluft verantwortlich sein, da dieses zuvor herausgefiltert wurde. Dementsprechend müssen die gequollenen Erbsen für die Produktion dieses Gases verantwortlich sein. Entstanden ist dies durch Zellatmungsprozesse

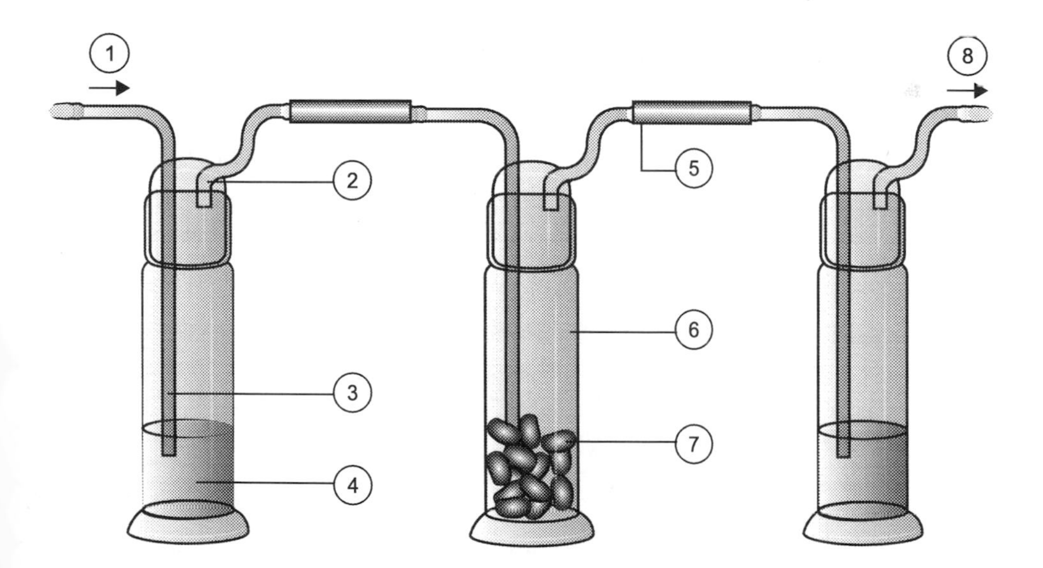

◘ **Abb. 9.2** Anordnung zum Nachweis von Kohlenstoffdioxid bei Erbsen: (1) Zuluft, (2) kurzes Glasröhrchen, (3) langes Glasröhrchen, (4) Kalkwasser, (5) Gummischlauch, (6) Waschflasche mit (7) Erbsen, (8) Anschluss der Vakuumpumpe (nach Bannwarth und Kremer 2011)

innerhalb des Samens. Im Vergleichsansatz mit den getrockneten Erbsen sind in der dritten Waschflasche hingegen kein CO_2 und somit auch keine Zellatmungsprozesse nachweisbar.

Hinweise zum Versuch: (1) Über Nacht sollten genügend getrocknete Erbsen in einem Gefäß mit Wasser zum Quellen gebracht werden. (2) Zur Luftzirkulation werden die Ansätze mit einer Vakuumpumpe verbunden. Es ist auf die genaue Anordnung der langen und kurzen Leitungsröhrchen in den Waschflaschen zu achten, um ein Herausdrücken oder Aufsaugen der Calciumhydroxidlösung zu verhindern (◘ Abb. 9.2). Des Weiteren könnte es notwendig sein, die Intensität der Luftzirkulation zu regulieren (bei zu starkem Luftzug kann in der vorgeschalteten Waschflasche nicht genügend Kohlenstoffdioxid herausgefiltert werden). Für die Dosierung des Luftzugs lässt sich eine Schlauchklemme nutzen, die am Verbindungsschlauch zwischen Waschflasche und Pumpe befestigt wird und nach Bedarf die Zuleitung verengen kann.

9.5.2 Lösungen zu den Übungsfragen

1. a, c, b, d
2. b
3. c
4. c
5. Die grüne Farbe der Erbsensamen wird durch Chlorophyll bedingt. In den Erbsensamen findet somit Photosynthese statt. Betrachtet man die Photosynthesegleichung, so stellt diese (vereinfacht gesprochen) die Umkehrung der Zellatmungsgleichung dar. In grünen Samen wird somit das Kohlenstoffdioxid aus der Zellatmung (zumindest teilweise) durch die Photosynthese wieder aufgebraucht.
6. Die Reaktionsgleichung sollte so aussehen:

$$Ca(OH)_2 + H_2CO_3 \rightleftharpoons Ca^{2+} + 2OH^- + 2H^+ + CO_3^{2-} \rightleftharpoons 2H_2O + CaCO_3 \qquad \text{Gl. 9.4}$$

7. Es fällt Kalk (Calciumcarbonat) aus.

Literatur

Bannwarth H, Kremer BP (2011) Vom Stoffaufbau zum Stoffwechsel. Erkunden – Erfahren – Experimentieren. 15.5 CO_2 als Atmungsprodukt von Pflanzen, Pilzen oder Mikroorganismen. 2. Aufl. Schneider Verlag Hohengehren, Baltmannsweiler, S 260–261

Weiterführende Literatur

Nelson DL, Cox MM (2009) Lehninger Biochemie. Springer, Heidelberg
Sadava D, Hillis DM, Heller HC, Berenbaum MR (2011) Purves Biologie. 9. Stoffwechselwege zur Energiegewinnung. Spektrum, Heidelberg, S 220–245

9

Substrate für die ethanolische Gärung

Andreas Peters, Till Bruckermann und Kirsten Schlüter

T. Bruckermann, K. Schlüter (Hrsg.), *Forschendes Lernen im Experimentalpraktikum Biologie*,
DOI 10.1007/978-3-662-53308-6_10

In diesem Kapitel wird der Prozess der ethanolischen Gärung am Beispiel des Substrats Glucose beschrieben. Mithilfe dieser Information können Vermutungen geäußert werden, welche Kohlenhydrate für *Saccharomyces cerevisiae* (Bäcker- oder Bierhefe) ethanolisch vergärbar sind und welche nicht. Die Vermutungen werden anschließend mithilfe unterschiedlicher Kohlenhydrate experimentell überprüft.

Nach der Bearbeitung dieses Kapitels sollen Sie eine Forschungsfrage hypothesengeleitet untersuchen und auf der Grundlage Ihrer Ergebnisse beantworten können. Im Speziellen können Sie ...

Fachwissen

- den Nutzen der Gärung für *Saccharomyces cerevisiae* erklären.
- die einzelnen Teilschritte der Gärung mit den entstehenden Zwischenprodukten benennen.
- den Unterschied des energetischen Gewinns zwischen Gärung und Zellatmung beschreiben.
- anhand der bei Gärungsprozessen erwarteten Abbauprodukte Aussagen über die Vergärbarkeit von Substraten treffen.

Wissenschaftliches Denken

- alltägliche Phänomene als Grundlage einer wissenschaftlichen Forschungsfrage benennen.
- eine arbeitsleitende Hypothese entwickeln und theoretisch begründen.
- ein Experiment planen, benötigte Laborgeräte auswählen und die Auswahl begründen.
- eine sinnvolle Messmethode für das Experiment auswählen.
- Beobachtungen anstellen und dokumentieren.
- aufgrund Ihrer Daten und zugrundeliegender Theorie die Forschungsfrage angemessen beantworten.
- durch Beurteilung Ihrer Daten mögliche Einschränkungen in der Aussagekraft des Experiments identifizieren.

Laborfertigkeiten

- Lösungen mit unterschiedlichen Konzentrationen ansetzen, indem Sie Berechnungen anstellen, Volumina abmessen bzw. Massen abwiegen und die Stoffe mischen.
- mit dem Gärsaccharometer umgehen und damit Gasvolumina abmessen.

Zeitaufwand: Experimentaufbau/Vorbereitung: 15 Minuten; Durchführung: 20 bis 30 Minuten

10

10.1 Sachinformationen

Die ethanolische Gärung ist ein anaerober Stoffwechselprozess. Genau wie bei der Zellatmung nutzt ein Organismus, der durch Gärung Energie gewinnt, zunächst die Glykolyse, um Kohlenhydrate in Pyruvat umzuwandeln. Durch die Abspaltung je eines CO_2-Moleküls vom Pyruvat bildet sich anschließend Acetaldehyd (= Ethanal). Dieser Stoff dient als Elektronenakzeptor und oxidiert NADH zu NAD^+ (▣ Abb. 10.1).

Zwar ist der Energiegewinn durch Gärung lange nicht so ertragreich wie durch Zellatmung (es entstehen lediglich zwei ATP-Moleküle pro Glucose im Gegensatz zu 32 ATP durch der Zellatmung), aber dennoch gibt es unter anaeroben Bedingungen keinen effektiveren Reaktionsweg.

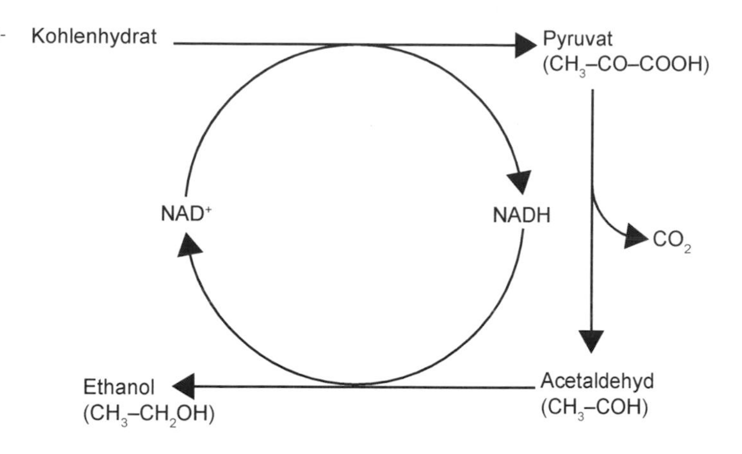

Abb. 10.1 Kreislaufmodell der ethanolischen Gärung (nach Bannwarth et al. 2013, S. 439)

Für den Fortbestand der Glykolyse muss verbrauchtes NAD^+ regeneriert werden. Das bedeutet, dass das im Rahmen der Glykolyse entstandenes NADH wieder zu NAD^+ oxidiert werden muss, indem es die aufgenommenen Elektronen bzw. den aufgenommenen Wasserstoff wieder abgibt. Unter normalen Umständen, d. h. in Gegenwart von Sauerstoff, gibt NADH seine Elektronen an Moleküle der Atmungskette ab. Wenn jedoch kein Sauerstoff zur Verfügung steht, dann fehlt der Elektronenendakzeptor in der Atmungskette. Die Moleküle der Atmungskette können somit ihre Elektronen nicht mehr an Sauerstoff weiterleiten und befinden sich durchgehend im reduzierten Zustand. Sie können deshalb auch keine Elektronen mehr von NADH aufnehmen. NADH muss somit einen alternativen Elektronenakzeptor nutzen, nämlich Acetaldehyd. Auf dieses Molekül überträgt NADH jetzt seine Elektronen bzw. den Wasserstoff, sodass sich als Endprodukte Ethanol und NAD^+ bilden.

Das Endprodukt Ethanol (besser bekannt als Trinkalkohol) ist die Ursache dafür, dass das Prinzip der Gärung inzwischen seit mehreren tausend Jahren genutzt wird, um alkoholische Genussmittel herzustellen. Die ethanolische Gärung geschieht bei der Weinherstellung spontan durch Wildhefen, die im glucose- und fructosehaltigen Traubenmost (= gepresster Saft der Weinbeeren) enthalten sind. Beim Bierbrauen spalten Enzyme, die aus vorgekeimten Gerstenkörnern stammen, die Stärke in diesen Körnern. Auf diese Weise entsteht Glucose. Durch Zugabe von *Saccharomyces cerevisiae* (Bäcker- oder Bierhefe) wird dann der Gärungsprozess in Gang gesetzt. Hierbei ist es wichtig, feststellen zu können, ob die Konzentration an vergärbaren Kohlenhydraten im Ausgangssubstrat hoch genug ist. Eine Möglichkeit zur Messung dieses Anteils bietet die quantitative Bestimmung der Kohlenstoffdioxidkonzentration durch Gärung mittels eines Saccharometers nach Eichhorn.

Für die Messung des Anteils vergärbarer Kohlenhydrate mischt man zunächst die Testlösung mit einer Hefesuspension und befüllt anschließend damit das Saccharometer (Abb. 10.2). Hierfür wird das geschlossene Ende in einem Winkel so geneigt, dass beim Eingießen des Hefetestlösungsgemischs die komplette Luft aus dem Messrohr entweichen kann. Danach stellt man das Saccharometer aufrecht und gießt solange nach, bis die kugelförmige Auswölbung zur Hälfte gefüllt ist. Kontakte des Hefetestlösungsgemischs mit der Umgebungsluft an der Eingießöffnung werden vernachlässigt, da sie kaum zu vermeiden sind und nur einen geringer Anteil der Hefe im Hefetestlösungsgemisch betreffen. Die Hefezellen an der Eingießöffnung finden hier aerobe Bedingungen vor und können somit einen aeroben Stoffwechsel statt Gärung betreiben. Nach einem definierten Zeitintervall und unter bestimmten Temperaturbedingungen wird das

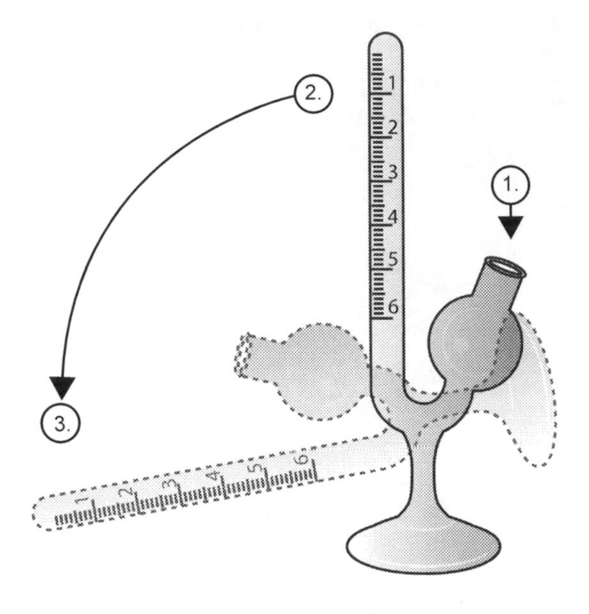

Abb. 10.2 Befüllen des Saccharometers nach Eichhorn: (1) Einfüllen in senkrechter Position, (2) in waagerechte Position kippen bis Flüssigkeit in den Schenkel fließt, (3) wieder aufrichten und Schritte wiederholen

Volumen der produzierten Gase (CO_2) am Messrohr abgelesen und beurteilt, ob die Konzentration an vergärbaren Kohlenhydraten in der Lösung hoch genug ist.

Die hier präsentierte Vorrichtung lässt sich auch für qualitative Nachweise nutzen, denn es stellt sich, aufgrund der Vielfalt an alkoholischen Getränken, die Frage, ob ausschließlich Glucose als Gärsubstrat verwendet werden kann. So wird z. B. Rum aus Zuckerrohr, genauer aus Melasse (einem Abfallprodukt der Zuckerproduktion), hergestellt, welche viel Saccharose enthält. Für die Wodkaproduktion verwendet man dagegen meist Getreidekörner oder auch Kartoffeln, welche sämtlich stärkereich sind. Dabei muss dieses Ausgangssubstrat enzymatisch vorbehandelt werden, damit es für die Hefen nutzbar ist. Einen Schnaps, der aus Kuhmilch hergestellt und bei dem Lactose vergoren wird, findet man dagegen in den Supermarktregalen vergeblich. Was könnte der Grund dafür sein? Gibt es Kohlenhydrate, die vergärbar sind, und andere, die sich nicht vergären lassen? Sind dafür eventuell Unterschiede im molekularen Aufbau der Kohlenhydrate verantwortlich? Diese Überlegungen führen zu folgender Forschungsfrage:

Forschungsfrage:

Sind alle Kohlenhydrate durch *Saccharomyces cerevisiae* (Bäcker- oder Bierhefe) ethanolisch vergärbar oder existieren Gegenbeispiele?

Wichtig ist an dieser Stelle noch der Hinweis, dass die Abwesenheit von Sauerstoff eine Voraussetzung für das Stattfinden von Gärungsprozessen bei *Saccharomyces cerevisiae* ist. In Gegenwart von Sauerstoff betreibt die Bäckerhefe stattdessen Zellatmung, welche zu einer wesentlich besseren ATP-Ausbeute führt und daher für die Hefe von Vorteil ist. Der gravierende Nachteil bei der Zellatmung ist jedoch – aus der Perspektive der Konsumenten betrachtet –, dass hierbei kein Ethanol entsteht.

10.2 Aufgabenstellung

Planen Sie ein Experiment zur hypothesengeleiteten Untersuchung der zuvor genannten Forschungsfrage, führen Sie es durch und werten Sie es aus. Gehen Sie dabei auf alle nachfolgend genannten Punkte ein.

1. Hypothese: Formulieren Sie mithilfe der Sachinformation eine zur Forschungsfrage passende Hypothese. Dafür sollten Sie …
- die unabhängige Variable benennen (s. Arbeitshinweis 1),
- die abhängige Variable benennen (s. Arbeitshinweis 2),
- den Zusammenhang der Variablen als Vorhersage in Wenn-dann- oder Je-desto-Form formulieren (s. Arbeitshinweis 3),
- Ihre Hypothese begründen (s. Arbeitshinweis 4),
- eine Nullhypothese und gegebenenfalls eine weitere alternativ zu untersuchende Hypothese formulieren (s. Arbeitshinweis 5).

2. Planung: Um Ihre Hypothese zu überprüfen, planen Sie einen geeigneten experimentellen Aufbau. Beschreiben Sie dazu möglichst genau, was beim Aufbau und bei der Durchführung zu berücksichtigen ist. Anschließend führen Sie Ihr Experiment durch. Die folgenden Fragen sollten während Ihrer Planung beantwortet werden:
- Wie soll die unabhängige Variable verändert werden und wie setzen Sie dies in der praktischen Durchführung um (s. Arbeitshinweis 6)?
- Wie soll die abhängige Variable gemessen werden (s. Arbeitshinweis 7)?
- Welche Störvariablen sind zu kontrollieren (s. Arbeitshinweis 8)?
- Wie lange soll das Experiment insgesamt dauern und wie viele Messungen sollen in diesem Zeitraum durchgeführt werden (s. Arbeitshinweis 9)?
- Wie oft soll das Experiment wiederholt werden (s. Arbeitshinweis 10)?

Sie können folgende Materialien nutzen: *Saccharomyces cerevisiae* (Bäcker- oder Bierhefe), verschiedene Glasgefäße, Gärsaccharometer, unterschiedliche Kohlenhydrate, Wasser (wenn vorhanden, voll entsalztes (VE-)Wasser verwenden).
Saccharose: Gefahrenkennzeichnung (Nr. 1272/2008): keine; H-Sätze: keine; P-Sätze: keine
Glucose: Gefahrenkennzeichnung (Nr. 1272/2008): keine; H-Sätze: keine; P-Sätze: keine
Fructose: Gefahrenkennzeichnung (Nr. 1272/2008): keine; H-Sätze: keine; P-Sätze: keine
Lactose: Gefahrenkennzeichnung (Nr. 1272/2008): keine; H-Sätze: keine; P-Sätze: keine
Mannit: Gefahrenkennzeichnung (Nr. 1272/2008): keine; H-Sätze: keine; P-Sätze: keine
Entsorgung: Eine Entsorgung über das Abwassersystem ist möglich.

3. Beobachtung und Datenauswertung: Beschreiben Sie Ihre Beobachtungen. Interpretieren Sie danach die Beobachtungen im Hinblick auf die Hypothese. Welche Schlüsse lassen sich daraus ziehen und warum? Berücksichtigen Sie bei der Datenauswertung und Interpretation folgende Punkte:
- Beschreibung Ihrer Beobachtungen und Daten (s. Arbeitshinweis 11),
- Interpretation der Daten im Hinblick auf die Hypothese (s. Arbeitshinweis 12),
- Sicherheit Ihrer Interpretation (s. Arbeitshinweis 13),
- Methodenkritik (s. Arbeitshinweis 14),
- Ausblick für anschließende Untersuchungen (s. Arbeitshinweis 15).

10.3 Arbeitshinweise

Die Arbeitshinweise können Ihnen bei der Bearbeitung der Aufgabenstellung helfen. Bitte benutzen Sie diese nur, wenn Sie nicht mehr weiterwissen.

10.3.1 Hypothese

Arbeitshinweis 1

Was genau wollen Sie in Ihrem Experiment untersuchen? Welcher Faktor (unabhängige Variable) könnte die hauptsächliche bzw. die Sie interessierende Ursache für Veränderungen oder Unterschiede im Experimentausgang sein?

Lösungsbeispiel 1

Es soll untersucht werden, ob verschiedene Kohlenhydrate als Gärsubstrat für *Saccharomyces cerevisiae* dienen können. Damit sind die unterschiedlichen Kohlenhydrate die unabhängige Variable.

Arbeitshinweis 2

Was genau wollen Sie in Ihrem Experiment beobachten? An welchem Faktor (abhängige Variable) kann man den Einfluss der unabhängigen Variable erkennen? Dieser Faktor (abhängige Variable) wird sich vermutlich bei Variation der unabhängigen Variable verändern.

Lösungsbeispiel 2

Der Faktor, der sich in Abhängigkeit der unabhängigen Variable ändert, ist die Bildung von Kohlenstoffdioxid aufgrund von Gärungsprozessen. Damit ist die Entwicklung dieses Gases die abhängige Variable.

Arbeitshinweis 3

Welches Ergebnis erwarten Sie, wenn Ihre Vermutung stimmt? Wie wird die unabhängige Variable die abhängige Variable vermutlich beeinflussen? Formulieren Sie aus diesen Überlegungen heraus eine Hypothese als Vorhersage des vermuteten Zusammenhangs. Diese Hypothese ist als Wenn-dann- oder Je-desto-Satz zu formulieren.

Lösungsbeispiel 3

So könnte Ihre Vorhersage aussehen: Wenn sich kein vergärbares Substrat in der Lösung befindet, dann bildet sich nicht das Gas CO_2, da keine Gärungsprozesse stattfinden.

Arbeitshinweis 4

Warum ist Ihre Hypothese plausibel? Benennen Sie Gründe, welche die Richtigkeit bzw. Plausibilität Ihrer Hypothese unterstützen. Nutzen Sie hierfür Ihr Vorwissen.

Lösungsbeispiel 4

Das Vorhandensein unterschiedlicher Kohlenhydrate könnte einen Einfluss auf den Gärungsprozess haben, da dieser mithilfe von Enzymen abläuft. Enzyme sind substratspezifisch, und Kohlenhydrate unterscheiden sich in ihrem strukturellen Aufbau. Aus diesem Grund liegt es nahe, dass die Hefeenzyme nicht jedes Substrat für die Gärung spalten können.

Arbeitshinweis 5

Benennen Sie die Nullhypothese. Die Nullhypothese negiert den in der Hypothese vorausgesagten Effekt. Gibt es noch weitere Hypothesen? Formulieren Sie gegebenenfalls alternative Hypothesen.

Lösungsbeispiel 5

Ihre Nullhypothese könnte wie folgt aussehen (bedenken Sie, dass diese Alternative von Ihrer eigenen Hypothese abhängt!): Alle Kohlenhydrate sind durch die Bäckerhefe ethanolisch vergärbar.

10.3.2 Planung

Arbeitshinweis 6

Wie nehmen Sie Veränderungen bei den Ausgangsbedingungen vor?

- Planen Sie einen geeigneten experimentellen Aufbau.
- Geben Sie an, wie Sie die unabhängige Variable variieren wollen.
- Überlegen Sie sich, wie viele verschiedene Ausprägungen der unabhängigen Variable angemessen sind.
- Entscheiden Sie, welcher Kontrollansatz benötigt wird.

Lösungsbeispiel 6

Es werden verschiedene Kohlenhydratlösungen angesetzt (hierbei sollten von ihrer Molekülstruktur möglichst unterschiedliche Kohlenhydrate gewählt werden) und im Verhältnis 2:1 mit einer Hefeaufschlämmung gemischt. Danach werden diese Mischungen jeweils in ein Gärsaccharometer gegeben und für 20 Minuten bei 35 °C inkubiert. Zum Schluss werden alle Ansätze auf die Produktion von CO_2 überprüft. Ein Ansatz mit Glucose als Gärsubstrat dient als Positivkontrolle.

Arbeitshinweis 7

Wie weisen Sie Veränderungen bei den Auswirkungen nach? Überlegen Sie, wie Sie Änderungen der abhängigen Variable ermitteln bzw. messen wollen. Ist es weiterführend möglich, dass die Ausprägung der abhängigen Variable auch in Zahlen ausgedrückt wird?

Lösungsbeispiel 7

Die abhängige Variable kann durch ein Endprodukt der ethanolischen Gärung, d. h. durch die Bildung von Kohlenstoffdioxid, gemessen werden. Dieses unsichtbare Gas sollte in einem geschlossenen Behälter aufgefangen werden. Dazu dient beispielsweise ein Saccharometer nach Eichhorn.

Arbeitshinweis 8

Was beeinflusst das Experiment? Überlegen Sie, ob es weitere, bisher nicht berücksichtigte Variablen gibt, welche die Ergebnisse Ihres Experiments beeinflussen? Identifizieren Sie diese möglichen Störvariablen.

Lösungsbeispiel 8

Folgende Faktoren könnten Störvariablen sein, wenn sie bei den verschiedenen Ansätzen nicht konstant gehalten werden: Die Temperatur der Ansätze könnte unterschiedlich hoch sein. Außerdem könnten sich unterschiedliche Mengen an *Saccharomyces cerevisiae* in den einzelnen Ansätzen befinden. Auch könnte sich die Konzentration der Kohlenhydrate in den verschiedenen Testlösungen unterscheiden.

Arbeitshinweis 9

Wann, wie lange und in welchen Abständen soll beobachtet bzw. gemessen werden?

- Start der Beobachtung: Geben Sie den Zeitpunkt an, wann die Beobachtung beginnen soll.
- Dauer der Beobachtung: Überlegen Sie, wie lange der Zeitraum für eine angemessene Beobachtungsdauer ist.
- Intervalle der Beobachtung: Falls mehrere Zeitpunkte für die Beobachtung festgelegt werden sollen, überlegen Sie sich deren Anzahl und den Zeitabstand dazwischen.

Lösungsbeispiel 9

Die Beobachtung in Ihrem Experiment könnte wie folgt aussehen: Zunächst sollte die Größe des Gasvolumens vor Beginn ermittelt werden. Diese sollte im Idealfall bei null liegen. Ansonsten muss das Saccharometer neu befüllt oder die Abweichung bei der Dokumentation und Auswertung der Ergebnisse berücksichtigt werden. Nach Beendigung der Inkubationszeit von ca. 20 Minuten bei 35 °C sollte überprüft werden, ob sich in den Ansätzen das Gasvolumen vergrößert hat und somit CO_2 aufgefangen werden konnte.

Arbeitshinweis 10

Wie oft soll das Experiment wiederholt werden? Überlegen Sie, wie oft Sie das Experiment durchführen wollen und wie Sie dies praktisch umsetzen. Kann man durch Variationen im Ablauf das Experiment noch optimieren?

Lösungsbeispiel 10

Zur Absicherung der Ergebnisse sollte ein Experiment mehrmals durchgeführt werden. Hierfür können mehrere Ansätze parallel angefertigt werden und arbeitsteilig beobachtet werden. Wenn sich in keinem Ansatz (Glucose sollte als Kontrollansatz dienen) Kohlenstoffdioxid gebildet hat, sollte eventuell die Kohlenhydrat- oder Hefekonzentration erhöht werden.

10.3.3 Beobachtung und Datenauswertung

Arbeitshinweis 11

Wie sehen die Daten aus? Beschreiben und vergleichen Sie die Daten Ihrer experimentellen Ansätze, ohne diese dabei zu interpretieren.

Lösungsbeispiel 11

Ihre Ergebnisdarstellung könnte Folgendes enthalten: Wie stark unterscheiden sich die gewählten Ausprägungen der unabhängigen Variable voneinander, d. h., wie unterschiedlich sind die untersuchten Kohlenhydrate (z. B. im strukturellen Aufbau)? Wie stark unterscheiden sich die Ergebnisse der Reaktionsansätze, d. h., wie unterscheiden sich die einzelnen Ansätze bezüglich der gebildeten Kohlenstoffdioxidmenge? Gibt es Besonderheiten oder Ausreißer?

Arbeitshinweis 12

Wie können die Daten gedeutet werden?
- Ziehen Sie eine Schlussfolgerung für Ihre Hypothese: Wird Ihre Hypothese durch die Daten des Experiments gestützt oder widerlegt?
- Begründen Sie auf der Basis Ihrer Daten, warum Ihre Schlussfolgerung gerechtfertigt ist.
- Welche Schlussfolgerung kann aufgrund der Daten für das Ausgangsproblem gezogen werden?

Lösungsbeispiel 12

Ihre Interpretation sollte folgende Punkte beinhalten: Das Vorhandensein verschiedener Kohlenhydrate hat einen/hat keinen Einfluss auf die CO_2-Produktion durch Gärung. Es konnten Hinweise gefunden werden, welche unsere Hypothesen stützen/widerlegen, da sich zeigte, dass …

Arbeitshinweis 13

Gibt es Einschränkungen bei der Deutung der Daten? Überlegen Sie, wie aussagekräftig Ihre Daten sind und ob es hier eventuell Einschränkungen gibt. Wenn ja, wie lassen sich diese Einschränkungen erklären?

Lösungsbeispiel 13

Eine Einschränkung könnte sein, dass der Versuch eventuell aufgrund von begrenzter Zeit zu früh abgebrochen wurde. Außerdem könnte die Qualität von der Hefekultur *Saccharomyces cerevisiae* durch längere oder falsche Lagerung einen negativen Einfluss auf die Ergebnisse haben.

Arbeitshinweis 14

Beurteilen Sie Ihr Experiment im Hinblick auf die Aspekte Hypothesenformulierung, Planung und Durchführung. Welche Punkte sollten gegebenenfalls für eine erneute Untersuchung geändert werden?

Lösungsbeispiel 14

Folgende Fragen sollten Sie z. B. beachten: War die Planung passend, um die Hypothese zu prüfen? War die Messung der abhängigen Variable adäquat? Gab es Störvariablen, die nicht berücksichtigt wurden?

Arbeitshinweis 15

Wie könnte es weitergehen? Stellen Sie folgende Überlegungen an: Sind während des Experimentierprozesses neue Forschungsfragen aufgetaucht, die Sie untersuchen möchten? Wurden neue mögliche abhängige Variablen identifiziert? Wie könnte man das Experiment unter veränderten Bedingungen durchführen?

Lösungsbeispiel 15

Zur weiteren Überprüfung könnte untersucht werden, ob es Unterschiede in der produzierten Menge an Kohlenstoffdioxid pro definierter Zeiteinheit bei vergärbaren Kohlenhydraten gibt. Außerdem könnte man die Auswirkung von Temperatur, Kohlenhydrat- oder Hefekonzentration messen.

10.4 Übungsfragen

Mit den folgenden Übungsfragen können Sie Ihr Wissen zum theoretischen Hintergrund sowie zur praktischen Umsetzung des Experiments überprüfen. Dabei wird vorausgesetzt, dass die Theorie zusätzlich mit der angegebenen Literatur vertieft und gegebenenfalls weitere Literatur recherchiert wurde. Die Antworten können im Appendix überprüft werden.

1. Wenn man einen Hefekuchen backt, dann fügt man dem Teig Haushaltszucker hinzu, damit die Hefe in ausreichender Mange vergärbare Kohlenhydrate vorfindet. Welches Enzym muss die Hefe besitzen, um den Haushaltszucker in Monosaccharide spalten zu können?
   a. Saccharase
   b. Lipase
   c. Amylase
   d. Katalase
   e. Pepsin

2. Ein Produkt der Gärung, welches mit Calciumhydroxid nachgewiesen werden kann, ist …
   a. Sauerstoff
   b. Wasserstoff
   c. Kohlenstoffdioxid
   d. Ethanol
   e. Ammoniak

3. Nennen Sie mögliche Störvariablen, die zwischen den Ansätzen konstant gehalten werden müssen.

4. Stellen Sie eine Vermutung über das Ergebnis der Vergärung verschiedener Kohlenhydrate an, wenn die Temperatur bei den verschiedenen Ansätzen unterschiedlich hoch ist.

5. Welche Teilschritte der Zellatmung kommen ebenfalls bei der Gärung vor?
   a. Gykolyse
   b. Oxidative Carboxylierung
   c. Citratzyklus
   d. Atmungskette

6. Unter welchen Bedingungen betreiben Hefezellen ethanolische Gärung?
   a. In Gegenwart hoher Sauerstoffkonzentrationen
   b. Bei einem Überangebot von ATP in den Zellen
   c. In einer anaeroben Umgebung
   d. Wenn Stärke als Ausgangssubstrat vorliegt
   e. Bei Ethanolmangel

7. Nach der Inkubation aller Reaktionsansätze (Gärsaccharometer) im Wärmeschrank ist bei einigen Kohlenhydrat-Hefe-Testlösungen Gas entstanden, bei anderen nicht. Was können Sie aus den Beobachtungen ableiten?
   a. Die Temperatur hat einen Einfluss auf die Reaktionsgeschwindigkeit.
   b. Die Hefe verstoffwechselt nur bestimmte Kohlenhydrate.
   c. Die Kohlenhydrate beeinflussen die Auswahl des Stoffwechselwegs (ob Zellatmung oder Gärung).
   d. Die Kohlenhydrate unterscheiden sich in ihrer Struktur.

8. Welche Aussagen treffen auf Acetaldehyd zu?
   a. Es ist das Endprodukt der ethanolischen Gärung.
   b. Es bindet O_2 zur Herstellung anaerober Bedingungen.

c. Es entsteht bei der ethanolischen Gärung aus Pyruvat durch Abspaltung von CO_2.
d. Es dient als Substrat für die Aufnahme von Wasserstoff bei Wiederherstellung von NAD^+ aus NADH.
e. Es ermöglicht die Zellatmung unter anaeroben Bedingungen.

10.5 Appendix

10.5.1 Beispiel für eine Musterlösung

Forschungsfrage: Sind alle Kohlenhydrate durch *Saccharomyces cerevisiae* (Bäcker- oder Bierhefe) ethanolisch vergärbar oder existieren Gegenbeispiele?

Hypothese: Wenn sich kein vergärbares Substrat in der Lösung befindet (UV), dann bildet sich nicht das Gas CO_2 (AV), da keine Gärungsprozesse stattfinden.

Materialien: Bäckerhefe, Messzylinder (100 mL), 6 Bechergläser (100 mL), 5 Gärsaccharometer nach Eichhorn, 6 Messpipetten, Wärmeschrank

Chemikalien: Saccharose, Glucose, Fructose, Lactose, Mannit, Wasser (wenn vorhanden, voll entsalztes (VE-)Wasser verwenden)

Sicherheit (GHS-Symbole, H- und P-Sätze; ► Kap. 14):
Saccharose: Gefahrenkennzeichnung (Nr. 1272/2008): keine; H-Sätze: keine; P-Sätze: keine
Glucose: Gefahrenkennzeichnung (Nr. 1272/2008): keine; H-Sätze: keine; P-Sätze: keine
Fructose: Gefahrenkennzeichnung (Nr. 1272/2008): keine; H-Sätze: keine; P-Sätze: keine
Lactose: Gefahrenkennzeichnung (Nr. 1272/2008): keine; H-Sätze: keine; P-Sätze: keine
Mannit: Gefahrenkennzeichnung (Nr. 1272/2008): keine; H-Sätze: keine; P-Sätze: keine

Entsorgung: Eine Entsorgung über das Abwassersystem ist möglich.

Durchführung: Zuerst wird eine Bäckerhefeaufschlämmung hergestellt, indem man 10 g der Hefe mit 100 mL Leitungs- oder VE-Wasser mischt. Anschließend stellt man je 10 mL einer 10-prozentigen Saccharose-, Glucose-, Fructose-, Lactose- und Mannitlösung her. Zu diesen Lösungen werden im Anschluss 5 mL der Hefeaufschlämmung gegeben. Die Kohlenhydrat-Hefe-Testlösungen werden danach je in ein Gärsaccharometer gefüllt. Insbesondere ist hier darauf zu achten, dass das Ende des Saccharometers zuerst nach unten geneigt ist, damit die Luft aus dem Messrohr vollständig entweichen kann. Danach stellt man das Gärsaccharometer aufrecht hin und befüllt es vollständig. Das Mischen der Testlösungen mit der Hefeaufschlämmung und das Befüllen der Gärsaccharometer sollten zügig geschehen, um etwaige Atmungsprozesse und damit einhergehende Substratumsetzungen zu vermeiden. Sind alle Lösungen überführt, werden alle Ansätze für 20 Minuten bei 35 °C im Wärmeschrank inkubiert.

Beobachtung: In den Ansätzen mit Saccharose, Glucose und Fructose als Testsubstanz lässt sich nach Ende der Inkubation eine Kohlenstoffdioxidentwicklung feststellen. Im Gegensatz dazu ist bei Lactose und Mannit kein Unterschied festzustellen.

Theoriebasierte Erklärung: Tatsächlich lassen sich durch *Saccharomyces cerevisiae* Glucose, Fructose und Saccharose ethanolisch umsetzen. Bei Glucose war von einem positiven Ergebnis auszugehen, da dies das Ausgangsprodukt der Glykolyse ist. Die Vergärbarkeit von Fructose lässt sich durch Umwandlung dieses Kohlenhydrats mittels Keto-Enol-Tautomerie (Umlagerung der Ketogruppe beim offenkettigen Fructosemolekül in eine Aldehydgruppe) in Glucose erklären. Des Weiteren ist es für *Saccharomyces cerevisiae* möglich, Saccharose mittels des Enzyms Invertase hydrolytisch zu spalten, wodurch sich ebenfalls vergärbare Substrate (Glucose und Fructose) bilden. Jedoch fehlt dem Organismus das erforderliche Enzym β-Galactosidase zur Spaltung von Lactose in Galactose und Glucose, weshalb im entsprechenden Ansatz keine Gärung stattgefunden hat. Bei dem Substrat Mannit handelt es sich um einen Zuckerersatzstoff, der zwar Ähnlichkeit mit einer Hexose hat, dem aber die Aldehydgruppe fehlt. Bei Mannit handelt es sich somit nicht um ein Kohlenhydrat, sondern um einen sechswertigen Alkohol ($C_6H_8(OH)_6$). Dieser wird durch Enzyme der Glykolyse nicht verstoffwechselt.

10.5.2 Lösungen zu den Übungsfragen

1. a
2. c
3. Temperatur, Kontaktfläche mit Sauerstoff, Substratkonzentration, Hefekonzentration und „Hefequalität"
4. Nur bei den Ansätzen mit vergärbaren Kohlenhydraten tritt Gasbildung (CO_2) auf. Dabei ist die Gasbildung bei niedrigen Temperaturen gering bzw. nicht vorhanden. Je höher die Temperatur bei den Ansätzen ist, desto mehr Kohlenstoffdioxid wird gebildet. Diese Rate erhöht sich solange, bis die Hefe an ihr Temperaturoptimum bei ca. 32 °C gelangt. Bei höheren Temperaturen reduziert sich die Gärungsrate, da die Enzyme die Substrate aufgrund von erhöhter Eigenbewegung schlechter binden können und bei zu hohen Temperaturen eine Denaturierung der Enzyme einsetzt.
5. a
6. c
7. b, d
8. c, d

Literatur

Bannwarth H, Kremer BP, Schulz A (2013) Basiswissen Physik, Chemie und Biochemie. 21.2 Umwandlung von Pyruvat zu Ethanol – die alkoholische Gärung, 3. Aufl. Springer, Heidelberg, S 439

Weiterführende Literatur

Bannwarth H, Kremer BP (2011) Vom Stoffaufbau zum Stoffwechsel. Erkunden – Erfahren – Experimentieren. 16.4 Vergärbarkeit verschiedener Substrate, 2. Aufl. Schneider Verlag Hohengehren, Baltmannsweiler, S 283–285

Lichtabhängigkeit der Photosyntheserate

Andreas Peters, Till Bruckermann und Kirsten Schlüter

T. Bruckermann, K. Schlüter (Hrsg.), *Forschendes Lernen im Experimentalpraktikum Biologie*,
DOI 10.1007/978-3-662-53308-6_11

In diesem Kapitel wird eine kurze Zusammenfassung über die Teilprozesse der Photosynthese gegeben, wodurch Vermutungen aufgestellt werden sollen, welche Faktoren die Photosyntheserate beeinflussen können. Durch Veränderungen des hier vorgestellten Versuchsaufbaus kann dieser Einfluss quantitativ überprüft werden.

Nach der Bearbeitung dieses Kapitels sollen Sie eine Forschungsfrage hypothesengeleitet untersuchen und auf der Grundlage Ihrer Ergebnisse beantworten können. Im Speziellen können Sie …

Fachwissen
- den energetischen Umwandlungsprozess der Photosynthese erklären.
- die Teilschritte innerhalb der Photosynthese erläutern.
- die beteiligten Stoffe innerhalb des Prozesses der Photosynthese benennen.
- Einflussfaktoren für die Photosyntheserate identifizieren.

Wissenschaftliches Denken
- alltägliche Phänomene als Grundlage einer wissenschaftlichen Forschungsfrage benennen.
- eine arbeitsleitende Hypothese entwickeln und theoretisch begründen.
- ein Experiment planen, benötigte Laborgeräte auswählen und die Auswahl begründen.
- eine sinnvolle Messmethode für das Experiment auswählen.
- Beobachtungen anstellen und dokumentieren.
- aufgrund Ihrer Daten und zugrundeliegender Theorie die Forschungsfrage angemessen beantworten.
- durch Beurteilung Ihrer Daten mögliche Einschränkungen in der Aussagekraft des Experiments identifizieren.

Laborfertigkeiten
- Lösungen mit unterschiedlichen Konzentrationen ansetzen, indem Sie Berechnungen anstellen, Volumina abmessen bzw. Massen abwiegen und Stoffe mischen.
- mit der Audus-Bürette umgehen und mit ihr Gasvolumina abmessen.

Zeitaufwand: Experimentaufbau/Vorbereitung: 15 bis 20 Minuten; Durchführung: 45 bis 60 Minuten

11.1 Sachinformationen

Allgemein lässt sich die Photosynthese als die Erzeugung von energiereichen, organischen Molekülen aus energieärmeren anorganischen Stoffen unter Verwendung von Lichtenergie definieren. Es findet also eine Umwandlung von physikalischer in chemische Energie statt. Der Prozess wird untergliedert in eine Licht- und eine Synthesereaktion, wobei Letztere den Calvin-Zyklus umfasst (■ Abb. 11.1).

Lichtreaktion: Bei der oxygenen Photosynthese wird entsprechend dem Namen Sauerstoff freigesetzt wird. An der Lichtreaktion dieser oxygenen Photosynthese sind zwei Photosysteme (II und I) beteiligt. Hierbei handelt es sich um komplexe Strukturen, die sowohl bis zu

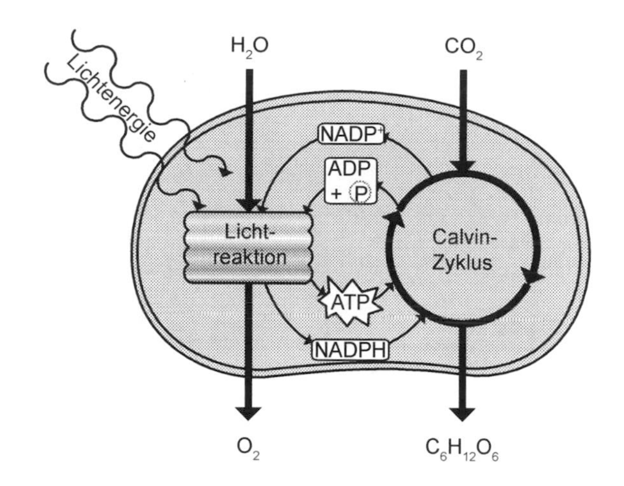

Abb. 11.1 Übersicht zur Photosynthese: Lichtreaktion in den Thylakoiden und lichtunabhängige Synthesereaktion im Stroma eines Chloroplasten (nach Sadava et al. 2011, S. 249)

Tausende an Pigmentmolekülen als auch Multiproteinkomplexe umfassen. Beide Photosysteme unterscheiden sich in ihrer Funktion und Lage. Während das Photosystem II mit einem Enzym gekoppelt ist, welches die Spaltung des Ausgangssubstrats H_2O bewirkt, liegt das Photosystem I benachbart zu einem Enzym, welches ein wichtiges Endprodukt der Lichtreaktion (NADPH) bildet.

Beide Photosysteme sind zuständig für die Lichtabsorption. Diese erfolgt durch verschiedene Photosynthesepigmente (sogenannte Antennenpigmente), wozu neben den Chlorophyllen auch Carotinoide gehören. Die aufgenommene Energie wird weitergeleitet zum jeweiligen Reaktionszentrum der Photosysteme, in welchem sich ein Chlorophyll-a-Paar befindet. Jedes dieser beiden Chlorophyllmoleküle fungiert als Elektronendonator und gibt ein Elektron an eine Kette aus Elektronencarriern weiter.

Die vom Photosystem II stammenden Elektronen durchlaufen eine Elektronentransportkette zum Photosystem I. Bei diesem Elektronentransport in Form von mehreren Redoxreaktionen wird Energie freigesetzt. Ein Bestandteil der Elektronentransportkette ist der Cytochromkomplex. Hier wird die freigesetzte Energie zum Aufbau eines Protonengradienten genutzt. Über die ATP-Synthase wird dieser Gradient wieder abgebaut, wodurch es zur Synthese von Adenosintriphosphat (ATP) aus Adenosindiphosphat (ADP) und anorganischem Phosphat (P) kommt.

Die Elektronen, welche vom Photosystem I stammen, werden nach dem Durchlaufen einer vergleichsweise kurzen Elektronentransportkette auf den terminalen Elektronen-Akzeptor $NADP^+$ übertragen, und es entsteht NADPH.

Die Elektronenlücken, die in den Reaktionszentren der beiden Photosysteme entstanden sind, müssen wieder aufgefüllt werden. Somit wird das jeweils oxidierte Chlorophyll-a-Paar in seinen Grundzustand zurückversetzt. Zu diesem Zweck erhält das Photosystem I die Elektronen vom Photosystem II. Bei Photosystem II werden dagegen die Elektronen aus der Zerlegung von Wassermolekülen gewonnen. Dies erfolgt durch ein Enzym, das mit dem Photosystem II verbunden ist.

Die von den Antennenpigmenten der Photosysteme absorbierte elektromagnetische Strahlung (also das Licht) umfasst einen Wellenlängenbereich von ca. 400 (blau) bis 700 nm (rot). Dabei ist jedoch das grüne Farbspektrum ausgeschlossen, da Licht dieser Wellenlänge reflektiert bzw. transmittiert (durchgelassen) wird. Man spricht von der Grünlücke, welche der Grund für die Grünfärbung von Pflanzen ist (Abb. 11.2).

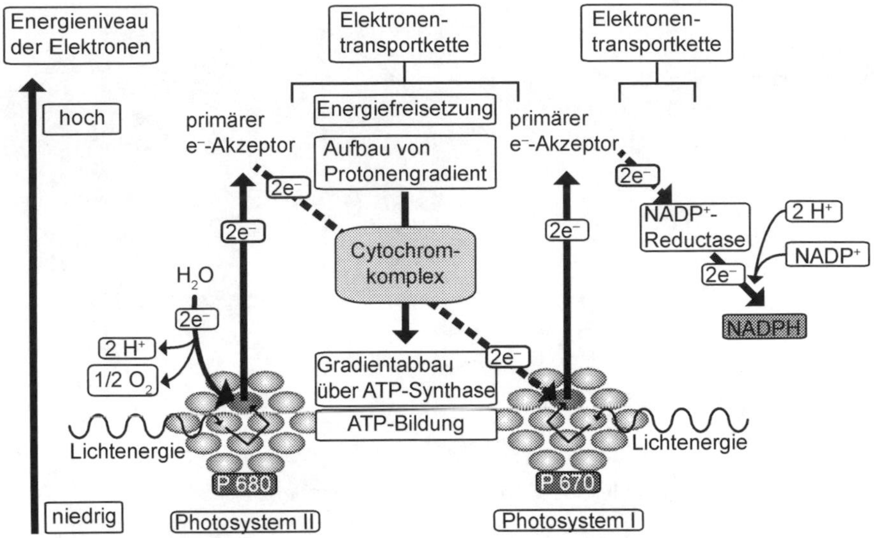

Abb. 11.2 Photosysteme der Lichtreaktion: Lichtenergie trifft auf die Photosysteme I und II, über deren Reaktionszentren Elektronen in eine Transportkette abgeben werden (nach Sadava et al. 2011, S. 256)

Calvin-Zyklus bzw. Synthesereaktion Hier werden die Produkte der Lichtreaktion (ATP und NADPH) zur Bindung und Reduktion von Kohlenstoffdioxidmolekülen genutzt, sodass neue organische Substanz in Form von Kohlenhydraten aufgebaut und damit die absorbierte Sonnenenergie als chemische Energie gespeichert wird. Früher wurden diese Reaktionsschritte, die in Form eines Zyklus angeordnet sind, unter der Bezeichnung Dunkelreaktion zusammengefasst. Diese Bezeichnung hatte sich zuerst durchgesetzt, da der Zyklus unabhängig von der Lichtabsorption stattfinden kann, solange eine ausreichende Menge ATP und NADPH zur Verfügung steht. Jedoch ist dieser Name ungünstig, weil die Reaktionen auch unter Lichteinwirkung ablaufen. Das für die Synthesereaktion benötigte Ausgangssubstrat (CO_2) wird von Pflanzen, abhängig von ihrem jeweiligen Lebensraum, direkt aus der Atmosphäre oder aber gelöst im Wasser bezogen, wobei im letzteren Fall Kohlenstoffdioxid im Gleichgewicht mit Hydrogencarbonatanionen (HCO_3^-) liegt. Wie in Abb. 11.3 zu sehen ist, wird zunächst ein Kohlenstoffdioxidmolekül durch das Enzym RuBisCO an Ribulose-1,5-bisphosphat (C_5-Kohlenhydrat) gebunden, wodurch dieses in zwei 3-Phosphoglycerate (C_3-Kohlenhydrat) zerfällt. Anschließend wird auf jedes 3-Phosphoglycerat die Phosphatgruppe eines ATP-Moleküls übertragen, und man erhält 1,3-Bisphosphoglycerat. Dieses Molekül wird durch NADPH zu Glycerinaldehyd-3-phosphat (G3P) reduziert. Ein Teil des gewonnenen G3P wird zur Herstellung von Kohlenhydraten wie Glucose genutzt. Der Rest wird, unter weiterer Aufwendung von ATP, wieder zur Synthese von Ribulose-1,5-bisphosphat genutzt, um den Calvin-Zyklus aufrechterhalten zu können.

Doch wie lässt sich zeigen, ob ein Organismus wirklich Photosynthese betreibt? Eine Möglichkeit wäre der Nachweis einer vermehrten Bildung des Gases Sauerstoff. Dies würde prinzipiell bei jeder Pflanze funktionieren, jedoch bieten Wasserpflanzen den Vorteil, die Gasproduktion direkt sichtbar zu machen. Möglich ist dies, indem das von der Wasserpflanze produzierte Gas in einem mit Wasser gefüllten, kopfstehenden Gefäß aufsteigt und sich in diesem oben ansammelt.

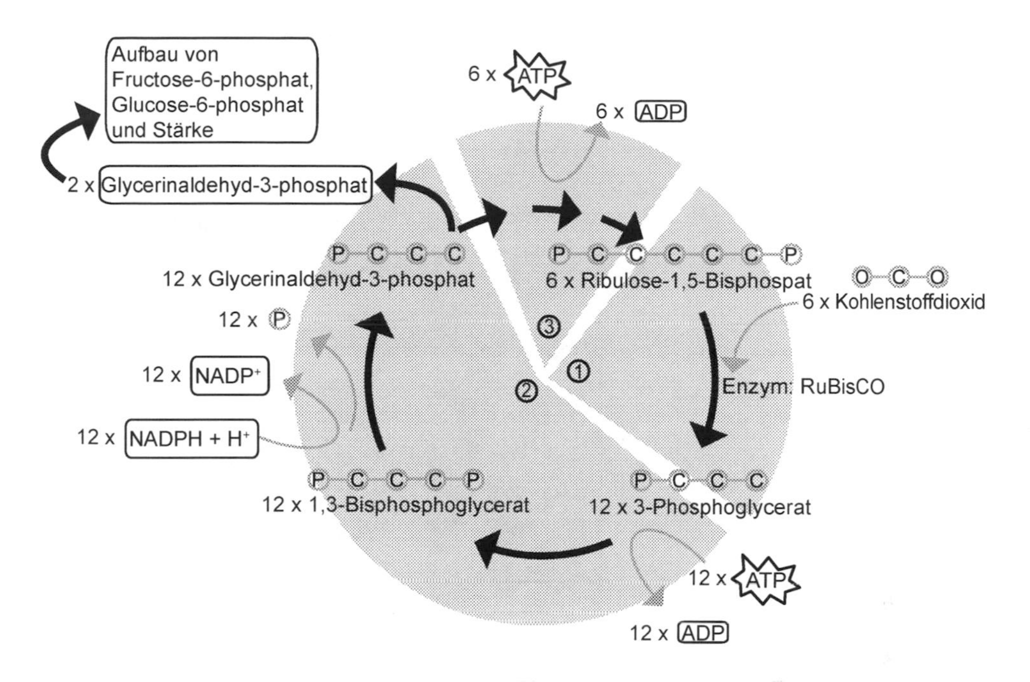

Abb. 11.3 Übersicht des Calvin-Zyklus mit (1) CO_2-Fixierung, (2) Reduktion und Kohlenhydratausschleusung sowie (3) Regeneration des Ausgangsstoffes (Größe der Kreissegmente ist nicht repräsentativ): Aus sechs Molekülen Kohlenstoffdioxid werden mithilfe der Produkte der Lichtreaktion (ATP und NADPH) Fructose-6-phosphat, Glucose-6-phosphat und Stärke aufgebaut (nach Sadava et al. 2011, S. 261)

Um das entstandene Gasvolumen bestimmten zu können, bietet sich folgender Versuchsaufbau an: Ein Trieb der Wasserpest (*Elodea* spec.), der zuvor gewogen wurde, wird mit dem abgeschnittenen Ende nach oben in das Auffangrohr einer Audus-Bürette einführt. Die Audus-Bürette befindet sich dabei in einem mit Kaliumhydrogencarbonatlösung gefüllten Becherglas (Abb. 11.4). Der bei der Photosynthese freigesetzte Sauerstoff steigt nun in Form von kleinen Blasen aus der Stängelöffnung auf und kann in definierten Zeitabständen mittels einer Injektionsspritze, die am anderen Ende der Bürette montiert wird, in den waagerechten Schenkel gesogen werden. Auf diese Weise erhält man einen zusammenhängenden Gasraum, dessen Länge mittels Millimeterpapier abgemessen werden kann. Wenn der Durchmesser des Schenkels bekannt ist, lässt sich die Menge des entstandenen Gases nach der Formel zur Volumenermittlung eines Zylinders ($\Pi \times$ quadrierter Radius in $cm^2 \times$ Höhe in cm) berechnen. So erhält man schließlich die produzierte Menge Sauerstoff pro Zeit und Masse der Probepflanze. Diese Berechnung wird gemeinhin als Photosyntheserate bezeichnet. Je größer die Photosyntheserate also ist, desto mehr Sauerstoff wird innerhalb eines Zeitintervalls von der gleichen Masse an Pflanzenmaterial produziert und desto höher ist die Wachstumsrate. Das Wissen um die Beeinflussung der Photosyntheserate ist für den Menschen von zentraler Bedeutung, um unter anderem die Produktion von pflanzlichen Lebensmitteln absichern zu können. Doch wie lässt sich das Ausmaß der Photosyntheserate beeinflussen? Ändert sich vielleicht die Photosyntheserate einer Pflanze, wenn man diese mit unterschiedlichen Spektralfarben bestrahlt, weil die verschiedenen Farbanteile unterschiedlich gut für die Photosynthese genutzt werden können? Diese Gegebenheiten führen zu folgender Forschungsfrage:

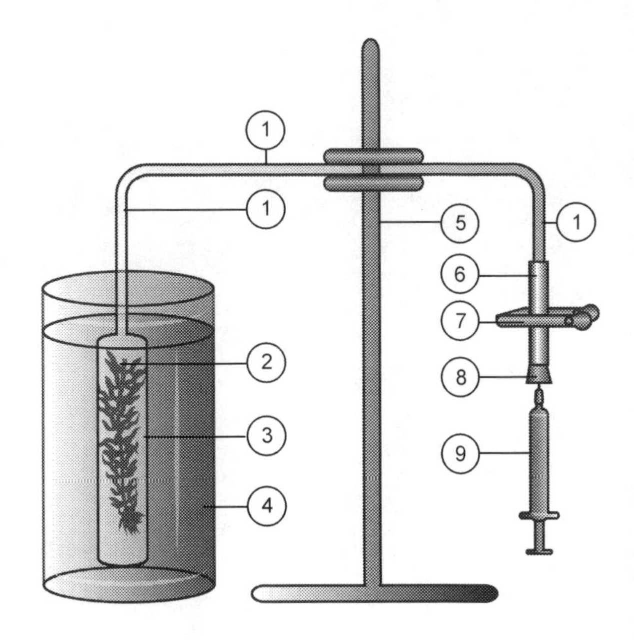

Abb. 11.4 Versuchsaufbau zur Bestimmung der Photosyntheserate bei Wasserpest (*Elodea* spec.): (1) gebogenes Auffangrohr einer Audus-Bürette, (2) Trieb der Wasserpest (zeigt mit Stängelschnittstelle nach oben), (3) Audus-Bürette, (4) 1-prozentige Lösung aus Kaliumhydrogencarbonat, (5) Stativ, (6) Gummischlauch, (7) Schlauchklemme, (8) durchbohrter Stopfen, (9) Injektionsspritze (nach Bannwarth und Kremer 2011, S. 253)

Forschungsfrage:

Ist die Photosyntheserate bei Pflanzen von der Spektralfarbe des Lichts abhängig?

11.2 Aufgabenstellung

Planen Sie ein Experiment zur hypothesengeleiteten Untersuchung der zuvor genannten Forschungsfrage, führen Sie es durch und werten Sie es aus. Gehen Sie dabei auf alle nachfolgend genannten Punkte ein.

1. Hypothese: Formulieren Sie mithilfe der Sachinformation eine zur Forschungsfrage passende Hypothese. Dafür sollten Sie …

- die unabhängige Variable benennen (s. Arbeitshinweis 1),
- die abhängige Variable benennen (s. Arbeitshinweis 2),
- den Zusammenhang der Variablen als Vorhersage in Wenn-dann- oder Je-desto-Form formulieren (s. Arbeitshinweis 3),
- Ihre Hypothese begründen (s. Arbeitshinweis 4),
- eine Nullhypothese und gegebenenfalls eine weitere alternativ zu untersuchende Hypothese formulieren (s. Arbeitshinweis 5).

2. Planung: Um Ihre Hypothese zu überprüfen, planen Sie einen geeigneten experimentellen Aufbau. Beschreiben Sie dazu möglichst genau, was beim Aufbau und bei der Durchführung zu berücksichtigen ist. Anschließend führen Sie Ihr Experiment durch. Die folgenden Fragen sollten während Ihrer Planung beantwortet werden:

- Wie soll die unabhängige Variable verändert werden und wie setzen Sie dies in der praktischen Durchführung um (s. Arbeitshinweis 6)?
- Wie soll die abhängige Variable gemessen werden (s. Arbeitshinweis 7)?
- Welche Störvariablen sind zu kontrollieren? (s. Arbeitshinweis 8)?
- Wie lange soll das Experiment insgesamt dauern und wie viele Messungen sollen in diesem Zeitraum durchgeführt werden (s. Arbeitshinweis 9)?
- Wie oft soll das Experiment wiederholt werden (s. Arbeitshinweis 10)?

Sie können folgende Materialien nutzen: Wasserpest, verschiedene Glasgefäße, Audus-Büretten, Injektionsspritzen, Gummischläuche, Photosyntheselampen, Farbfolien, Eiswürfel, Kaliumhydrogencarbonat (zur Erhöhung der HCO_3^--Konzentration), Wasser (wenn vorhanden, voll entsalztes (VE-)Wasser verwenden).
Kaliumhydrogencarbonat: Gefahrenkennzeichnung (Nr. 1272/2008): keine; H-Sätze: keine; P-Sätze: keine
Entsorgung: Eine Entsorgung über das Abwassersystem ist möglich. Zur Abfallentsorgung den zuständigen zugelassenen Entsorger ansprechen.

3. Beobachtung und Datenauswertung: Beschreiben Sie Ihre Beobachtungen. Interpretieren Sie danach die Beobachtungen im Hinblick auf die Hypothese. Welche Schlüsse lassen sich daraus ziehen und warum? Berücksichtigen Sie bei der Datenauswertung und Interpretation folgende Punkte:
- Beschreibung Ihrer Beobachtungen und Daten (s. Arbeitshinweis 11),
- Interpretation der Daten im Hinblick auf die Hypothese (s. Arbeitshinweis 12),
- Sicherheit Ihrer Interpretation (s. Arbeitshinweis 13),
- Methodenkritik (s. Arbeitshinweis 14),
- Ausblick für anschließende Untersuchungen (s. Arbeitshinweis 15).

11.3 Arbeitshinweise

Die Arbeitshinweise können Ihnen bei der Bearbeitung der Aufgabenstellung helfen. Bitte benutzen Sie diese nur, wenn Sie nicht mehr weiterwissen.

11.3.1 Hypothese

Arbeitshinweis 1

Was genau wollen Sie in Ihrem Experiment untersuchen? Welcher Faktor (unabhängige Variable) könnte die hauptsächliche bzw. die Sie interessierende Ursache für Veränderungen oder Unterschiede im Experimentausgang sein?

Lösungsbeispiel 1

Es soll untersucht werden, ob die Beleuchtung der Wasserpest mit unterschiedlichen Spektralfarben einen Einfluss hat. Somit wäre die Wellenlänge des Lichts eine mögliche unabhängige Variable.

Arbeitshinweis 2

Was genau wollen Sie in Ihrem Experiment beobachten? An welchem Faktor (abhängige Variable) kann man den Einfluss der unabhängigen Variable erkennen? Dieser Faktor (abhängige Variable) wird sich vermutlich bei Variation der unabhängigen Variable verändern.

Lösungsbeispiel 2

Der Faktor, der sich in Abhängigkeit der unabhängigen Variable ändert, ist die Bildung von Sauerstoffgas durch Photosyntheseprozesse. Damit ist die Entwicklung dieses Gases die abhängige Variable.

Arbeitshinweis 3

Welches Ergebnis erwarten Sie, wenn Ihre Vermutung stimmt? Wie wird die unabhängige Variable die abhängige Variable vermutlich beeinflussen? Formulieren Sie aus diesen Überlegungen heraus eine Hypothese als Vorhersage des vermuteten Zusammenhangs. Diese Hypothese ist als Wenn-dann- oder Je-desto-Satz zu formulieren.

Lösungsbeispiel 3

So könnte Ihre Vorhersage z. B. für die Spektralfarbe Grün aussehen: Wenn eine Pflanze nur mit grünem Licht beleuchtet wird (durch eine hitzebeständige, grüne Farbfolie), dann ist die Photosyntheserate geringer als bei weißem Licht, wodurch weniger Sauerstoff pro Zeiteinheit produziert wird.

Arbeitshinweis 4

Warum ist Ihre Hypothese plausibel? Benennen Sie Gründe, welche die Richtigkeit bzw. Plausibilität Ihrer Hypothese unterstützen. Nutzen Sie hierfür Ihr Vorwissen.

Lösungsbeispiel 4

Der gewählte Spektralbereich des Lichts könnte einen Einfluss auf die Photosyntheserate haben. Da Pflanzen in der Regel eine grünliche Färbung aufweisen, folgt daraus, dass dieser Spektralbereich von ihnen reflektiert bzw. transmittiert (durchgelassen) wird. Somit können diese Farbanteile nicht absorbiert und für die Lichtreaktion der Photosynthese genutzt werden. Folglich sinkt die Photosyntheserate bei einer Bestrahlung mit grünem Licht.

Arbeitshinweis 5

Benennen Sie die Nullhypothese. Die Nullhypothese negiert den in der Hypothese vorausgesagten Effekt. Gibt es noch weitere Hypothesen? Formulieren Sie gegebenenfalls alternative Hypothesen.

Lösungsbeispiel 5

Ihre Nullhypothese könnte wie folgt aussehen (Bedenken Sie, dass diese Alternative von Ihrer eigenen Hypothese abhängt!): Die Bestrahlung einer Pflanze mit jeweils unterschiedlichen Spektralfarben hat keinen Einfluss auf die Photosyntheserate.

11.3.2 Planung

Arbeitshinweis 6

Wie nehmen Sie Veränderungen bei den Ausgangsbedingungen vor?

- Planen Sie einen geeigneten experimentellen Aufbau.
- Geben Sie an, wie Sie die unabhängige Variable variieren wollen.
- Überlegen Sie sich, wie viele verschiedene Ausprägungen der unabhängigen Variable angemessen sind.
- Entscheiden Sie, welcher Kontrollansatz benötigt wird.

Lösungsbeispiel 6

An einer Audus-Bürette werden ein Gummischlauch und eine mit 1-prozentiger Kaliumhydrogencarbonatlösung gefüllte Spritze befestigt. In das Auffangrohr der Bürette gibt man einen abgewogenen Trieb der Wasserpest und überführt beide (Bürette und Wasserpest) in ein Becherglas, welches mit 1-prozentiger Kaliumhydrogencarbonatlösung gefüllt ist. Nun füllt man die Lösung aus der Spritze in die Audus-Bürette ein und verschließt die Schlauchklemme. Auf diese Weise werden zwei Ansätze hergestellt und jeweils in gleichen Abständen (ca. 30 bis 50 cm) mit einer Photosyntheselampe (oder Scheinwerfer, Diaprojektor) bestrahlt. An einer der Lampen ist ein hitzebeständiger, grüner Farbfilter montiert.

Arbeitshinweis 7

Wie weisen Sie Veränderungen bei den Auswirkungen nach? Überlegen Sie, wie Sie Änderungen der abhängigen Variable ermitteln bzw. messen wollen. Ist es weiterführend möglich, dass die Ausprägung der abhängigen Variable auch in Zahlen ausgedrückt wird?

Lösungsbeispiel 7

Die abhängige Variable kann durch das verdrängte Flüssigkeitsvolumen, dessen Raum nun das Gas Sauerstoff innerhalb einer Audus-Bürette einnimmt, gemessen werden.

Arbeitshinweis 8

Was beeinflusst das Experiment? Überlegen Sie, ob es weitere, bisher nicht berücksichtigte Variablen gibt, welche die Ergebnisse Ihres Experiments beeinflussen? Identifizieren Sie diese möglichen Störvariablen.

Lösungsbeispiel 8

Folgende Faktoren könnten Störvariablen sein, wenn sie bei den verschiedenen Ansätzen nicht konstant gehalten werden: Die Temperatur der Ansätze könnte zu hoch sein. Dies könnte z. B. dadurch bedingt sein, dass die Wasserpestansätze nicht weit genug von den Photosyntheselampen entfernt sind und die Lampen relativ viel Wärme abstrahlen. Als Gegenmaßnahme empfiehlt sich die Kühlung der Ansätze, um die Temperatur konstant zu halten.
Triebe von unterschiedlichen Wasserpestpflanzen können eine unterschiedliche Vitalität aufweisen und sich deshalb in ihrer Photosyntheserate unterscheiden.
Unterschiedliche Mengen an Wasserpest pro Ansatz oder unterschiedliche Messzeiten können ebenfalls die Menge bzw. das Volumen des gebildeten Sauerstoffs beeinflussen. Sobald man jedoch die Photosyntheserate pro Zeit- und Masseneinheit berechnet, werden die Daten wieder vergleichbar.

Arbeitshinweis 9

Wann, wie lange und in welchen Abständen soll beobachtet bzw. gemessen werden?

- Start der Beobachtung: Geben Sie den Zeitpunkt an, wann die Beobachtung beginnen soll.
- Dauer der Beobachtung: Überlegen Sie, wie lange der Zeitraum für eine angemessene Beobachtungsdauer ist.
- Intervalle der Beobachtung: Falls mehrere Zeitpunkte für die Beobachtung festgelegt werden sollen, überlegen Sie sich deren Anzahl und den Zeitabstand dazwischen.

Lösungsbeispiel 9

Die Beobachtung in Ihrem Experiment könnten wie folgt aussehen: Die Beobachtung wird gestartet, sobald die Wasserpest in die Audus-Bürette überführt wurde und die Photosyntheselampen eingeschaltet wurden. Danach wird in Messintervallen von 15 bis 20 Minuten (z. B. nach 15, 30, 45 und 60 Minuten) das Volumen des neu gebildeten Sauerstoffs, welcher das Wasser im Bürettenschenkel verdrängt, in jedem Ansatz gemessen.

Arbeitshinweis 10

Wie oft soll das Experiment wiederholt werden? Überlegen Sie, wie oft Sie das Experiment durchführen wollen und wie Sie dies praktisch umsetzen. Kann man durch Variationen im Ablauf das Experiment noch optimieren?

Lösungsbeispiel 10

Zur Absicherung der Ergebnisse sollte ein Experiment mehrmals durchgeführt werden. Hierfür können mehrere Ansätze parallel angefertigt werden und arbeitsteilig beobachtet werden. Falls kein Unterschied zwischen den unterschiedlich belichteten Ansätzen auftritt, sollte der Abstand der Ansätze zu den Photosyntheselampen vorsichtig verringert werden.

11.3.3 Beobachtung und Datenauswertung

Arbeitshinweis 11

Wie sehen die Daten aus? Beschreiben und vergleichen Sie die Daten Ihrer experimentellen Ansätze, ohne diese dabei zu interpretieren.

Lösungsbeispiel 11

Ihre Ergebnisdarstellung könnte Folgendes enthalten: Wie stark unterscheiden sich die gewählten Ausprägungen der unabhängigen Variable voneinander, d. h., mit welchen Spektralfarben werden die Ansätze jeweils beleuchtet? Wie stark unterscheiden sich die Ergebnisse der Reaktionsansätze, d. h., wie unterscheiden sich die produzierten Mengen Sauerstoff voneinander?

Arbeitshinweis 12

Wie können die Daten gedeutet werden?
- Ziehen Sie eine Schlussfolgerung für Ihre Hypothese: Wird Ihre Hypothese durch die Daten des Experiments gestützt oder widerlegt?
- Begründen Sie auf der Basis Ihrer Daten, warum Ihre Schlussfolgerung gerechtfertigt ist.
- Welche Schlussfolgerung kann aufgrund der Daten für das Ausgangsproblem gezogen werden?

Lösungsbeispiel 12

Ihre Interpretation sollte folgende Punkte beinhalten: Unterschiedliche Spektralfarben haben einen/haben keinen Einfluss auf die Photosyntheserate. Es konnten Hinweise gefunden werden, welche unsere Hypothesen stützen/widerlegen, da sich zeigte, dass …

Arbeitshinweis 13

Gibt es Einschränkungen bei der Deutung der Daten? Überlegen Sie, wie aussagekräftig Ihre Daten sind und ob es hier eventuell Einschränkungen gibt. Wenn ja, wie lassen sich diese Einschränkungen erklären?

Lösungsbeispiel 13

Eine Einschränkung könnte sein, dass der Versuch eventuell aufgrund von begrenzter Zeit zu früh abgebrochen wurde. Außerdem ist eine komplette Abschirmung der Ansätze und damit vollkommene Eliminierung anderer Spektralfarben außer die ausgewählte fast unmöglich. Dies sollte in der Ergebnisinterpretation berücksichtigt werden.

Arbeitshinweis 14

Beurteilen Sie Ihr Experiment im Hinblick auf die Aspekte Hypothesenformulierung, Planung und Durchführung. Welche Punkte sollten gegebenenfalls für eine erneute Untersuchung geändert werden?

Lösungsbeispiel 14

Folgende Fragen sollten Sie z. B. beachten: War die Planung passend, um die Hypothese zu prüfen? War die Messung der abhängigen Variable adäquat? Gab es Störvariablen, die nicht berücksichtigt wurden?

Arbeitshinweis 15

Wie könnte es weitergehen? Stellen Sie folgende Überlegungen an: Sind während des Experimentierprozesses neue Forschungsfragen aufgetaucht, die Sie untersuchen möchten? Wurden neue mögliche abhängige Variablen identifiziert? Wie könnte man das Experiment unter veränderten Bedingungen durchführen?

Lösungsbeispiel 15

Zur weiteren Überprüfung der Allgemeingültigkeit müssten ähnliche Versuche mit anderen Pflanzen folgen. Außerdem könnten auch Versuche mit weiteren Spektralfarben und deren Einfluss auf die Photosyntheserate folgen.

11.4 Übungsfragen

Mit den folgenden Übungsfragen können Sie Ihr Wissen über die theoretischen Hintergründe zum Experiment und dessen praktische Umsetzung überprüfen. Dabei wird vorausgesetzt, dass die Theorie zusätzlich mit der angegebenen Literatur vertieft und gegebenenfalls weitere Literatur recherchiert wurde. Die Antworten können im Appendix überprüft werden.

1. In welchem Teilprozess der Photosynthese wird Kohlenstoffdioxid fixiert?
   a. Lichtreaktion
   b. Calvin-Zyklus
   c. Oxidative Decarboxylierung
   d. Citratzyklus

2. Welche Aussagen treffen auf die Lichtreaktion der Photosynthese zu?
   a. CO_2 wird durch die Aufnahme von Elektronen zum Kohlenhydrat reduziert.
   b. Sonnenenergie wird in chemische Energie umgewandelt.
   c. ATP wird durch Photophosphorylierung gebildet.
   d. CO_2 wird an organische Moleküle in den Chloroplasten gebunden

3. Wieso wird eine Wasserpflanze als Organismus für das Experiment gewählt?
   a. Entstehendes Sauerstoffgas ist als Photosyntheseprodukt besser sichtbar.
   b. Wasserpflanzen zeigen eine höhere Photosyntheserate als Landpflanzen.
   c. Für die lichtinduzierte Wasserspaltung steht unbegrenzt Substrat zur Verfügung.
   d. Wasser verändert die Lichtbrechung und ermöglicht dadurch eine Bestrahlung mit einer ausgewählten Spektralfarbe.

4. Das Experiment zur Photosyntheserate kann durch verschiedene Störvariablen beeinflusst werden. Bei welchem der nachfolgend genannten Faktoren handelt es sich um keine Störvariable?
   a. Lichtintensität (Photonenflussdichte)
   b. Menge des im Wasser gelösten Kohlenstoffdioxids
   c. Temperatur des Wassers
   d. Gefäßvolumen
   e. Größe der Wasserpest

5. Bei dem beschriebenen Experiment kann Kaliumhydrogencarbonat dem Wasser hinzugefügt werden. Zu welchen Auswirkungen führt dies?
   a. Die Wassertemperatur wird herabgesetzt.
   b. Die Konzentration des Ausgangssubstrats für die Synthesereaktion steigt.
   c. Die Photosyntheserate sinkt aufgrund der Toxizität von $KHCO_3$.
   d. Die lichtinduzierte Wasserspaltung wird erleichtert.
   e. Sämtliche Enzymreaktionen der Photosynthese werden katalysiert.

6. Welche (realistischen) Maße benötigen Sie, um das Volumen des Sauerstoffs in der Audus-Bürette zu bestimmen?
   a. Anzahl der aufsteigenden Sauerstoffbläschen
   b. Länge (bzw. Höhe) der Sauerstoffblase in der Bürette
   c. Durchmesser der Bürette
   d. Das Volumen des zweiten Bürettenschenkels

11.5 Appendix

11.5.1 Beispiel für eine Musterlösung

Forschungsfrage: Ist die Photosyntheserate bei Pflanzen von der Spektralfarbe des Lichts abhängig?

Hypothese: Wenn eine Pflanze nur mit grünem Licht beleuchtet wird, dann ist die Photosyntheserate geringer als bei weißem Licht, wodurch weniger Sauerstoff pro Zeiteinheit produziert wird.

Materialien: Triebe der Wasserpest (*Elodea* spec.), 2 Audus-Büretten, 2 Injektionsspritzen, 2 Gummischläuche, 2 Schlauchklemmen, Stativmaterial, 2 Bechergläser (500 mL), 2 Photosyntheselampen (bzw. Scheinwerfer, Diaprojektor), Farbfilter (grün; aus dem Lichttechnikbedarf)

Chemikalien: Kaliumhydrogencarbonat, Wasser (wenn vorhanden, voll entsalztes (VE-)Wasser verwenden)

Sicherheit (GHS-Symbole, H- und P-Sätze; ► Kap. 14):
Kaliumhydrogencarbonat: Gefahrenkennzeichnung (Nr. 1272/2008): keine; H-Sätze: keine; P-Sätze: keine

Entsorgung: Eine Entsorgung über das Abwassersystem ist möglich. Zur Abfallentsorgung den zuständigen zugelassenen Entsorger ansprechen.

Durchführung: Vor Versuchsbeginn werden zwei gleich lange (ca. 10 cm) Triebe der Wasserpest abgeschnitten und von beiden das Gewicht ermittelt. Anschließend baut man die Versuchsvorrichtung auf. An einer Audus-Bürette werden ein Gummischlauch und eine mit 1-prozentiger Kaliumhydrogencarbonatlösung gefüllte Spritze befestigt. In das Auffangrohr der Bürette gibt man einen abgewogenen Trieb der Wasserpest und überführt beide (Bürette und Wasserpest) in ein Becherglas, welches mit 1-prozentiger Kaliumhydrogencarbonatlösung gefüllt ist. Nun füllt man die Lösung aus der Spritze in die Audus-Bürette ein und verschließt die Schlauchklemme. Dafür werden zuerst an einer Audus-Bürette ein Gummischlauch und eine Spritze befestigt. Analog wird ein zweiter Ansatz aufgebaut und mit dem zweiten Trieb der Wasserpest bestückt. Nun werden beide Ansätze in gleichen Abständen von ca. 30 bis 50 cm mit einer Photosyntheselampe (bzw. Scheinwerfer, Diaprojektor) bestrahlt, wobei vor eine der Lampen ein hitzebeständiger, grüner Farbfilter gehängt wird. Alle 15 Minuten (also vier Mal in einer vollen Stunde) wird mit der Spritze etwaiges entstandenes Gas zu einem zusammenhängenden Gasraum zusammengezogen. Nach Beendigung des Versuchs lässt sich die Menge produzierten Sauerstoffs pro Zeiteinheit und Masse des Versuchsobjekts (*Elodea* spec.) ermitteln (z. B. 2 mL Sauerstoff nach 40 min, also 3 mL Sauerstoff pro Stunde bei 6 g Frischgewicht sind 3 mL/6 g pro Stunde und 1/2 mL Sauerstoff pro Stunde und Gramm Frischgewicht).

Beobachtung: In beiden Ansätzen bilden sich am abgeschnittenen Ende und den Blättern der Wasserpest kleine Blasen, welche hochsteigen und sich im Auffangrohr der Audus-Bürette sammeln. Durch Ansaugen mittels Spritze bildet sich ein zusammenhängender Gasraum im Schenkel der Bürette. Der entstandene Gasraum im Ansatz ohne Farbfilter ist nach ungefähr 40 Minuten fast doppelt so groß.

Theoriebasierte Erklärung: In beiden Ansätzen kann das Versuchsobjekt (*Elodea* spec.) Photosynthese betreiben, und es entsteht als Nebenprodukt Sauerstoff. Das Endprodukt der lichtinduzierten Wasserspaltung, nämlich Sauerstoff, steigt in Form von kleinen Gasblasen auf und kann mittels Audus-Bürette aufgefangen werden. Jedoch ist die Photosyntheserate im Ansatz, der mit dem vollen Farbspektrum (d. h. mit weißem Licht: 390–760 nm) beleuchtet wurde, höher als in jedem, der nur mit Grünlicht (480–550 nm) bestrahlt wurde. Der Grund hierfür liegt darin, dass Licht zwischen 480 und 550 nm von den Photosynthesepigmenten reflektiert bzw. transmittiert (durchgelassen) wird und nicht für den weiteren Reaktionsverlauf genutzt werden kann (Grünlücke). Trotzdem kann im Ansatz, der nur mit grünem Licht bestrahlt wurde, eine (reduzierte) Photosyntheseleistung in Form des Nebenprodukts Sauerstoff nachgewiesen werden. Der Grund hierfür ist, dass eine vollkommene Abschirmung von anderen Lichtquellen sich nur schwer realisieren lässt.

Hinweise zum Versuch: (1) Bei der Arbeit mit Photosyntheselampen denken Sie bitte immer an den erhöhten Ausstoß an UV-Strahlung. Deshalb sollte man sich so wenig wie möglich im Lichtkegel aufhalten und die Apparaturen an Stellen aufbauen, die von den Laborteilnehmern selten durchquert werden. Außerdem ist auf die Hitzeentwicklung der Lampen zu achten. (2) Durch die Zugabe von Kaliumhydrogencarbonat kann aufgrund von Gleichgewichtsverschiebungen die CO_2-Konzentration in der Lösung konstant hoch gehalten werden. Die zugrundeliegende Reaktion lautet:

$$2K^+ + 2HCO_3^- \rightleftharpoons 2K^+ + CO_3^{2-} + H_2O + CO_2 \qquad \text{Gl. 11.1}$$

11.5.2 Lösungen zu den Übungsfragen

1. b
2. b, c
3. a
4. d
5. b
6. b, c

Literatur

Bannwarth H, Kremer BP (2011) Vom Stoffaufbau zum Stoffwechsel. Erkunden – Erfahren – Experimentieren. 14.13 Messung der O_2-Entwicklung: Bläschen-Zählmethode, 2. Aufl. Schneider Verlag Hohengehren, Baltmannsweiler, S 252–254

Sadava D, Hillis DM, Heller HC, Berenbaum MR (2011) Purves Biologie. Photosynthese: Energie aus dem Sonnenlicht. Spektrum, Heidelberg, S 246–271

Weiterführende Literatur

Bannwarth H, Kremer BP, Schulz A (2013) Basiswissen Physik, Chemie und Biochemie, 3. Aufl. Springer, Heidelberg

Die intraspezifische Konkurrenz

Sabrina Mathesius und Sarah Gogolin

T. Bruckermann, K. Schlüter (Hrsg.), *Forschendes Lernen im Experimentalpraktikum Biologie*,
DOI 10.1007/978-3-662-53308-6_12

Dieses Kapitel zeigt auf, dass die Morphologie von Pflanzen durch intraspezifische Konkurrenz in Form von Dichtestress beeinflusst werden kann. Es werden Vermutungen über die veränderte Morphologie des Modellorganismus *Arabidopsis thaliana* bei gleichzeitigem Vorhandensein weiterer Pflanzen der gleichen Art in einem definierten Gebiet aufgestellt. Dabei kann (gegebenenfalls arbeitsteilig) eine Vielzahl an Merkmalen betrachtet werden.

Nach der Bearbeitung dieses Kapitels sollen Sie eine Forschungsfrage hypothesengeleitet untersuchen und auf der Grundlage Ihrer Ergebnisse beantworten können. Im Speziellen können Sie ...

Fachwissen
- intraspezifische Konkurrenz anhand von Beispielen erläutern.
- den morphologischen Aufbau von *Arabidopsis thaliana* beschreiben.
- den Entwicklungszyklus von *Arabidopsis thaliana* erklären.

Wissenschaftliches Denken
- alltägliche Phänomene als Grundlage einer wissenschaftlichen Forschungsfrage benennen.
- eine arbeitsleitende Hypothese entwickeln und theoretisch begründen.
- ein Experiment planen, geeignete Untersuchungsmerkmale auswählen und die Auswahl begründen.
- eine aussagekräftige Messmethode für das Experiment auswählen.
- Beobachtungen anstellen und dokumentieren.
- aufgrund Ihrer Daten und zugrundeliegender Theorie die Forschungsfrage angemessen beantworten.
- durch Beurteilung Ihrer Daten mögliche Einschränkungen in der Aussagekraft des Experiments identifizieren.

Laborfertigkeiten
- Samen aussäen und in Untersuchungstöpfe pikieren.
- Merkmale einer Pflanze definiert zählen und messen.

Zeitaufwand: Experimentaufbau/Vorbereitung: Samen von *Arabidopsis thaliana* (Wildtyp wird empfohlen) aussäen und alle zwei Tage wässern; nach zwei bis drei Wochen junge Pflanzen vom Aussaattopf in neue Ansätze pikieren; Messung nach der Vorbereitungsphase jeweils einmal in der Woche über einen Zeitraum von drei Wochen hinweg; Durchführung: Aussaat – zehn Minuten; Messung – jeweils fünf Minuten.

12.1 Sachinformationen

12.1.1 Intraspezifische Konkurrenz

Organismen wachsen, vermehren sich und sterben. Dabei werden sie von den Bedingungen, in denen sie leben, beeinflusst. Jeder Organismus ist zumindest für einen Abschnitt seines Lebenszyklus Teil einer Population, die sich aus mehreren Individuen einer Art zusammensetzt. Diese

Individuen benötigen sehr ähnliche Ressourcen für ihr Wachstum und ihre Reproduktion. Hindert die Ressourcenverfügbarkeit die Individuen am Überleben, am weiteren Wachstum oder an der Reproduktion, kommt es unter den Individuen einer Art zur intraspezifischen Konkurrenz, also zum innerartlichen Wettbewerb um knappe Ressourcen wie z. B. Nahrung oder Raum (Smith et al. 2009). Oft treten konkurrierende Individuen nicht direkt miteinander in Wechselwirkung, sondern sie nutzen die ihnen zur Verfügung stehenden Ressourcen im höchsten Maße (Townsend et al. 2009). Hierbei zeigt eine Population entweder vollständige oder unvollständige Konkurrenz (Smith et al. 2009). Bei der vollständigen Konkurrenz greifen nur einige dominierende Individuen auf genügend Ressourcen zu, um zu überleben und sich fortpflanzen zu können. Unvollständige Konkurrenz dagegen liegt vor, wenn das Wachstum und die Reproduktion bei allen Individuen der Population gleichmäßig beeinträchtigt werden. Welche der beiden Reaktionen eine Population bei Ressourcenknappheit zeigt, ist artspezifisch (Smith et al. 2009). Unvollständige Konkurrenz infolge einer Ressourcenverknappung wurde zum Beispiel bei Experimenten mit Weißklee (*Trifolium repens*) beobachtet (Clatworthy 1960; vgl. Smith et al. 2009). Weißkleepflanzen, die während ihrer Wachstumsphase einem durch andere Pflanzen induzierten Dichtestress ausgesetzt waren, wiesen gegenüber Pflanzen ohne derartigen Stress einen kleineren Wuchs auf. Viele Pflanzenpopulationen reagieren auf intraspezifische Konkurrenz, indem nicht die Individuenanzahl in der Population konstant gehalten wird, sondern die Biomasse („Gesetz" vom konstanten Ertrag; Nentwig et al. 2009). Hierbei ist der Ernteertrag, unabhängig von der Ausgangsdichte der Samen, gleich. Während bei geringer Ausgangsdichte nur wenige, dafür aber große Individuen vorkommen, gibt es bei hoher Dichte viele kleine Individuen.

12.1.2 Ackerschmalwand (*Arabidopsis thaliana*)

Ökologische Phänomene wie beispielsweise intraspezifische Konkurrenz können z. B. an dikotylen Pflanzen wie der Ackerschmalwand (*Arabidopsis thaliana*) weiter erforscht werden (Purves und Law 2002). Diese bieten durch ihren nur wenige Wochen dauernden Lebenszyklus (◘ Abb. 12.1) und ihr kleines Genom als Modellorganismen zahlreiche Vorteile für die Forschung (Ruppert 2011). Bei *Arabidopsis thaliana* durchbricht der ausgewachsene Embryo etwa fünf Tage nach dem Säen (kurz: tns) die Samenschale. Nach sechs Tagen sind die Keimblätter der jungen Pflanze vollständig geöffnet. In den darauffolgenden drei Wochen (6–29 tns) wächst die bodenständige Blattrosette zu ihrer finalen Größe heran. Nach etwa 26 Tagen sind die ersten Blütenknospen an einem noch kurzen Haupttrieb sichtbar. Während der Haupttrieb immer weiter mittig in die Höhe wächst, entspringen zwischen dem 30. und 45. Tag weitere Neben- und Seitentriebe. Aus den kleinen weißen Blüten entwickeln sich nach der Befruchtung Schoten, die im getrockneten Zustand (ca. 50 tns) aufplatzen und ihre Samen zur Selbstbestäubung entlassen (◘ Abb. 12.1).

Wird Dichtestress als eine Auswirkung von intraspezifischer Konkurrenz verstanden, so führt dies für das Untersuchungsobjekt *Arabidopsis thaliana* zur folgenden Forschungsfrage:

Forschungsfrage:

Inwiefern verändert ein Wachsen unter Dichtestress das Erscheinungsbild von *Arabidopsis thaliana*?

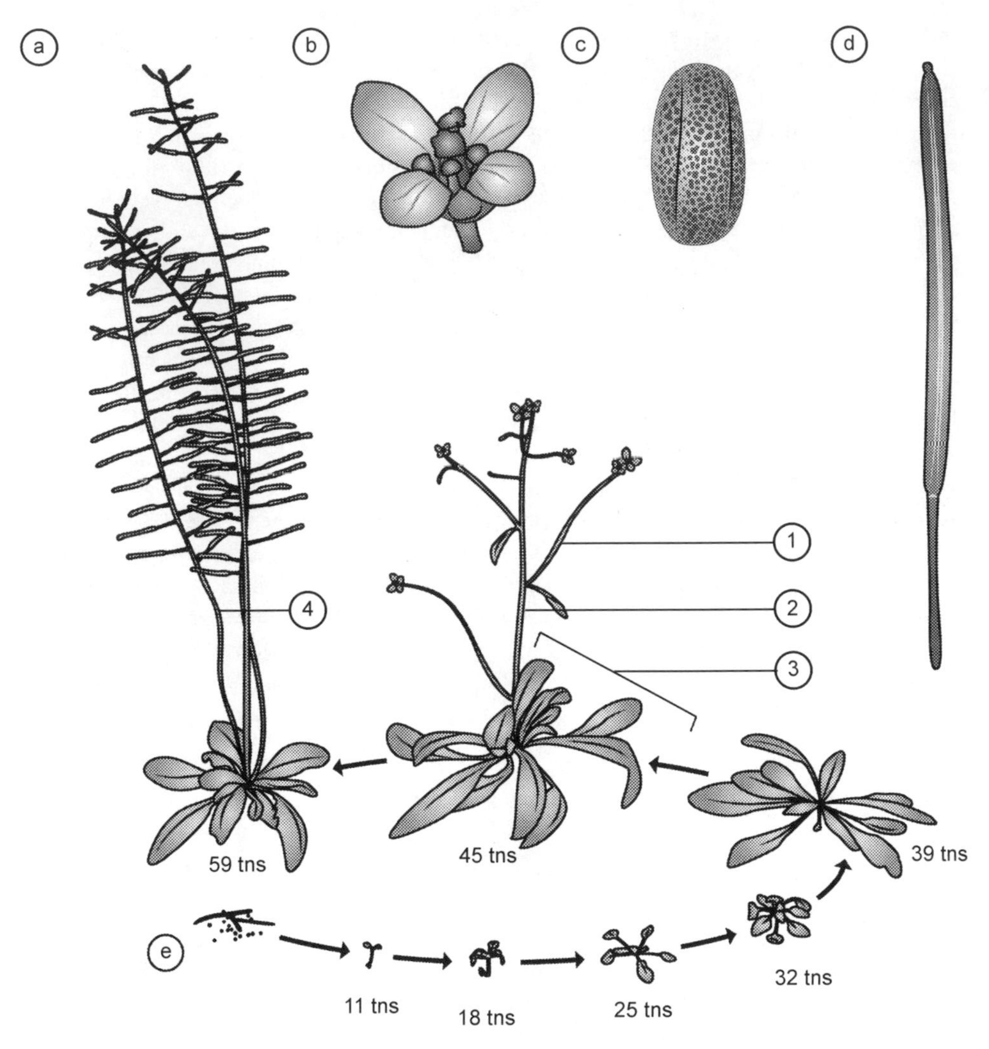

Abb. 12.1 Entwicklungszyklus von *Arabidopsis thaliana* (**e**) mit Detaildarstellungen für (**a**) die ausgewachsene Pflanze, (**b**) die Blüte, (**c**) den Samen, (**d**) die Schote; Gliederung der Pflanze in (1) Seitentrieb, (2) Haupttrieb, (3) Rosette und (4) Nebentrieb; tns = Tage nach dem Säen © b and c: Maria Bernal, Peter Huijser; other photographs: Ines Kubigsteltig, Klaus Hagemann. Life cycle of *Arabidopsis thaliana*. http://dx.doi.org/10.7554/eLife.06100.002. The original figure was adapted to the design of the present publication. CC BY 4.0

12.2 Aufgabenstellung

Planen Sie ein Experiment zur hypothesengeleiteten Untersuchung der zuvor genannten Forschungsfrage, führen Sie es durch und werten Sie es aus. Gehen Sie dabei auf alle nachfolgend genannten Punkte ein.

1. Hypothese: Formulieren Sie mithilfe der Sachinformation eine zur Forschungsfrage passende Hypothese. Dafür sollten Sie …

- die unabhängige Variable benennen (s. Arbeitshinweis 1),
- die abhängige Variable benennen (s. Arbeitshinweis 2),

- den Zusammenhang der Variablen als Vorhersage in Wenn-dann- oder Je-desto-Form formulieren (s. Arbeitshinweis 3),
- Ihre Hypothese begründen (s. Arbeitshinweis 4),
- eine Nullhypothese und gegebenenfalls eine weitere alternativ zu untersuchende Hypothese formulieren (s. Arbeitshinweis 5).

2. Planung: Um Ihre Hypothese zu überprüfen, planen Sie einen geeigneten experimentellen Aufbau. Beschreiben Sie dazu möglichst genau, was beim Aufbau und bei der Durchführung zu berücksichtigen ist. Anschließend führen Sie Ihr Experiment durch. Die folgenden Fragen sollten während Ihrer Planung beantwortet werden:
- Wie soll die unabhängige Variable verändert werden und wie setzen Sie dies in der praktischen Durchführung um (s. Arbeitshinweis 6)?
- Wie soll die abhängige Variable gemessen werden (s. Arbeitshinweis 7)?
- Welche Störvariablen sind zu kontrollieren (s. Arbeitshinweis 8)?
- Wie lange soll das Experiment insgesamt dauern und wie viele Messungen sollen in diesem Zeitraum durchgeführt werden (s. Arbeitshinweis 9)?
- Wie oft soll das Experiment wiederholt werden (s. Arbeitshinweis 10)?

Sie können folgende Materialien nutzen: Blumenerde, Glasstab, Lineal, Samen der Pflanze *Arabidopsis thaliana*, Töpfe für die Aussaat und Anzucht [80 cm^2], Waage, Wasser.
Sicherheit (GHS-Symbole, H- und P-Sätze; ► Kap. 14): Gefahrenkennzeichnung (Nr. 1272/2008): keine; H-Sätze: keine; P-Sätze: keine
Entsorgung: *Arabidopsis thaliana*-Pflanzen (des Wildtyps) und die genutzte Erde können ohne weitere Regelungen entsorgt bzw. kompostiert werden.
Hinweise zur Anzucht:
- insgesamt ca. 100 *Arabidopsis thaliana*-Samen des Wildtyps 2–3 Wochen vor Projektbeginn in frischer Blumenerde aussäen, mit Frischhaltefolie bedecken und bewässern
- im Anschluss junge Pflanzen vom Aussaattopf samt etwas umgebener Erde in die neuen Ansatze entsprechend des Untersuchungsdesigns pikieren, leicht andrücken und bewässern

3. Beobachtung und Datenauswertung: Beschreiben Sie Ihre Beobachtungen. Interpretieren Sie danach die Beobachtungen im Hinblick auf die Hypothese. Welche Schlüsse lassen sich daraus ziehen und warum? Berücksichtigen Sie bei der Datenauswertung und Interpretation folgende Punkte:
- Beschreibung Ihrer Daten (s. Arbeitshinweis 11),
- Interpretation der Daten im Hinblick auf die Hypothese (s. Arbeitshinweis 12),
- Sicherheit Ihrer Interpretation (s. Arbeitshinweis 13),
- Methodenkritik (s. Arbeitshinweis 14),
- Ausblick für anschließende Untersuchungen (s. Arbeitshinweis 15).

12.3 Arbeitshinweise

Die Arbeitshinweise können Ihnen bei der Bearbeitung der Aufgabenstellung helfen. Bitte benutzen Sie diese nur, wenn Sie nicht mehr weiterwissen.

12.3.1 Hypothese

Arbeitshinweis 1

Was genau wollen Sie in Ihrem Experiment untersuchen? Welcher Faktor (unabhängige Variable) könnte die hauptsächliche bzw. die Sie interessierende Ursache für Veränderungen oder Unterschiede im Experimentausgang sein?

Lösungsbeispiel 1

Es soll untersucht werden, inwiefern die Anzahl von *Arabidopsis thaliana*-Pflanzen innerhalb eines begrenzten Gebiets während des Wachstums einen Einfluss auf das Erscheinungsbild der Pflanzen hat. Somit ist die Anzahl der Pflanzen je Topf eine mögliche unabhängige Variable.

Arbeitshinweis 2

Was genau wollen Sie in Ihrem Experiment beobachten? An welchem Faktor (abhängige Variable) kann man den Einfluss der unabhängigen Variable erkennen? Dieser Faktor (abhängige Variable) wird sich vermutlich bei Variation der unabhängigen Variable verändern.

Lösungsbeispiel 2

Der Faktor, der sich in Abhängigkeit der unabhängigen Variable ändert, ist die Morphologie der *Arabidopsis thaliana*-Pflanzen; dies kennzeichnet sich z. B. durch einen veränderten Rosettendurchmesser der *Arabidopsis thaliana*-Pflanzen. Daher ist der Rosettendurchmesser eine mögliche abhängige Variable.

Arbeitshinweis 3

Welches Ergebnis erwarten Sie, wenn Ihre Vermutung stimmt? Wie wird die unabhängige Variable die abhängige Variable vermutlich beeinflussen? Formulieren Sie aus diesen Überlegungen heraus eine Hypothese als Vorhersage des vermuteten Zusammenhangs. Diese Hypothese ist als Wenn-dann- oder Je-desto-Satz zu formulieren.

Lösungsbeispiel 3

So könnte Ihre Vorhersage aussehen:
Je mehr Pflanzen pro Topf wachsen, desto kleiner ist der Rosettendurchmesser dieser Pflanze nach drei Wochen.
Weitere Hypothesen können sein: Je mehr Pflanzen pro Topf wachsen, …

- desto kürzer ist der Haupttrieb dieser Pflanze nach drei Wochen.
- desto geringer ist die Anzahl an Seitentrieben dieser Pflanze nach drei Wochen.
- desto geringer ist die Anzahl an Nebentrieben dieser Pflanze nach drei Wochen.
- desto weniger Schoten hat diese Pflanze nach drei Wochen.
- desto weniger Samen produziert diese Pflanze nach drei Wochen.

Arbeitshinweis 4

Warum ist Ihre Hypothese plausibel? Benennen Sie Gründe, welche die Richtigkeit bzw. Plausibilität Ihrer Hypothese unterstützen. Nutzen Sie hierfür Ihr Vorwissen.

Lösungsbeispiel 4

Eine hohe Individuendichte in einem begrenzten Raum führt zur Konkurrenz der Individuen um begrenzte Ressourcen (Dichtestress). Eine intraspezifische Konkurrenz kann sich durch eine veränderte Morphologie im Wuchs der Pflanzen äußern. Der Rosettendurchmesser von *Arabidopsis thaliana*-Pflanzen ist ein charakteristisches morphologisches Merkmal und kann somit in seiner Ausprägung durch intraspezifische Konkurrenz verändert werden.

Arbeitshinweis 5

Benennen Sie die Nullhypothese. Die Nullhypothese negiert den in der Hypothese vorausgesagten Effekt. Gibt es noch weitere Hypothesen? Formulieren Sie gegebenenfalls alternative Hypothesen.

Lösungsbeispiel 5

Eine alternative Hypothese könnte wie folgt aussehen (bedenken Sie, dass diese Alternative von Ihrer eigenen Hypothese abhängt!): Je mehr Pflanzen pro Topf wachsen, desto größer ist der Rosettendurchmesser dieser Pflanze nach drei Wochen.
Ihre Nullhypothese könnte wie folgt aussehen (bedenken Sie, dass diese Alternative von Ihrer eigenen Hypothese abhängt!): Es besteht kein negativer Zusammenhang zwischen der Anzahl an Pflanzen derselben Art in einem definierten Gebiet und dem Rosettendurchmesser der Pflanzen.

12.3.2 Planung

Arbeitshinweis 6

Wie nehmen Sie Veränderungen bei den Ausgangsbedingungen vor?
- Planen Sie einen geeigneten experimentellen Aufbau.
- Geben Sie an, wie Sie die unabhängige Variable variieren wollen.
- Überlegen Sie sich, wie viele verschiedene Ausprägungen der unabhängigen Variable angemessen sind.
- Entscheiden Sie, welcher Kontrollansatz benötigt wird.

Lösungsbeispiel 6

Zwei bis drei Wochen vor Projektbeginn sollten ca. 100 *Arabidopsis thaliana*-Samen in einem Topf mit frischer Blumenerde ausgesät werden. An einem hellen Ort stehend sollte der mit Frischhaltefolie bedeckte Topf alle zwei Tage gewässert werden. Anschließend ist es wichtig,

dass die jungen Pflanzen vom Aussaattopf samt etwas umgebener Erde in die neuen Ansätze pikiert und dort leicht angedrückt und gewässert werden.
In mehreren Töpfen soll die Anzahl an *Arabidopsis thaliana*-Pflanzen variiert werden, um den Einfluss auf das Erscheinungsbild zu untersuchen. In drei Töpfen werden die jungen Pflanzen durch Bohren eines kleinen Loches (z. B. mithilfe eines Glasstabs) an einen definierten Platz gesetzt. Die Löcher sollten dabei einem bestimmten symmetrischen Muster folgen, sodass der Abstand zwischen allen Pflanzen sowie zum Rand des Gefäßes gleich ist. Je Topf findet sich eine unterschiedliche Anzahl an Pflanzen; z. B. sechs und elf Pflanzen. Im dritten Topf sollte zur Kontrolle allein eine einzelne *Arabidopsis thaliana*-Pflanze wachsen, sodass ein Vergleich zwischen dem Wachstum ohne und mit intraspezifischer Konkurrenz möglich ist.

Arbeitshinweis 7

Wie weisen Sie Veränderungen bei den Auswirkungen nach? Überlegen Sie, wie Sie Änderungen der abhängigen Variable ermitteln bzw. messen wollen. Ist es weiterführend möglich, dass die Ausprägung der abhängigen Variable auch in Zahlen ausgedrückt wird?

Lösungsbeispiel 7

Die abhängige Variable (Morphologie der *Arabidopsis thaliana*-Pflanzen) lässt sich beispielsweise durch die Dokumentation des Rosettendurchmessers über den Untersuchungszeitraum hinweg messen.

Arbeitshinweis 8

Was beeinflusst das Experiment? Überlegen Sie, ob es weitere, bisher nicht berücksichtigte Variablen gibt, welche die Ergebnisse Ihres Experiments beeinflussen? Identifizieren Sie diese möglichen Störvariablen.

Lösungsbeispiel 8

Folgende Faktoren könnten das Experiment beeinflussen: die Abstände zwischen den Pflanzen sind unterschiedlich groß, es gibt keine gleichmäßige Zufuhr von Ressourcen (z. B. Licht, Wasser) für alle Pflanzen in einem Topf, die Messungen fanden für die verschiedenen Ansätze zu unterschiedlichen Zeiten statt, das Vorgehen bei der Messung erfolgte nicht immer gleich.

Arbeitshinweis 9

Wann, wie lange und in welchen Abständen soll beobachtet bzw. gemessen werden?

- Start der Beobachtung: Geben Sie den Zeitpunkt an, wann die Beobachtung beginnen soll.
- Dauer der Beobachtung: Überlegen Sie, wie lang der Zeitraum für eine angemessene Beobachtungsdauer ist.
- Intervalle der Beobachtung: Falls mehrere Zeitpunkte für die Beobachtung festgelegt werden sollen, überlegen Sie sich deren Anzahl und den Zeitabstand dazwischen.

Lösungsbeispiel 9

Die Beobachtung in Ihrem Experiment könnte wie folgt aussehen: Die Beobachtung wird gestartet, sobald die Pflanzen auf die drei Töpfe verteilt wurden. Das Wachstum (z. B. der Rosettendurchmesser) aller Pflanzen in den verschiedenen Ansätzen sollte zu einem definierten Zeitpunkt, z. B. eine Woche später, gemessen und protokolliert werden; dieses Vorgehen ist noch zwei weitere Male zu wiederholen. Es ist jeweils zu bestimmen, wie sich die Morphologie jeder einzelnen Pflanze im Topf verändert hat.

Arbeitshinweis 10

Wie oft soll das Experiment wiederholt werden? Überlegen Sie, wie oft Sie das Experiment durchführen wollen und wie Sie dies praktisch umsetzen. Kann man durch Variationen im Ablauf das Experiment noch optimieren?

Lösungsbeispiel 10

Als Kontrolle des Versuchssettings sollte dieses wiederholt werden. Wiederholen meint dabei eine zeitversetzte Replikation des Versuchs, sodass eine weitere Versuchsreihe eine Woche später angesetzt wird. Zudem dient das mehrmalige Ansetzen des Versuchssettings mit allen drei Töpfen der Kontrolle.

12.3.3 Beobachtung und Datenauswertung

Arbeitshinweis 11

Wie sehen die Daten aus? Beschreiben und vergleichen Sie die Daten Ihrer experimentellen Ansätze, ohne diese dabei zu interpretieren.

Lösungsbeispiel 11

Ihre Ergebnisdarstellung könnte Folgendes enthalten: Inwiefern unterscheiden sich die Ergebnisse der Versuchsansätze mit unterschiedlicher Anzahl an Pflanzen (unabhängige Variable), d. h., welche Ausprägung zeigt der Rosettendurchmesser (abhängige Variable) in allen Töpfen bei allen Pflanzen?

Arbeitshinweis 12

Wie können die Daten gedeutet werden?

- Ziehen Sie eine Schlussfolgerung für Ihre Hypothese: Wird Ihre Hypothese durch die Daten des Experiments gestützt oder widerlegt?
- Begründen Sie auf der Basis Ihrer Daten, warum Ihre Schlussfolgerung gerechtfertigt ist.
- Welche Schlussfolgerung kann aufgrund der Daten für das Ausgangsproblem gezogen werden?

Lösungsbeispiel 12

Ihre Interpretation sollte folgende Punkte beinhalten: Eine unterschiedliche Anzahl an *Arabidopsis thaliana*-Pflanzen im Topf hatte einen/hatte keinen Einfluss auf das Erscheinungsbild während des Wachstums (z. B. auf den Rosettendurchmesser). Es konnten Hinweise gefunden werden, welche unsere Hypothesen stützen/widerlegen, da sich zeigte, dass …

Arbeitshinweis 13

Gibt es Einschränkungen bei der Deutung der Daten? Überlegen Sie, wie aussagekräftig Ihre Daten sind und ob es hier eventuelle Einschränkungen gibt. Wenn ja, wie lassen sich diese Einschränkungen erklären?

Lösungsbeispiel 13

Die Messung der Daten für die unterschiedlichen Ansätze muss für einen Zeitraum von drei Wochen kontinuierlich und gleichzeitig erfolgen. Wurden die Messreihen nicht entsprechend durchgeführt, können die Daten nicht adäquat interpretiert werden.

Arbeitshinweis 14

Beurteilen Sie Ihr Experiment im Hinblick auf die Aspekte Hypothesenformulierung, Planung und Durchführung. Welche Punkte sollten gegebenenfalls für eine erneute Untersuchung geändert werden?

Lösungsbeispiel 14

Folgende Fragen sollten Sie z. B. beachten: War die Planung passend, um die Hypothese zu prüfen? War die Messung der abhängigen Variable adäquat? Gab es Störvariablen, die nicht berücksichtigt wurden?

Arbeitshinweis 15

Wie könnte es weitergehen? Stellen Sie folgende Überlegungen an: Sind während des Experimentierprozesses neue Forschungsfragen aufgetaucht, die Sie untersuchen möchten? Wurden neue mögliche abhängige Variablen identifiziert? Wie könnte man das Experiment unter veränderten Bedingungen durchführen?

Lösungsbeispiel 15

Zur weiteren Überprüfung könnten zusätzlich noch andere morphologische Merkmale der *Arabidopsis thaliana*-Pflanzen untersucht werden, z. B. die Länge des Haupttriebs. Um Aussagen zur intraspezifischen Konkurrenz treffen zu können, sollten weitere

Pflanzenarten untersucht werden. Es ist zu diskutieren, inwiefern die gewonnen Ergebnisse für den Modellorganismus *Arabidopsis thaliana* auf andere dikotyle Pflanzen übertragbar sind.

12.4 Übungsfragen

Mit den folgenden Übungsfragen können Sie Ihr Wissen zum theoretischen Hintergrund sowie zur praktischen Umsetzung des Experiments überprüfen. Dabei wird vorausgesetzt, dass die Theorie zusätzlich mit der angegebenen Literatur vertieft und gegebenenfalls weitere Literatur recherchiert wurde. Die Antworten können im Appendix überprüft werden.

1. Vergleichen Sie die Auswirkungen vollständiger und unvollständiger intraspezifischer Konkurrenz auf das Populationswachstum.

2. *Arabidopsis thaliana* wird gerne als die „Hauspflanze" der Genetiker bezeichnet. Welche Eigenschaften machen die Pflanzen zu einem geeigneten Modellorganismus für die Untersuchung biologischer Fragestellungen?

3. Nennen Sie drei morphologische Merkmale von *Arabidopsis thaliana*, welche Sie in einem Versuch zur intraspezifischen Konkurrenz untersuchen können.

4. Begründen Sie die Messung eines Ansatzes mit nur einer einzelnen *Arabidopsis thaliana*-Pflanze aus fachmethodischer Sicht im Vergleich zu anderen Ansätzen mit mehreren Pflanzen in einem Topf.

5. ◘ Abbildung 12.2 zeigt die durchschnittliche Samenproduktion pro Pflanze bei Wachstum in verschiedenen Dichten (Büschel-Federschwingel *Vulpia fasciculata*; nach Watkinson und Harper 1978). Beschreiben und interpretieren Sie die dargestellten Daten.

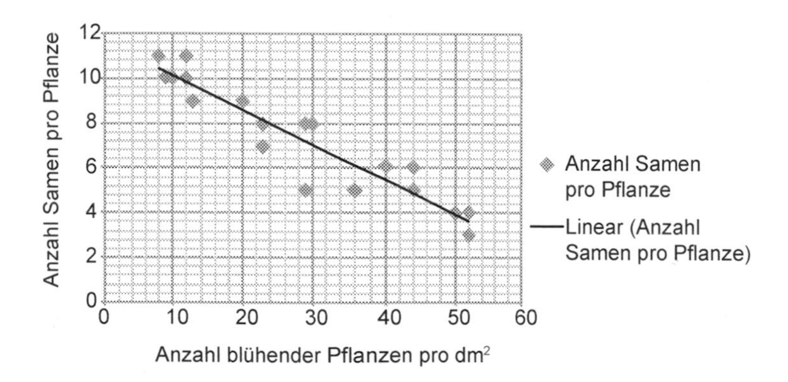

◘ **Abb. 12.2** Zusammenhang von Wachstum in verschiedenen Dichten und Samenproduktion für *Vulpia fasciculata* (nach Watkinson und Harper 1978)

12.5 Appendix

12.5.1 Beispiel für eine Musterlösung

Forschungsfrage: Inwiefern verändert ein Wachsen unter Dichtestress das Erscheinungsbild von *Arabidopsis thaliana*?

Hypothese: Je mehr Pflanzen pro Topf wachsen (UV), desto kleiner ist der Rosettendurchmesser (AV) dieser Pflanzen nach drei Wochen.

Materialien und Vorbereitung: Es wurden insgesamt ca. 100 *Arabidopsis thaliana*-Samen (Wildtyp) ausgesät und alle zwei Tage bewässert. Nach 21 Tagen wurden insgesamt 54 Pflanzen pikiert. 5 × 3 Töpfe [80 cm^2], Blumenerde, Leitungswasser, Lineal

Durchführung: Es wurden drei Töpfe pro Ausprägung des Experimentalfaktors angesetzt und systematisch randomisiert angeordnet, sodass die Zufuhr von Licht als mögliche Störvariable kontrolliert wird (◘ Abb. 12.3). Eine Bewässerung der *Arabidopsis thaliana*-Pflanzen erfolgte alle drei Tage. Alle sieben Tage über drei Wochen hinweg wurde der Rosettendurchmesser für alle 54 Pflanzen mithilfe eines Lineals gemessen. Hierbei wurde pro Pflanze der maximale Durchmesser bestimmt. Weitere gemessene Merkmale anderer Praktikumsgruppen sind: Länge des Haupttriebs, Anzahl an Seitentrieben, Anzahl an Nebentrieben, Anzahl an Schoten am Haupttrieb, Länge der Schoten am Haupttrieb.

Beobachtung: Alle Pflanzen in allen Ansätzen sind innerhalb des Untersuchungszeitraums von drei Wochen gewachsen. Die Ergebnisse der Messungen zeigen Unterschiede in der Ausprägung des Rosettendurchmessers zwischen den drei verschiedenen Ansätze (Kontrollansatz mit einer Pflanze; zwei Experimentalansätze mit je sechs bzw. elf Pflanzen; ◘ Tab. 12.1): Der durchschnittliche Rosettendurchmesser im zweiten Experimentalansatzes ist kleiner als im ersten Experimentalansatz, welcher wiederum kleiner ist als in der Kontrolle mit einer Pflanze.

12

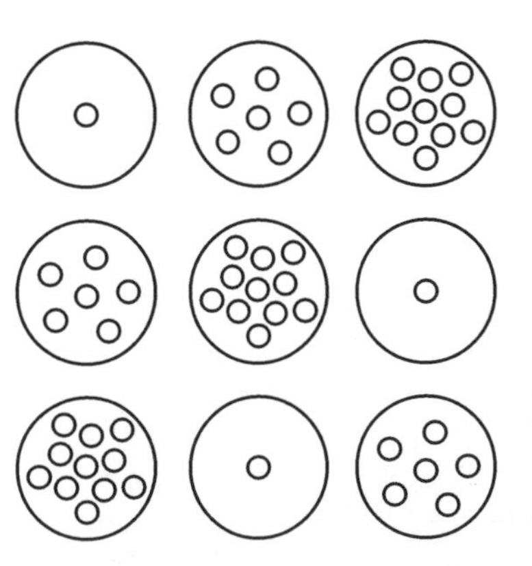

◘ **Abb. 12.3** Schematische Skizze des Versuchsaufbaus mit je einer, sechs oder elf *Arabidopsis thaliana*-Pflanzen pro Topf

Tab. 12.1 Ergebnisse für drei Ansätze mit unterschiedlicher Anzahl an *Arabidopsis thaliana*-Pflanzen; Wachstumszeit = drei Wochen

Merkmal	Gemessener Wert nach drei Wochen [Durchschnitt] ($N = 54$)		
	1 Pflanze auf 80 cm^2	6 Pflanzen auf 80 cm^2	11 Pflanzen auf 80 cm^2
Rosettendurchmesser	10	7,6	5,3
Länge des Haupttriebs	28,4	21,2	20,2
Anzahl an Seitentrieben	1,9	2,6	3
Anzahl an Nebentrieben	3,9	1,8	0,7
Anzahl an Schoten am Haupttrieb	34,4	22,3	20,9
Länge der Schoten am Haupttrieb	1,6	1,5	1,4

Anmerkung: hier exemplarisch durchschnittlich dargestellt für verschiedene Merkmale; von einem Studierendenprotokoll wird die Darstellung allein eines Merkmals für alle Pflanzen aller untersuchten Ansätze z. B. für den Rosettendurchmesser gefordert; vgl. Gogolin und Mathesius 2014

Theoriebasierte Erklärung: Die unterschiedliche Anzahl an *Arabidopsis thaliana*-Pflanzen im Topf hatte einen Einfluss auf den maximalen Rosettendurchmesser und damit auf das Erscheinungsbild. Die Hypothese, dass sich mit steigender Anzahl an Pflanzen pro Topf der Rosettendurchmesser (als ein Merkmal des Wuchses der Pflanze) verkleinert, konnte nicht widerlegt werden. Es wird davon ausgegangen, dass die erhöhte Anzahl an Pflanzen auf einem beschränkten Raum ab einem bestimmten Zeitpunkt zu einer Knappheit an Ressourcen wie Licht und Wasser führte und die Pflanzen einem Dichtestress ausgesetzt waren. Da alle Pflanzen in den Experimentalansätzen die gleichen Ressourcen für ihr Wachstum und ihre Reproduktion benötigen, kommt es unter den Individuen zu intraspezifischer Konkurrenz um die knappen Ressourcen (Smith et al. 2009). Die hier untersuchten Pflanzenpopulationen zeigen vermutlich eine unvollständige Konkurrenz, da der Rosettendurchmesser bei allen Pflanzen in den Experimentalansätzen gleichmäßig beeinträchtigt wurde (Smith et al. 2009).

12.5.2 Lösungen zu den Übungsfragen

1. Die Gemeinsamkeiten und Unterschiede der vollständigen und unvollständigen Konkurrenz werden in ◘ Tab. 12.2 dargestellt.
2. *Arabidopsis thaliana* weist folgende Eigenschaften eines Modellorganismus auf: typische Merkmale dikotyler Pflanzen, einfaches Genom, braucht wenig Platz, produziert viele Nachkommen, kurze Generationszeit, transformierbar.
3. Folgende morphologische Merkmale könnten u. a. untersucht werden: Rosettendurchmesser, Länge des Haupttriebs, Anzahl der Seitentriebe, Anzahl der Nebentriebe, Anzahl der Schoten am Haupttrieb, durchschnittliche Länge der ersten fünf Schoten am

Tab. 12.2 Gemeinsamkeiten und Unterschiede der vollständigen und unvollständigen Konkurrenz

	Vollständige Konkurrenz	**Unvollständige Konkurrenz**
Gemeinsamkeit	Es besteht zwischen Individuen einer Art eine Konkurrenz um knappe Ressourcen.	
Unterschiedliche Auswirkungen auf das Populationswachstum	Einige dominierende Individuen greifen auf alle Ressourcen zu und pflanzen sich fort; andere nicht. Der unterlegene, konkurrenzschwache Teil der Population stirbt.	Das Wachstum und die Reproduktion bei allen Individuen der Population sind gleichermaßen beeinträchtigt. In der Extremform stirbt die Population lokal aus, da kein Individuum der Population genügend Ressourcen zur Verfügung hat.

Haupttrieb, durchschnittliche Anzahl der Samen pro Schote bei den ersten fünf Schoten am Haupttrieb, Größe der Samen.

4. Der Ansatz mit nur einer einzelnen *Arabidopsis thaliana*-Pflanze dient der Kontrolle. In den Ansätzen mit mehreren Pflanzen in einem Topf werden die Pflanzen einem Experimentalfaktor (Dichtestress; UV) ausgesetzt, und es wird als Wirkung eine Reaktion gemessen (veränderter Wuchs; AV). Als Vergleich muss es einen Kontrollansatz geben, der dem Experimentalansatz in allen Parametern gleicht, aber in welchem der Experimentalfaktor als mögliche Einflussgröße nicht vorhanden ist; der Kontrollansatz gilt damit als Standard eines Vergleichs.
5. Es besteht ein negativer linearer Zusammenhang zwischen der Anzahl blühender Büschel-Federschwingel-Pflanzen pro Flächeneinheit und der Produktion an Samen. Möglicherweise führt die erhöhte Anzahl von Pflanzen bei einer begrenzten Fläche zu einer Ressourcenknappheit. Diese Knappheit induziert vermutlich eine unvollständige Konkurrenz zwischen den Individuen, z. B. um Wasser und Licht. Die Reduktion der Samenanzahl kann eine direkte Folge eines durch die Knappheit an Ressourcen verursachten verringerten Wachstums sein. Möglicherweise fördert die Reduktion der Samenanzahl in Kombination mit einer Vergrößerung der Samen die Angepasstheit an zukünftige knappe Ressourcen.

12

Literatur

Clatworthy JN (1960) Studies on the nature of competition between closely related species. Dissertation, University of Oxford

Gogolin S, Mathesius S (2014) Gleich und gleich gesellt sich gern – oder nicht? Unterricht Biologie 38:21-25

Nentwig W, Bacher S, Brandl R (2009) Ökologie kompakt. Spektrum Akademischer Verlag, Heidelberg

Purves DW, Law R (2002) Experimental derivation of functions relating growth of Arabidopsis thaliana to neighbour size and distance. J Ecology 90:882–894. doi:10.1046/j.1365-2745.2002.00718.x

Ruppert W (2011) Was sind Modellorganismen?. Unterricht Biologie 363:4–7

Smith TM, Smith RL, Kratochwil A (2009) Ökologie. Pearson Studium, München

Townsend CR, Begon M, Harper JL, Hoffmeister TS, Steidle JLM, Thomas F (2009) Ökologie. Springer, Berlin

Watkinson AR, Harper JL (1978) The demography of a Sand Dune Annual: *Vulpia Fasciculata*. I. The natural regulation of populations. J Ecology 66:15–33. doi:10.2307/2259178

Wie finden Seidenspinner ihre Partner? – Kommunikation im Tierreich

Sabrina Mathesius und Renate Bösche

T. Bruckermann, K. Schlüter (Hrsg.), *Forschendes Lernen im Experimentalpraktikum Biologie*,
DOI 10.1007/978-3-662-53308-6_13

In diesem Kapitel wird aufgezeigt, dass das Sexualverhalten von Tieren von verschiedenen Signalen ausgelöst werden kann; hierzu zählen u. a. visuelle, akustische, chemische und mechanosensorische Signale. In einem Experiment sollen Vermutungen über die Auslösung einer Reaktionskette innerhalb des Sexualverhaltens des männlichen Seidenspinners (*Bombyx mori*) aufgestellt werden. Die Ausprägung des Signals kann durch verschiedene Versuchsansätze systematisch variiert werden.

Nach der Bearbeitung dieses Kapitels sollen Sie eine Fragestellung hypothesengeleitet untersuchen und auf der Grundlage Ihrer Ergebnisse beantworten können. Im Speziellen können Sie …

Fachwissen

- verschiedene Signale zum Auslösen des Sexualverhaltens bei Insekten benennen.
- den Entwicklungszyklus von holometabolen Insekten erläutern.
- die Reaktionskette zum Sexualverhalten des männlichen Seidenspinners beschreiben und erklären.

Wissenschaftliches Denken

- Phänomene als Grundlage einer wissenschaftlichen Forschungsfrage benennen.
- eine arbeitsleitende Hypothese entwickeln und theoretisch begründen.
- verschiedene Ansätze zur Beantwortung einer Forschungsfrage durch systematische Variation des zu untersuchenden Faktors planen und die Auswahl begründen.
- Beobachtungen anstellen und dokumentieren.
- aufgrund Ihrer Daten und zugrundeliegender Theorie die Fragestellung angemessen beantworten.
- durch Beurteilung Ihrer Daten mögliche Einschränkungen in der Aussagekraft des Experiments identifizieren.

Laborfertigkeiten

- Verhaltensexperimente mit lebenden Insekten durchführen.
- das Drüsensekret der Hinterleibsdrüse eines Weibchens des Seidenspinners auf ein Filterpapier übertragen.

Zeitaufwand: Entwicklung der Seidenspinner im Vorfeld: zwei Monate; Experimentaufbau/Vorbereitung: zehn Minuten; Durchführung: 15 bis 20 Minuten

13.1 Sachinformationen

13.1.1 Signale zur Kommunikation im Tierreich

Die Kommunikation zwischen Lebewesen ist in ihrer Funktion und ihrer Form als Element der Beziehungen zwischen Individuen vielfältig. Allen gemein ist dabei der Austausch von Informationen ausgehend von einem Sender über einen Kanal hin zu einem Empfänger. Es findet demnach eine Übermittlung von Reizen (sogenannten Signalen) von einem Lebewesen zum anderen statt. Zur Kommunikation werden dabei verschiedene Signale und Sinne eingesetzt;

an dieser Stelle seien visuelle, akustische, chemische und mechanosensorische Signale unterschieden. Diese Signale dienen zur Kommunikation in unterschiedlicher Funktionsweise wie z. B. zum Auslösen und Zeigen von Territorialverhalten, Brutpflegeverhalten, Sozialverhalten und Sexualverhalten. Letzteres zeigt sich insbesondere bei Insekten divers (Purves et al. 2006).

Die Morphologie der Insekten kennzeichnet sich durch eine Körpergliederung in Kopf (Caput), Brust (Thorax) und Hinterleib (Abdomen). Am Kopf befinden sich Antennen, die chemische Signale wahrnehmen können, welche beispielsweise durch Hinterleibsdrüsen abgesondert werden. Die Facettenaugen der Insekten bestehen aus mehreren Einzelaugen (Ommatiden); die visuelle Wahrnehmung erfolgt daher durch die Zusammensetzung vieler Bildpunkte.

Zu visuellen (auch: optischen) Signalen gehören allgemein Ausdrucksbewegungen, Formen und Farben, welche die Lokalisierung des Senders ermöglichen. Lautäußerungen in Form von akustischen Signalen können über eine große Entfernung wahrgenommen werden. Die Signale in Form von verschiedenen Lauten können dabei in unterschiedlichen Frequenzbereichen gehört werden. Chemische Signale spielen beim Sexualverhalten in Form von Duftmarken, Pheromonen und Drüsensekreten eine Rolle. Die Diffusionsgeschwindigkeit von Pheromonen wird dabei u. a. von der Größe der Moleküle bestimmt. Eine Information gelangt schneller und weiter in die Umgebung je höher die Diffusionsgeschwindigkeit ist; Sexuallockstoffe sind in der Regel schnell diffundierende, kleine Moleküle. Lösen diese das Sexualverhalten direkt aus, werden sie als *releaser*-Pheromone bezeichnet (Campbell und Reece 2009, Purves et al. 2006).

Das Sexualverhalten der männlichen Taufliege (*Drosophila melanogaster*) kann als Beispiel für die Zusammenwirkung verschiedener Signale dienen. Durch die visuelle Wahrnehmung des Weibchens beginnt das Männchen mit einer Annäherung. Zudem nimmt es das Weibchen chemisch war und fliegt entgegen des Windes in dessen Richtung. Hierbei spielen vom Weibchen an die Umgebung abgegebene Moleküle eine Rolle. Nach diesem Schritt der Orientierung folgt eine mechanosensorische Kommunikation, indem die männliche Taufliege das Weibchen mit seinen Vorderbeinen am Abdomen berührt. Des Weiteren breitet das Männchen seine Flügel aus, wodurch ein artspezifischer Gesang erzeugt wird. Die Reaktionskette zum Sexualverhalten der männlichen Taufliege endet mit der Kopulation (Campbell und Reece 2009).

Die Untersuchung von Kommunikationsprozessen ist anspruchsvoll, da sowohl Sender und Empfänger als auch vermeintliche Umwelteinflüsse berücksichtigt werden müssen. Die Aussendung und Wahrnehmung von Signalen hängen dabei mit der Anatomie und der Physiologie der Kommunikationspartner zusammen. Anknüpfend an die Erläuterungen zum Sexualverhalten der Taufliege soll im Folgenden der Echte Seidenspinner (*Bombyx mori*) als ein Modellorganismus der Biologie vorgestellt werden. Es ist experimentell zu ermitteln, welche Signale der Seidenspinner zur Kommunikation mit Sexualpartnern im Allgemeinen und zur Auffindung derselben im Besonderen nutzt.

13.1.2 Der Echte Seidenspinner

Der Echte Seidenspinner (*Bombyx mori*) ist ein aus China stammender Nachtfalter, der seit ca. 5000 Jahren zur Gewinnung von Seide domestiziert wird. Als holometaboles Insekt (s. auch Beschreibung zum Entwicklungszyklus in ▶ Abschn. 13.2) spinnt sich die Raupe des Seidenspinners in einen Seidenkokon ein, der aus einem einzigen, viele hunderte Meter langen Seidenproteinfaden besteht. Im Gegensatz zu der in China frei lebenden Ursprungsart *Bombyx mandarina* ist der domestizierte Echte Seidenspinner deutlich größer, weißlich gefärbt und flugunfähig. Neben seiner kommerziellen Bedeutung zur Seidengewinnung dient *Bombyx mori* in der Wissenschaft aufgrund der Einfachheit seiner Haltung, der Größe des letzten Larvalstadiums, der Flugunfähigkeit der Falter und insbesondere seitdem das Genom 2004 vollständig sequenziert wurde als Modellorganismus für etliche Forschungsrichtungen (Bisch-Knaden et al. 2014); Beispiele hierfür sind: die Aufklärung der genetischen Hintergründe der Geschlechtsbestimmung bei Schmetterlingen, die Kommunikation bei Insekten, die Entwicklungsbiologie und selbst die biomedizinische Forschung.

Die Tiere weisen einen ausgeprägten Sexualdimorphismus auf; so ist das meist größere Weibchen am tonnenförmigeren Körper und an der paarigen Abdominaldrüse am Hinterleib gut erkennbar (◘ Abb. 13.1). Beide Geschlechter besitzen die für Insekten typischen, gut ausgebildeten Komplexaugen sowie Antennen (◘ Abb. 13.2). In Anwesenheit eines Weibchens zeigt das Männchen mit einer Kette von Reaktionen das für *Bombyx mori* typische Sexualverhalten (vgl. Schwink 1954): Heben des Kopfes und Bewegen der Antennen, Flügelschwirren, Schwirrtanz, Orientierungslauf in Richtung des Weibchens, Kopulationsversuche mit kurvenartiger Einbiegung des Abdomens und schließlich Kopulation (letzter Schritt s. ◘ Abb. 13.1b).

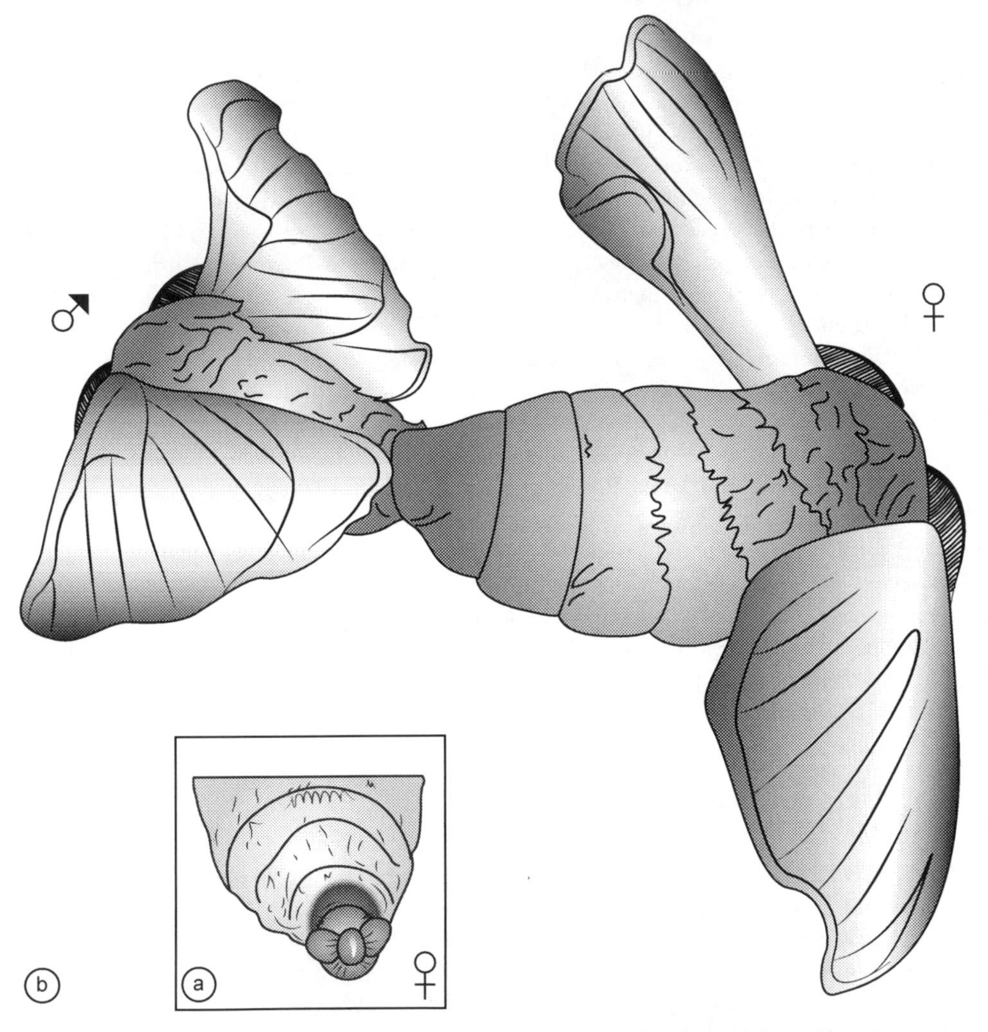

◘ **Abb. 13.1** Geschlechtsdimorphismus beim Seidenspinner; (**a**) Hinterleib eines weiblichen Seidenspinners mit paariger Abdominaldrüse, (**b**) kleinerer männlicher und größerer weiblicher Seidenspinner beim letzten Schritt des Kopulationsverhaltens

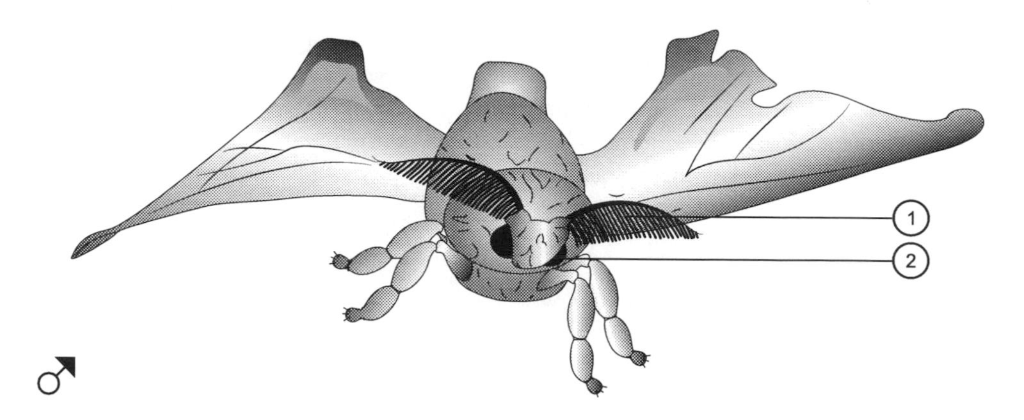

Abb. 13.2 Männlicher Seidenspinner mit (1) Antennen und (2) Komplexaugen

Ausgehend von dieser Beobachtungsbeschreibung des Seidenspinners kann nun untersucht werden, welche Signale zur Auslösung der Reaktionskette zum Sexualverhalten beim männlichen Seidenspinner führen. Es stellt sich die folgende Forschungsfrage:

Forschungsfrage:

Durch welche Signale wird die Reaktionskette des Sexualverhaltens des männlichen Seidenspinners ausgelöst?

13.2 Aufgabenstellung

Planen Sie ein Experiment zur hypothesengeleiteten Untersuchung der zuvor genannten Forschungsfrage, führen Sie es durch und werten Sie es aus. Gehen Sie dabei auf alle nachfolgend genannten Punkte ein.

1. Hypothese: Formulieren Sie mithilfe der Sachinformation eine zur Forschungsfrage passende Hypothese. Dafür sollten Sie …

- die unabhängige Variable benennen (s. Arbeitshinweis 1),
- die abhängige Variable benennen (s. Arbeitshinweis 2),
- den Zusammenhang der Variablen als Vorhersage in Wenn-dann- oder Je-desto-Form formulieren (s. Arbeitshinweis 3),
- Ihre Hypothese begründen (s. Arbeitshinweis 4),
- eine Nullhypothese und gegebenenfalls eine weitere alternativ zu untersuchende Hypothese formulieren (s. Arbeitshinweis 5).

2. Planung: Um Ihre Hypothese zu überprüfen, planen Sie einen geeigneten experimentellen Aufbau. Beschreiben Sie dazu möglichst genau, was beim Aufbau und bei der Durchführung zu berücksichtigen ist. Anschließend führen Sie Ihr Experiment durch. Die folgenden Fragen sollten während Ihrer Planung beantwortet werden:

- Wie soll die unabhängige Variable verändert werden und wie setzen Sie dies in der praktischen Durchführung um (s. Arbeitshinweis 6)?
- Wie soll die abhängige Variable gemessen werden (s. Arbeitshinweis 7)?
- Welche Störvariablen sind zu kontrollieren (s. Arbeitshinweis 8)?
- Wie lange soll das Experiment insgesamt dauern und wie viele Messungen sollen in diesem Zeitraum durchgeführt werden (s. Arbeitshinweis 9)?
- Wie oft soll das Experiment wiederholt werden (s. Arbeitshinweis 10)?

Sie können folgende Materialien nutzen: weibliche und männliche Seidenspinner, Bleistift, Filterpapier, Flipchartpapier, Fön mit Kaltstelltaste, Lineal, leere Marmeladengläser, Maßband, Nadel, Petrischale, nicht transparente Plastikbecher, transparente Plastikbecher, Stoppuhr, Vaseline.

Hinweise zur Entwicklung des holometabolen Seidenspinners:
Der gesamte Entwicklungszyklus des Seidenspinners beträgt knapp zwei Monate (bezogen auf eine Temperatur von 23–25 °C). Nach der Paarung legt das Weibchen 300–500 Eier, aus denen im späten Frühjahr nach ca. 14 Tagen 2–3 mm lange und 0,45 mg schwere Raupen schlüpfen, die sich in ihrer Larvalzeit viermal häuten und ihr Gewicht um das ca. 10.000-fache vergrößern. Die Tiere ernähren sich im Fressstadium ausschließlich von Blättern des Maulbeerbaums (vorzugsweise *Morus alba*). Am Ende des ca. vier Wochen dauernden Larvalstadiums beginnt die Raupe mit dem Spinnen des Kokons, in dem sich das Tier ein letztes Mal häutet und zur Puppe wandelt. Aus dieser schlüpfen nach ca. 12–14 Tagen die adulten Falter (Appuhn 2000). Bei den frisch geschlüpften weiblichen Seidenspinnern sind die Abdominaldrüsen (■ Abb. 13.1a) besonders gut zu sehen; die Produktion von Pheromonen beginnt bereits vier Tage vor dem Schlüpfen und erreicht ihren Höhepunkt mit dem Austritt aus dem Kokon.
Aufgrund der reduzierten Mundwerkzeuge nehmen die adulten Tiere keine Nahrung zu sich und sterben ein bis zwei Wochen nach der Paarung. Die meisten europäischen Rassen des Seidenspinners sind univoltin, d. h., die frisch gelegten Eier überwintern in einer Diapause, sodass pro Jahr nur eine Generation schlüpft. Darüber hinaus gibt es auch bi- und multivoltine Rassen. Bei Letzteren können sich mehr als fünf bis sechs Generationen pro Jahr entwickeln, da keine Ruhepause zur Entwicklung der Eier notwendig ist (Engelmann und Antkowiak, 2016). Diese Rassen werden vor allem im kommerziellen Seidenbau in den Tropen gehalten. Der Echte Seidenspinner ist in seiner Haltung vollständig von der Versorgung durch den Menschen abhängig.

3. Beobachtung und Datenauswertung: Beschreiben Sie Ihre Beobachtungen. Interpretieren Sie danach die Beobachtungen im Hinblick auf die Hypothese. Welche Schlüsse lassen sich daraus ziehen und warum? Berücksichtigen Sie bei der Datenauswertung und Interpretation folgende Punkte:
- Beschreibung Ihrer Beobachtungen und Daten (s. Arbeitshinweis 11),
- Interpretation der Daten im Hinblick auf die Hypothese (s. Arbeitshinweis 12),
- Sicherheit Ihrer Interpretation (s. Arbeitshinweis 13),
- Methodenkritik (s. Arbeitshinweis 14),
- Ausblick für anschließende Untersuchungen (s. Arbeitshinweis 15).

13.3 Arbeitshinweise

Die Arbeitshinweise können Ihnen bei der Bearbeitung der Aufgabenstellung helfen. Bitte benut-

13.3.1 Hypothese

Arbeitshinweis 1

Was genau wollen Sie in Ihrem Experiment untersuchen? Welcher Faktor (unabhängige Variable) könnte die hauptsächliche bzw. die Sie interessierende Ursache für Veränderungen oder Unterschiede im Experimentausgang sein?

Lösungsbeispiel 1

Es soll untersucht werden, ob chemische Signale (hier: Pheromone) die Reaktionskette des Sexualverhaltens des männlichen Seidenspinners auslösen. Somit ist das Vorhandensein des chemischen Signalstoffs eine mögliche unabhängige Variable.

Arbeitshinweis 2

Was genau wollen Sie in Ihrem Experiment beobachten? An welchem Faktor (abhängige Variable) kann man den Einfluss der unabhängigen Variable erkennen? Dieser Faktor (abhängige Variable) wird sich vermutlich bei Variation der unabhängigen Variable verändern.

Lösungsbeispiel 2

Der Faktor, der sich in Abhängigkeit der unabhängigen Variable ändert, ist das Zeigen einer Reaktionskette des Sexualverhaltens; hier: Heben des Kopfes und Bewegen der Antennen, Flügelschwirren, Schwirrtanz, Orientierungslauf in Richtung Weibchen, Kopulationsverhalten. Daher ist das gezeigte Sexualverhalten des männlichen Seidenspinners die abhängige Variable.

Arbeitshinweis 3

Welches Ergebnis erwarten Sie, wenn Ihre Vermutung stimmt? Wie wird die unabhängige Variable die abhängige Variable vermutlich beeinflussen? Formulieren Sie aus diesen Überlegungen heraus eine Hypothese als Vorhersage des vermuteten Zusammenhangs. Diese Hypothese ist als Wenn-dann- oder Je-desto-Satz zu formulieren.

Lösungsbeispiel 3

So könnte die Vorhersage aussehen: Wenn das Sexualverhalten des männlichen Seidenspinners allein durch chemische Signale ausgelöst wird, dann sollte auch ein für das männliche Tier nicht sichtbares, aber durch chemische Signalstoffe wahrnehmbares Weibchen das Auflösen der Reaktionskette initiieren.

Arbeitshinweis 4

Warum ist Ihre Hypothese plausibel? Benennen Sie Gründe, welche die Richtigkeit bzw. Plausibilität Ihrer Hypothese unterstützen. Nutzen Sie hierfür Ihr Vorwissen.

Lösungsbeispiel 4

Weibliche Seidenspinner produzieren in einer Hinterleibsdrüse das Sexualpheromon Bombykol. Die Antennen des männlichen Seidenspinners dienen der Wahrnehmung von chemischen Signalstoffen und weisen eine hohe Spezifizität für Bombykol auf. Das Vorhandensein von Bombykol führt zum Heben und Ausrichten der Fühler sowie dem Flügelschwirren und dem Beginn eines Schwirrtanzes. Der wahrgenommene Konzentrationsgradient des Bombykols führt zum Orientierungslauf in Richtung der höheren Konzentration – und somit zum weiblichen Seidenspinner.

Arbeitshinweis 5

Benennen Sie die Nullhypothese. Die Nullhypothese negiert den in der Hypothese vorausgesagten Effekt. Gibt es noch weitere Hypothesen? Formulieren Sie gegebenenfalls alternative Hypothesen.

Lösungsbeispiel 5

Ihre Nullhypothese könnte wie folgt aussehen (bedenken Sie, dass diese Nullhypothese von Ihrer eigenen Hypothese abhängt!): Das Sexualverhalten des männlichen Seidenspinners wird nicht allein durch chemische Signale ausgelöst.

13.3.2 Planung

Arbeitshinweis 6

Wie nehmen Sie Veränderungen bei den Ausgangsbedingungen vor?

- Planen Sie einen geeigneten experimentellen Aufbau.
- Geben Sie an, wie Sie die unabhängige Variable variieren wollen.
- Überlegen Sie sich, wie viele verschiedene Ausprägungen der unabhängigen Variable angemessen sind.
- Entscheiden Sie, welcher Kontrollansatz benötigt wird.

Lösungsbeispiel 6

Zur Untersuchung der Forschungsfrage werden verschiedene Ansätze mit jeweils einem weiblichen und einem männlichen Seidenspinner benötigt.
Die Tiere werden maximal entfernt von einander z. B. auf einem Flipchartbogen positioniert; beide Tiere müssen sich bis zum Versuchsbeginn unter einer Abdeckung befinden, welche weder einen visuellen noch einen chemischen Austausch von Signalen erlaubt (hier: z. B. nicht transparenter Plastikbecher, am Rand durch Vaseline abgedichtet; Bechergläser sind aufgrund der Ausgießöffnung nicht geeignet)! Ein Fön wird in ca. 50 cm Entfernung hinter dem Weibchen positioniert; hiermit wird ein kontinuierlicher, leichter Luftstrom erzeugt (Verwendung der Kaltstelltaste bei niedrigstem Gebläse). Der Versuch startet, indem die Abdeckung zuerst beim weiblichen und anschließend beim männlichen Seidenspinner entfernt wird.

Folgende Variationen der unabhängigen Variable sind u. a. möglich: weiblicher Seidenspinner bleibt während des Versuchs unter einer a) nicht durchsichtigen, aber luftdurchlässigen Abdeckung (kein visuelles, aber chemisches Signal möglich) bzw. b) durchsichtigen, aber nicht luftdurchlässigen Abdeckung (visuelles, aber kein chemisches Signal möglich); kein weiblicher Seidenspinner, sondern allein ein mit dem Drüsensekret des weiblichen Seidenspinners präpariertes Filterpapier wird für den Versuchsaufbau verwendet (kein visuelles Signal möglich); das Weibchen wird wie oben beschrieben in den Versuchsaufbau integriert (alle Signale möglich). Für einen Kontrollansatz wird das Verhalten des männlichen Seidenspinners ohne weiblichen Seidenspinner und ohne externe Quelle für ein chemisches Signal dokumentiert (kein Signal).

Arbeitshinweis 7

Wie weisen Sie Veränderungen bei den Auswirkungen nach? Überlegen Sie, wie Sie Änderungen der abhängigen Variable ermitteln bzw. messen wollen. Ist es weiterführend möglich, dass die Ausprägung der abhängigen Variable auch in Zahlen ausgedrückt wird?

Lösungsbeispiel 7

Die abhängige Variable wird dokumentiert, indem das Verhalten des männlichen Seidenspinners in Anwesenheit eines weiblichen Seidenspinners beobachtet und beschrieben wird; eventuell zu beobachtende Orientierungsläufe werden unmittelbar auf dem Flipchartbogen nachgezeichnet.

Arbeitshinweis 8

Was beeinflusst das Experiment? Überlegen Sie, ob es weitere, bisher nicht berücksichtigte Variablen gibt, welche die Ergebnisse Ihres Experiments beeinflussen? Identifizieren Sie diese möglichen Störvariablen.

Lösungsbeispiel 8

Eine Beeinflussung des Experiments ist durch die hohe Sensitivität der Sinneshärchen der Antennen des männlichen Seidenspinners möglich, sobald eine Kontaminierung des Versuchsansatzes mit dem chemischen Signal vor Versuchsbeginn vorliegt; z. B. durch die Verwendung einer luftdurchlässigen Abdeckung für den weiblichen Seidenspinner oder das mehrmalige Nutzen des Versuchsansatzes (z. B. Flipchartbogen, Gefäße). Eine weitere Störvariable könnte das Alter des Weibchens sein; die Hinterleibsdrüse sollte klar erkennbar sein, was vor allem bei frisch geschlüpften Seidenspinnern der Fall ist. Die Luftstromstärke sollte gerichtet sein. Generell stellt das Arbeiten mit Lebewesen eine versuchsimmanente Störvariable dar; da mit verschiedenen Seidenspinnern für die unterschiedlichen Ansätze gearbeitet werden muss, wird dieser Faktor stets verändert.

Arbeitshinweis 9

Wann, wie lange und in welchen Abständen soll beobachtet bzw. gemessen werden?

- Start der Beobachtung: Geben Sie den Zeitpunkt an, wann die Beobachtung beginnen soll.
- Dauer der Beobachtung: Überlegen Sie, wie lang der Zeitraum für eine angemessene Beobachtungsdauer ist.
- Intervalle der Beobachtung: Falls mehrere Zeitpunkte für die Beobachtung festgelegt werden sollen, überlegen Sie sich deren Anzahl und den Zeitabstand dazwischen.

Lösungsbeispiel 9

Die Beobachtung startet durch das Freilassen des Männchens. Es erfolgt eine ständige Beobachtung des Verhaltens des Männchens. Die Messung wird beendet, sobald das Männchen Kopulationsverhalten als letzten Schritt der Reaktionskette zeigt (■ Abb. 13.1b) bzw. nach max. fünf Minuten.

Arbeitshinweis 10

Wie oft soll das Experiment wiederholt werden? Überlegen Sie, wie oft Sie das Experiment durchführen wollen und wie Sie dies praktisch umsetzen. Kann man durch Variationen im Ablauf das Experiment noch optimieren?

Lösungsbeispiel 10

Die Reihenfolge der Versuchsansätze sollte so gewählt werden, dass mehrfach mit den gleichen Tieren gearbeitet wird. Es ist dabei darauf zu achten, dass Versuche, bei denen keine direkte Kopulation stattfindet, zuerst durchgeführt werden. Somit lässt sich die Anzahl der eingesetzten Tiere reduzieren.

13.3.3 Beobachtung und Datenauswertung

Arbeitshinweis 11

Wie sehen die Daten aus? Beschreiben und vergleichen Sie die Daten Ihrer experimentellen Ansätze, ohne diese dabei zu interpretieren.

Lösungsbeispiel 11

Ihre Ergebnisdarstellung könnte Folgendes enthalten: Beschreibung des beobachteten Verhaltens des männlichen Seidenspinners; gegebenenfalls ergänzt durch Skizzen vom Orientierungslauf etc. Wie stark unterscheiden sich die Ergebnisse der Ansätze, d. h., welche Verhaltensmuster der Reaktionskette werden jeweils gezeigt?

Arbeitshinweis 12

Wie können die Daten gedeutet werden?

- Ziehen Sie eine Schlussfolgerung für Ihre Hypothese: Wird Ihre Hypothese durch die Daten des Experiments gestützt oder widerlegt?
- Begründen Sie auf der Basis Ihrer Daten, warum Ihre Schlussfolgerung gerechtfertigt ist.
- Welche Schlussfolgerung kann aufgrund der Daten für das Ausgangsproblem gezogen werden?

Lösungsbeispiel 12

Ihre Interpretation sollte folgenden Punkt beinhalten: Die variierte Präsentation von Kommunikationssignalen durch die unterschiedlichen Versuchsansätze hatte einen/keinen Effekt auf das Auslösen der Reaktionskette zum Sexualverhalten. Unsere zu Beginn formulierte Hypothese konnte gestützt/widerlegt werden, da …

Arbeitshinweis 13

Gibt es Einschränkungen bei der Deutung der Daten? Überlegen Sie, wie aussagekräftig Ihre Daten sind und ob es hier eventuelle Einschränkungen gibt. Wenn ja, wie lassen sich diese Einschränkungen erklären?

Lösungsbeispiel 13

Einschränkungen der Aussagekraft der Daten könnten sich z. B. ergeben durch die begrenzte Anzahl der Versuche, den Einsatz älterer weiblicher Seidenspinner oder individuell bedingte Unterschiede der eingesetzten männlichen Seidenspinner.

Arbeitshinweis 14

Beurteilen Sie Ihr Experiment im Hinblick auf die Aspekte Hypothesenformulierung, Planung und Durchführung. Welche Punkte sollten gegebenenfalls für eine erneute Untersuchung geändert werden?

Lösungsbeispiel 14

Folgende Fragen sollten Sie z. B. beachten: War die Planung geeignet, um die Hypothese zu prüfen? War die Messung der abhängigen Variable adäquat? Gab es Störvariablen, die nicht berücksichtigt wurden?

Arbeitshinweis 15

Wie könnte es weitergehen? Stellen Sie folgende Überlegungen an: Sind während des Experimentierprozesses neue Forschungsfragen aufgetaucht, die Sie untersuchen möchten? Wurden neue mögliche abhängige Variablen identifiziert? Wie könnte man das Experiment unter veränderten Bedingungen durchführen?

Lösungsbeispiel 15

Zur weiteren Überprüfung könnte z. B. das Verhalten des männlichen Seidenspinners in Abhängigkeit von der Entfernung vom Weibchen oder in Abhängigkeit von der Art des Luftstroms (gerichtet, diffus) untersucht werden. Eine weitere, in der Literatur beschriebene Möglichkeit ist die Durchführung der Experimente mit männlichen Tieren, denen die Antennen ganz oder teilweise amputiert werden; hierauf soll aus tierethischen Gründen allerdings verzichtet werden. Auch eine Durchführung des Versuchs mit dem isolierten Pheromon Bombykol oder anderen verwandten Substanzen ist möglich.

13.4 Übungsfragen

Mit den folgenden Übungsfragen können Sie Ihr Wissen zum theoretischen Hintergrund sowie zur praktischen Umsetzung des Experiments überprüfen. Dabei wird vorausgesetzt, dass die Theorie zusätzlich mit der angegebenen Literatur vertieft und gegebenenfalls weitere Literatur recherchiert wurde. Die Antworten können im Appendix überprüft werden.

1. Nennen Sie vier verschiedene Formen von Signalen, die der Kommunikation im Tierreich dienen.

2. Bringen Sie die verschiedenen Verhaltensweisen der Reaktionskette des männlichen Seidenspinners entsprechend seines sexuellen Balzverhaltens in die richtige Reihenfolge: Schwirrtanz, Kopulationsverhalten, Heben des Kopfes und Bewegen der Antennen, Flügelschwirren, Orientierungslauf in Richtung des Weibchens, Kopulationsversuche mit kurvenartiger Einbiegung des Abdomens.

3. Der Versuch zum Sexualverhalten des Seidenspinners wird mit adulten Tieren durchgeführt. Welche Tiere können dabei eingesetzt werden? Mehrfachantworten sind möglich.
   a. zwölf Tage alt, männlich
   b. zwölf Tage alt, weiblich
   c. fünf Tage alt, männlich
   d. fünf Tage alt, weiblich
   e. frisch geschlüpft, männlich
   f. frisch geschlüpft, weiblich

4. Weibliche Seidenspinner sind stationär und bewegen sich kaum fort. Begründen Sie, warum die Tiere trotzdem vor Versuchsbeginn abgedeckt werden müssen.

5. In der Literatur finden sich Experimente zum Sexualverhalten von Seidenspinnern, bei denen man den männlichen Tieren die Antennen entfernt bzw. die Augen mit schwarzer Farbe überstrichen hat. Erläutern Sie Überlegungen, die diesen Versuchen zugrunde liegen.

6. Erläutern Sie, welche Funktion der Einsatz eines Föns bei der Untersuchung des Sexualverhaltens von Seidenspinnern haben kann.

13.5 Appendix

13.5.1 Beispiel für eine Musterlösung

Forschungsfrage: Durch welche Signale wird die Reaktionskette des Sexualverhaltens des männlichen Seidenspinners ausgelöst?

Hypothese: Wenn das Sexualverhalten des männlichen Seidenspinners allein durch chemische Signale (UV) ausgelöst wird, dann sollte auch ein für das männliche Tier nicht sichtbares, aber durch chemische Signalstoffe wahrnehmbares Weibchen das Auflösen der Reaktionskette initiieren (AV).

Materialien: Zwei weibliche und zwei männliche Seidenspinner, Bleistift, Filterpapier, Flipchartpapier, Fön mit Kaltstelltaste, Lineal, Marmeladengläser, Maßband, Nadel zum Durchlöchern eines Plastikbechers, Petrischale, nicht transparente Plastikbecher, transparente Plastikbecher, Stoppuhr, Vaseline

Durchführung: Zur Untersuchung des Signals, welches die Reaktionskette des Sexualverhaltens des männlichen Seidenspinners auslöst, werden die Faktoren in fünf verschiedenen Ansätzen variiert (◘ Tab. 13.1). Bei allen Ansätzen wird ein männliches Tier in maximaler Entfernung auf einem Flipchartbogen positioniert, und es wird dessen Verhalten beobachtet, sobald das Signal des Senders vorhanden ist. Es ist wichtig, sauber zu arbeiten, sodass auf keinem Signalweg ein vorheriger Kontakt zwischen weiblichen und männlichen Seidenspinnern stattfindet.

◘ **Tab. 13.1** Aufschlüsselung der Merkmalsvariation je Ansatz zur Untersuchung des Sexualverhaltens des männlichen Seidenspinners; ja = vorhanden; nein = nicht vorhanden

Untersuchungsgegenstand		Ansatz				
		1	2	3	4	5
Weiblicher Seidenspinner (Sender)	mit nicht durchsichtiger, luftdurchläsiger Abdeckung	ja	nein	nein	nein	nein
	mit durchsichtiger, nicht luftdurchlässiger Abdeckung	nein	ja	nein	nein	nein
	nicht vorhanden, *aber* Hinterleibsdrüsensekret	nein	nein	ja	nein	nein
	ohne Abdeckung	nein	nein	nein	ja	nein
	nicht vorhanden	nein	nein	nein	nein	ja
Männlicher Seidenspinner (Empfänger)	ohne Abdeckung	ja	ja	ja	ja	ja
Signal	visuell	nein	ja	nein	ja	nein
	chemisch	ja	nein	ja	ja	nein

Um die Übertragung des chemischen Signals durch den Wind zu simulieren, wird ein Fön verwendet (niedrigste Stufe; Kaltstelltaste).

Beobachtung: Die Ansätze 1, 3 und 4 zeigen ein charakteristisches ausgelöstes Sexualverhalten des männlichen Seidenspinners (◘ Tab. 13.2); wobei die Ansätze 1 und 3 mit Kopulationsversuchen endeten. Für den zweiten Ansatz konnte keine Reaktion des männlichen Seidenspinners auf das visuelle Signal des Weibchens beobachtet werden. ◘ Abbildung 13.3 zeigt exemplarisch eine Skizze des Orientierungslaufs des Seidenspinners.

Theoriebasierte Erklärung: Die Versuchsergebnisse deuten darauf hin, dass der männliche Seidenspinner das Weibchen über chemische Signale findet. Dies wird in der Literatur bestätigt. Seidenspinnerweibchen produzieren in ihrer Abdominaldrüse das Sexualpheromon Bombykol; ein primärer Alkohol mit einer langen doppelt ungesättigten Kette aus 15 Kohlenstoffatomen und dementsprechend hydrophoben Eigenschaften (Cotton 2009). Die Männchen des Seidenspinners wiederum besitzen auf ihren Antennen Sinneshaare (Sensillen) für Bombykol. Die Empfindlichkeit gegenüber Bombykol ist dabei außerordentlich hoch. Elektrophysiologische Untersuchungen abpräparierter Antennen, sogenannte Elektroantennogramme, von Seidenspinnermännchen

◘ **Tab. 13.2** Ergebnisse der Beobachtung zum Sexualverhalten des männlichen Seidenspinners

Ansatz	Beobachtung
1	Heben des Kopfes, Bewegen der Antennen, Flügelschwirren, Schwirrtanz gegen Windrichtung, Orientierungslauf in Richtung der Abdeckung, Kopulationsversuche mit kurvenartiger Einbiegung des Abdomens
2	Keine beobachtbare Reaktion
3	Heben des Kopfes, Bewegen der Antennen, Flügelschwirren, Schwirrtanz gegen Windrichtung, Orientierungslauf in Richtung des Filterpapiers, Kopulationsversuche mit kurvenartiger Einbiegung des Abdomens
4	Heben des Kopfes, Bewegen der Antennen, Flügelschwirren, Schwirrtanz, Orientierungslauf in Richtung des Weibchens, Kopulationsversuche mit kurvenartiger Einbiegung des Abdomens, Kopulation
5	Keine beobachtbare Reaktion

◘ **Abb. 13.3** Skizzierter Orientierungslauf des männlichen Seidenspinners für Ansatz 4 (◘ Tab. 13.2)

zeigten, dass bereits ein einziges Molekül ausreicht, um ein Aktionspotential auszulösen; die Reaktionskette des Balzverhaltens wird ausgelöst, sobald pro Antenne ca. 40 der 20.000 Sinneshaare pro Sekunde aktiviert werden (Eckert 2002). Das Männchen folgt dann dem Konzentrationsgradienten gegen den Wind und findet so das Weibchen. Dabei kommt es zu einer Art Zickzacklauf mit Schleifenbewegungen, da bereits kleinste Änderungen der Duftkonzentration wahrgenommen werden, z. B. durch Luftverwirbelungen oder am Rande der Duftfahne. Selbst isoliertes Bombykol löst die Reaktionskette beim Seidenspinnermännchen aus. Wird der Duftstoff dem Männchen durch eine luftdichte, aber transparente Abdeckung vorenthalten, kommt es trotz visueller Wahrnehmung des Weibchens zu keiner Auslösung des Sexualverhaltens (vgl. Boppré 1978).

Hinweise zum Experiment für Dozierende: Aufgrund der hohen Sensitivität der Seidenspinnermännchen gegenüber Bombykol ist sehr sauberes Arbeiten notwendig. Um den Kontakt der männlichen Tiere vor Versuchsbeginn mit Bombykol auszuschließen, sollten die Kokons am Ende der Entwicklungszeit unter einzelnen, komplett abschließenden transparenten Gefäßen (keine Bechergläser!) gehalten werden, und die männlichen adulten Seidenspinner (Imagos) sollten nach dem Schlüpfen in einem anderen Raum untergebracht werden. Die Lebensdauer der adulten Seidenspinner (Imagos) liegt bei sieben bis zehn Tagen. Für jeden Versuch müssen neue Materialien wie Papierunterlagen, Gefäße etc. verwendet werden. Weiterhin muss der Versuch in einem Raum durchgeführt werden, der gut zu lüften ist.

Eier von *Bombyx mori* erhalten Sie z. B. in der Didaktik der Biologie der Freien Universität Berlin. Ebenfalls können sie bei der Forschungsanstalt zur Serikultur in Padua/Italien (CRA-API – Honey Bee and Silkworm Unit of the Council for Research and Experimentation in Agriculture) angefordert werden. Eier werden dort zu Ausbildungszwecken kostenlos abgegeben. Für weitere Bezugsquellen, z. T. auch mit didaktischen Hinweisen, siehe: www.swiss-silk.ch. Die Aufzucht gelingt leicht mit Maulbeerblättern von Anfang Mai bis in den Spätsommer; Hinweise zum Vorkommen von Maulbeerbäumen erhalten Sie z. B. durch die Straßen- oder Grünflächenämter Ihrer Gemeinde oder auf der Internetseite mundraub.org. Die Ernährung mit künstlicher Nahrung (auf der Basis von trockenen Maulbeerblättern) ist etwas aufwändiger; ein didaktisches Kit hierzu wird über CRA-API angeboten. Im Internet finden sich insbesondere in der englischsprachigen Literatur etliche Hinweise zum einfachen Halten von Seidenspinnern.

13.5.2 Lösungen zu den Übungsfragen

1. Visuelle (auch: optische), akustische, mechanosensorische und chemische Signale können der Kommunikation im Tierreich dienen.
2. Der Beginn des Sexualverhaltens des männlichen Seidenspinners wird durch das Heben des Kopfes und das Bewegen der Antennen erkennbar; es folgen: Flügelschwirren, Schwirrtanz, Orientierungslauf in Richtung des Weibchens, Kopulationsversuche mit kurvenartiger Einbiegung des Abdomens und Kopulationsverhalten.
3. a) fünf Tage alt, männlich; b) frisch geschlüpft, männlich; c) frisch geschlüpft, weiblich
4. Das Aussenden von Signalen wird damit unterbunden.
5. Isolierung der Messgröße: chemisches bzw. visuelles Signal wird unterbunden.
6. Schaffung eines leichten Luftstroms zur Testung der Hypothese, dass der weibliche Seidenspinner aufgrund von chemischen Signalen (Pheromonen) vom männlichen Seidenspinner wahrgenommen wird.

Literatur

Appuhn U (2000) Seidenspinner Bombyx mori. Prax Naturwiss, Biol 49:1–13

Bisch-Knaden S, Daimon T, Shimada T, Hansson BS, Sachse S (2014) Anatomical and functional analysis of domestication effects on the olfactory system of the silkmoth Bombyx mori. Proc R Soc B 281:20132582. doi:10.1098/rspb.2013.2582

Boppré M (1978) Das Experiment: Sexuallockstoff beim Seidenspinner. Biol Unserer Zeit 8:120–124. doi:10.1002/biuz.19780080407

Campbell NA, Reece JB (2009) Signalgebung und Kommunikation bei Tieren. In: Kratochwil A, Scheibe R, Wieczorek H (Hrsg) Biologie. Pearson, Hallbergmoos, S 1507–1509

Cotton S (2009) Bombykol. Molecule of the month May 2009. http://www.chm.bris.ac.uk/motm/bombykol/bombykolh.htm. Zugegriffen: 24. Okt. 2016

Eckert, R (2002) Tierphysiologie. Georg Thieme Verlag, Stuttgart

Engelmann W, Antkowiak B (2016) Blumenuhren, Zeit-Gedächtnis und Zeit-Vergessen. Universität Tübingen, Tübingen

Purves WK, Sadava D, Orians GH, Heller HC (2006) Kommunikation. In: Markl J (Hrsg) Biologie. Elsevier Spektrum Akademischer Verlag, München, S 1258–1261

Schwinck I (1954) Experimentelle Untersuchungen über Geruchssinn und Strömungswahrnehmung in der Orientierung bei Nachtschmetterlingen. Z vgl Physiol 37:19–56. doi:10.1007/BF00298167

Weiterführende Literatur

Brion H (2013) Seidenraupen-Aufzucht. Praxishandbuch. Vereinigung Schweizer Seidenproduzenten - Swiss Silk, Hinterkappelen

Butenandt A, Beckmann R, Stamm D, Hecker E (1959) Über den Sexual-Lockstoff des Seidenspinners Bombyx mori. Reindarstellung und Konstitution. Z Naturforschg B 14:283–284

Sicherheitshinweise

Andreas Peters, Till Bruckermann und Kirsten Schlüter

T. Bruckermann, K. Schlüter (Hrsg.), *Forschendes Lernen im Experimentalpraktikum Biologie*,
DOI 10.1007/978-3-662-53308-6_14

Bei der Arbeit mit Chemikalien müssen neben den Vorschriften zum sicheren Arbeiten im Labor im Allgemeinen (z. B Kremer und Bannwarth 2014), im Speziellen die Gefahrenkennzeichnungen beachtet werden. Sie richten sich nach dem *Globally Harmonized System*, auf Deutsch global harmonisiertes System (GHS; UN-Nachhaltigkeitskonferenz Rio de Janeiro 1992) (Tab. 14.1), das auf der ganzen Welt Gültigkeit hat. Die Symbole werden durch eine Bezeichnung (z. B. GHS 01: explodierende Bombe) und durch die Zuordnung von Gefahrenklassen (z. B. GHS 01: explosive Stoffe/Gemische, selbstzersetzliche Stoffe/Gemische, …) spezifiziert. Weiterhin sind Chemikalien auf ihren Verpackungen durch H- und P-Sätze (*Hazard and Precautionary Statements*) gekennzeichnet. Sie gehen aus der *Regulation on Classification, Labelling and Packaging of Substances and Mixtures* (CLP-Verordnung bzw. EG-Verordnung Nr. 1272/2008; Bundesanstalt für Arbeitsschutz und Arbeitsmedizin oD) hervor. Die H-Sätze ersetzen die früher geltenden Risiko-Sätze und sind in der gesamten EU gültig. Sie weisen auf Gefahrenmerkmale der damit gekennzeichneten Gefahrstoffe hin und werden auf der Verpackung gelistet. Dabei können für die in diesem Buch aufgeführten Experimente die Kategorien Physikalische Gefahren (H200-Reihe) und Gesundheitsgefahren (H300-Reihe) unterschieden werden (Tab. 14.2). Weiterhin gibt es auch Umweltgefahren (H400-Reihe). Die P-Sätze ersetzen die Sicherheitssätze und sind ebenfalls in der gesamten EU gültig. Sie beschreiben Sicherheitsmaßnahmen, die bei der Handhabung der damit gekennzeichneten Gefahrstoffe ergriffen werden müssen. Dazu werden die notwendigen P-Sätze miteinander kombiniert: Für mit P304 + 340 gekennzeichnetes Calciumhydroxid gilt, dass bei Einatmen (P304) die betroffene Person an die frische Luft gebracht werden muss und in einer Position ruhigzustellen ist, die das Atmen erleichtert (P340) (Tab. 14.3).

14.1 GHS-Symbole

Tab. 14.1 Das Global Harmonisierte System: Codierung, Symbol, Bezeichnung und Gefahrenklasse

Codierung	Symbol	Bezeichnung	Gefahrenklasse
GHS 01		Explodierende Bombe	Explosive Stoffe/Gemische und Erzeugnisse mit Explosivstoff Selbstzersetzliche Stoffe und Gemische Organische Peroxide
GHS 02		Flamme	Entzündbare Gase, Aerosole, Flüssigkeiten, Feststoffe Selbstzersetzliche Stoffe und Gemische Pyrophore Flüssigkeiten, Feststoffe Selbsterhitzungsfähige Stoffe und Gemische Stoffe und Gemische, die in Berührung mit Wasser entzündliche Gase entwickeln Organische Peroxide

Tab. 14.1 Fortsetzung

Codierung	Symbol	Bezeichnung	Gefahrenklasse
GHS 03		Flamme über einem Kreis	Oxidierende Gase, Flüssigkeiten, Feststoffe
GHS 04		Gasflasche	Gase unter Druck
GHS 05		Ätzwirkung	Ätz-/Reizwirkung auf die Haut Schwere Augenschädigung/ Augenreizung Korrosiv gegenüber Metallen
GHS 06		Totenkopf mit gekreuzten Knochen	Akute Toxizität oral, dermal, inhalativ (Kategorien 1, 2 und 3 nach Ausprägung der mittleren tödlichen Dosis)
GHS 07		Ausrufezeichen	Akute Toxizität oral, dermal, inhalativ (Kategorie 4: Ausprägung der mittleren tödlichen Dosis 300–2000 mg/kg) Ätz-/Reizwirkung auf die Haut Schwere Augenschädigung/ Augenreizung Sensibilisierung der Haut Spezifische Zielorgantoxizität (einmalige Exposition)
GHS 08		Gesundheitsgefahr	Karzinogenität Keimzellenmutagenität Reproduktionstoxizität Spezifische Zielorgantoxizität (einmalige Exposition) Sensibilisierung der Atemwege Aspirationsgefahr
GHS 09		Umwelt	Gewässergefährdend (akut, chronisch)

14.2 H-Sätze

Tab. 14.2 Auswahl von H-Sätzen nach dem GHS für die Experimente in diesem Buch

H200-Reihe: Physikalische Gefahren	
H225	Flüssigkeit und Dampf leicht entzündbar
H300-Reihe: Gesundheitsgefahren	
H315	verursacht Hautreizungen
H318	verursacht schwere Augenschäden
H319	verursacht schwere Augenreizung
H334	kann bei Einatmen Allergie, asthmaartige Symptome oder Atembeschwerden verursachen
H335	kann die Atemwege reizen
H341	kann vermutlich genetische Defekte verursachen (Expositionsweg angeben, sofern schlüssig belegt ist, dass diese Gefahr bei keinem anderen Expositionsweg besteht)
H350	kann Krebs erzeugen (Expositionsweg angeben, sofern schlüssig belegt ist, dass diese Gefahr bei keinem anderen Expositionsweg besteht)

14.3 P-Sätze

Tab. 14.3 Auswahl von P-Sätzen nach dem GHS für die Experimente in diesem Buch

P200-Reihe: Prävention	
P210	von Hitze/Funken/offener Flamme/heißen Oberflächen fernhalten, nicht rauchen
P235	kühl lagern
P240	Behälter und zu befüllende Anlage erden
P241	explosionsgeschützte elektrische Betriebsmittel/Lüftungsanlagen/Beleuchtung/ … verwenden
P260	Staub/Rauch/Gas/Nebel/Dampf/Aerosol nicht einatmen
P261	Einatmen von Staub/Rauch/Gas/Nebel/Dampf/Aerosol vermeiden
P264	nach Gebrauch … gründlich waschen
P280	Schutzhandschuhe/Schutzkleidung/Augenschutz/Gesichtsschutz tragen
P300-Reihe: Reaktion	
P303	bei Berühren mit der Haut (oder dem Haar):
P304	bei Einatmen:

Tab. 14.3 Fortsetzung

P305	bei Kontakt mit den Augen:
P308	bei Exposition oder falls betroffen:
P311	Giftinformationszentrum oder Arzt anrufen
P313	ärztlichen Rat einholen/ärztliche Hilfe hinzunehmen
P314	bei Unwohlsein ärztlichen Rat einholen/ärztliche Hilfe hinzunehmen
P332	bei Hautreizung:
P337	bei anhaltender Augenreizung:
P338	eventuell vorhandene Kontaktlinsen nach Möglichkeit entfernen. Weiter ausspülen
P340	die betroffene Person an die frische Luft bringen und in einer Position ruhigstellen, die das Atmen erleichtert
P342	bei Symptomen der Atemwege:
P351	einige Minuten lang behutsam mit Wasser ausspülen
P353	Haut mit Wasser abwaschen/duschen
P361	alle kontaminierten Kleidungsstücke sofort ausziehen
P370	bei Brand:
P378	... zum Löschen verwenden
P403	an einem gut belüfteten Ort aufbewahren
P501	Inhalt/Behälter ... zuführen

Literatur

Kremer BP, Bannwarth H (2014) Einführung in die Laborpraxis. Basiskompetenzen für Laborneulinge, 3. Aufl. Springer, Heidelberg

UN-Nachhaltigkeitskonferenz (1992) Agenda 21. Konferenz der Vereinten Nationen für Umwelt und Entwicklung. Resource Document. Vereinte Nationen. http://www.un.org/depts/german/conf/agenda21/agenda_21.pdf. Zugegriffen: 19. Sept. 2016

Weiterführende Literatur

Bundesanstalt für Arbeitsschutz und Arbeitsmedizin (ohne Datum) Verordnung (EG) Nr. 1272/2008 über die Einstufung, Kennzeichnung und Verpackung von Stoffen und Gemischen. http://www.reach-clp-biozid-helpdesk.de/de/CLP/CLP.html. Zugegriffen: 23. Okt. 2016

Glossar

T. Bruckermann, K. Schlüter (Hrsg.), *Forschendes Lernen im Experimentalpraktikum Biologie*,
DOI 10.1007/978-3-662-53308-6_15

Aerob: Als aerob werden Stoffwechselvorgänge bezeichnet, die unter Anwesenheit von Sauerstoff ablaufen.

Aldehydgruppe: Die Aldehydgruppe ist eine funktionelle Gruppe, die durch die Doppelbindung eines Sauerstoffatoms und die Einfachbindung eines Wasserstoffatoms an ein Kohlenstoffatom gekennzeichnet ist.

Amylase: Amylasen sind eine Enzymgruppe von Hydrolasen, die bei Oligo- und Polysacchariden die 1,4-α-glykosidischen Bindungen unter Wasseranlagerung aufspalten. Je nach Amylase-Typ erfolgt die Spaltung entweder innerhalb der Oligo- bzw. Polysaccharide (Endo-Amylasen) oder vom Ende her (Exo-Amylasen). α-Amylasen sind Endo-Amylasen. Nach mehrfacher Spaltung des Substrats entsteht als Produkt vor allem Maltose. Beim Menschen werden α-Amylasen in den Speicheldrüsen des Mundes und in der Bauchspeicheldrüse gebildet.

Anaerob: Als anaerob werden Stoffwechselvorgänge bezeichnet, die unter Sauerstoffausschluss ablaufen.

Aufschlämmung: siehe Suspension

Bindung, nichtkovalente: Nichtkovalente Bindungen sind Bindungen, die nicht auf der Wechselwirkung von Elektronenpaaren der Außenschale von Atomen beruhen. Beispiele für solche nichtkovalente Bindungen sind Van-der-Waals-Kräfte, Wasserstoffbrückenbindungen und Ionenbindungen. Bei den Van-der-Waals-Kräften bestehen äußerst schwache Wechselwirkungen zwischen Molekülen bzw. Molekülbereichen bedingt durch kurzzeitige ungleichmäßige Verteilungen der Elektronen ihrer Atome. Auch Wasserstoffbrückenbindungen sind schwache Wechselwirkungen, an denen jeweils ein Wasserstoffatom (welches meist an ein Sauerstoff- oder Stickstoffatom gebunden ist) und ein freies Elektronenpaar eines anderen Atoms (meist Sauerstoff oder Stickstoff) beteiligt sind. Ionenbindungen entstehen durch die elektrostatische Anziehung zwischen unterschiedlich (positiv und negativ) geladenen Ionen.

Blutkapillare: Blutkapillaren sind feinste Gefäße, die als starke Verästelung des Blutgefäßsystems den Stoffaustausch (Sauerstoff, Nährstoffe und Stoffwechselendprodukte) zwischen Blutkreislauf und Gewebe erleichtern. Sie verbinden das arterielle und das venöse Gefäßsystem.

Bombykol: Bombykol ist ein Sexualpheromon (siehe: Pheromon) des Seidenspinners *Bombyx mori*. Es wird von den weiblichen Tieren aus einer Drüse am Abdomen freigesetzt und dient über viele Kilometer als Lockstoff für Seidenspinnermännchen.

Bromthymolblau: Bromthymolblau ist ein Farbstoff, der als pH-Indikator geeignet ist und bei einem pH-Wert von 6,0–7,6 von gelb über grün nach blau umschlägt.

Calvinzyklus: Als Calvinzyklus wird eine Abfolge enzymatisch katalysierter Reaktionen genannt, die ATP und NADPH aus der Lichtreaktion der Photosynthese zur Fixierung von Kohlenstoffdioxid (CO_2) nutzt. Dazu wird Kohlenstoffdioxid an ein Akzeptormolekül gebunden (Carboxylierung), wobei das instabile Produkt durch Hydrolyse in zwei Moleküle zerfällt, die unter Energieverbrauch (ATP und NADPH aus der Lichtreaktion) reduziert werden, sodass in weiteren Syntheseschritten Kohlenhydrate entstehen und das Akzeptormolekül wieder regeneriert wird.

Carotinoide: Carotinoide sind lipophile (fettliebende) Pigmente, die u. a. im Blatt vorkommen und dort Bestandteil der Lichtsammelkomplexe der Photosysteme sind. Sie verkleinern die Absorptionslücke der Chlorophylle (Grünlücke) etwas, da sie nicht nur blaues, sondern auch grünlich-blaues Licht (im Wellenlängenbereich von 460–550 nm) absorbieren.

Chlorophylle: Chlorophylle sind Blattpigmente, welche vor allem blaues Licht (im Wellenlängenbereich von 400–480 nm) sowie rotes Licht (im Wellenlängenbereich von 630–680 nm) absorbieren. Grünes Licht wird dagegen reflektiert und gelbes Licht nur zu einem sehr geringen Anteil aufgenommen. Chlorophylle sind Bestandteile der Lichtsammelkomplexe der Photosysteme, bilden aber auch das Reaktionszentrum dieser Photosysteme.

Denaturierung: Eine Denaturierung von Makromolekülen kann physikalisch (Hitze) und chemisch (Säuren, Laugen) erfolgen, wobei die Sekundär- und Tertiärstruktur von Proteinen so verändert wird, dass deren Funktionalität verloren geht.

Dextrine: Dextrine oder auch Maltodextrine sind Abbauprodukte der Stärke und liegen somit in ihrer Kettenlänge zwischen Stärke und Oligosacchariden.

Diapause: Pausierung im Entwicklungszyklus bei Insekten und einigen anderen Wirbellosen mit starker Einschränkung des Energiebedarfs zur Überwindung jahreszeitlich bedingter, ungünstiger Witterungsperioden. Die Diapause kann in jedem Entwicklungsstadium des Organismus (Ei, Larve, Puppe, Imago) auftreten und wird meist in Abhängigkeit von der Tageslänge gesteuert; beim Seidenspinner findet die Diapause beispielsweise im Entwicklungsstadium Ei statt.

Dichte, spezifische: Sie wird auch als relative Dichte bezeichnet und besitzt keine Einheit. Sie entspricht dem Quotienten (Bruch) aus der Dichte zweier Stoffe, wobei im Nenner jene Stoffdichte steht, die als Referenz herangezogen wird. Bei Flüssigkeiten dient oftmals die Dichte von Wasser (1 g/cm^3) bei 20 °C als Referenzwert. Bei Gasen ist es die Dichte von trockener Luft bei 1 bar und einer bestimmten Temperatur.

Dichtestress: Bei hoher Individuendichte in einem begrenzten Raum werden Faktoren wirksam, die man zusammenfassend als Dichtestress bezeichnen kann. Dies hat für einen Teil der Individuen negative Folgen z. B. in Bezug auf das Wachstum.

Dissoziiert: Unter Dissoziation versteht man die Spaltung von Molekülen durch Lösungsmittel oder elektrische Ströme. Die entstehenden Spaltprodukte können elektrisch geladen sein (Ionen). Wenn etwas dissoziiert, zerfällt es bzw. es wird etwas aufgespalten.

Dormanz: Die Dormanz bezeichnet neben der Knospenruhe auch den Zustand der Samenruhe, in der die Stoffwechselprozesse minimiert sind und erst durch Außenfaktoren, wie z. B. Temperatur und Licht, aktiviert werden. In diesem Ruhezustand ist auch der Wassergehalt der Samen stark reduziert, sodass keine Stoffwechselprozesse stattfinden können.

Elektronencarrier: Elektronencarrier transportieren in Photosynthese und Zellatmung Elektronen von einem Substrat zum nächsten. Sie selbst werden reduziert, sobald sie Elektronen aufnehmen, und anschließend erneut oxidiert, indem sie diese Elektronen wieder abgeben. Elektronencarrier kommen als Bestandteile von Elektronentransportketten vor, wie z. B. in der Lichtreaktion der Photosynthese und der Atmungskette der Zellatmung. Weiterhin findet man sie in der Funktion von Coenzymen. Als solche fungieren NAD^+ (oxidierte Form)/NADH (reduzierte Form) und FAD/$FADH_2$ bei der Zellatmung sowie $NADP^+$/NADPH bei der Photosynthese.

Elektronendonator: Verbindungen, die in einer Reaktion Elektronen abgeben, werden als Elektronendonatoren bezeichnet. Der Elektronendonator wird durch die Elektronenabgabe oxidiert und dient selbst als Reduktionsmittel.

Endergonisch: Eine Reaktion ist endergonisch, wenn die Endstoffe energiereicher als die Ausgangsstoffe sind. Sie findet nur statt, wenn Energie zugeführt wird.

Entropie: Die Entropie ist eine Bezeichnung für die Unordnung in einem System, die mit jeder Energieumwandlung ansteigt. Eine erhöhte Unordnung in einem System wird sichtbar am Zerfall geordneter Strukturen, z. B. wenn sich separierte Teilchen durch Zufallsbewegungen gleichmäßig in einem Raum oder einer Flüssigkeit verteilen, sowie an einer Zunahme der Wärmeenergie. Dabei kommt es gleichzeitig zu einem Absinken anderer Energieformen (z. B. Lage-/potenzielle Energie oder chemische Energie).

Enzym-Substrat-Komplex: Der Komplex aus Enzym und Substrat besteht nur vorübergehend und beruht daher meist auf schwachen Bindungen, wie z. B. Wasserstoffbrückenbindungen. Das Substrat passt ins aktive Zentrum des Enzyms wie ein Schlüssel ins Schlüsselloch. Durch den Enzym-Substrat-Komplex wird das Substrat in einen instabileren Übergangszustand gebracht (z. B. durch leichte Verformung oder einen veränderten pH-Wert in Bereich des aktiven Zentrums), sodass Bindungen im Substrat leichter aufgespalten werden können.

Ertrag, „Gesetz" vom konstanten: Ab einer bestimmten Dichte bleibt der Ertrag gemessen an Biomasse pro Fläche trotz zunehmender Individuendichte etwa gleich. Der Ertrag ergibt sich als Produkt aus Dichte mal mittlerer Biomasse eines Individuums damit muss die mittlere Größe eines Individuums mit der Dichte abnehmen.

Ester: Ester sind Verbindungen aus Carbonsäuren und Alkoholen. Ein Beispiel für einen Dreifach-Ester sind Fette, bei denen ein Glycerin-Molekül (Alkohol) mit drei Fettsäuren (Carbonsäuren) verbunden ist. Bei der Ausbildung einer Esterbindung wird jeweils ein Wassermolekül freigesetzt (Kondensationsreaktion). Die Umkehrreaktion, welche zur Spaltung von Estern führt, ist eine Hydrolyse (Anlagerung von Wasser).

Exergonisch: Eine Reaktion ist exergonisch, wenn der Energiegehalt der Ausgangsstoffe größer als jener der Produkte ist und somit im Reaktionsverlauf Energie freigesetzt wird.

Exotherm: Eine Reaktion ist exotherm, wenn Energie in Form von Wärme freigesetzt wird.

Fructose: Fructose ist ein Einfachzucker (Monosaccharid) aus sechs Kohlenstoffatomen, wobei das zweite C-Atom Bestandteil einer Ketogruppe ($>C=O$) ist (Ketohexose). Die Summenformel ist wie bei der Glucose $C_6H_{12}O_6$. Fructose kommt vor allem in Früchten vor und ist durch Hefe vergärbar.

Galactose: Galactose ist ein Einfachzucker (Monosaccharid) aus sechs Kohlenstoffatomen, wobei das erste C-Atom als Aldehydgruppe (–CH = O) vorliegt (Aldohexose). Die Summenformel lautet $C_6H_{12}O_6$. Der einzige Unterschied zur Glucose besteht in einer unterschiedlichen Ausrichtung der Hydroxylgruppe (–OH) am vierten C-Atom. Galactose ist Bestandteil des Milchzuckers (Lactose).

Gleichgewicht, thermodynamisches: Das thermodynamische Gleichgewicht ist der Zustand eines abgeschlossenen thermodynamischen Systems mit konstanter innerer Energie, Volumen, verallgemeinerten Koordinaten und Teilchenzahl. Diese ändern sich zeitlich nicht.

Glucose: Glucose, auch Traubenzucker genannt, ist ein Einfachzucker (Monosaccharid) mit der Summenformel $C_6H_{12}O_6$, wobei das erste C-Atom als Aldehydgruppe (–CH = O) vorliegt (Aldohexose). Glucose ist in vielen Pflanzen als Endprodukt der Photosynthese enthalten, wobei es dem Aufbau von Stärke dient. Glucose kann durch Hefen ethanolisch vergärt werden.

Glyceride: Hierbei handelt es sich um den Alkohol Glycerin, der mit einer, zwei oder drei Fettsäuren jeweils eine Esterbindung eingegangen ist. Somit können Mono-, Di- und Triglyceride unterschieden werden. Dabei sind Triglyceride, die eigentlichen Fette, am bekanntesten.

Glycerin: Glycerin ist ein dreiwertiger Alkohol (1,2,3-Propantriol), der aus drei C-Atomen (Propan) besteht, an welche jeweils eine Alkohol-/OH-Gruppe (Endung: -ol) gebunden ist.

Glykolyse: In der Glykolyse wird Glucose durch enzymatische Spaltung zu Brenztraubensäure (Pyruvat) abgebaut, wobei Energie in Form von zwei ATP freigesetzt wird. Außerdem werden zwei NADH-Moleküle gebildet. In Gegenwart von Sauerstoff kann jedes NADH-Molekül für die Produktion von zwei bis drei ATP im Rahmen der Atmungskette genutzt werden. Die Glykolyse ist einer der bedeutendsten Stoffwechselwege, der gegebenenfalls auch unter anaeroben Bedingungen ablaufen kann.

Holometabol: Insekten, bei denen die Umwandlung (Metamorphose) eines Larvenstadiums in das Adultstadium über ein Puppenstadium mit fast vollständiger Umbildung der Körperform erfolgt, nennt man holometabol; Beispiele: Schmetterlinge, Ameisen, Bienen.

Hydrathülle: Eine Hydrathülle entsteht bei der Anlagerung von Wassermolekülen um ein Ion. Die wirksamen Kräfte sind hierbei die Ionen-Dipol-Wechselwirkungen. Unter Ausbildung von Wasserstoff-Brücken zu der ersten Hydrathülle um ein Ion können sich weitere Wassermoleküle anlagern und so eine weitere Hydrat-Sphäre bilden.

Hydrolasen: Die Hydrolasen sind eine Klasse von Enzymen, welche ihre Substrate durch die Anlagerung von Wasser spalten. Zu dieser Enzymklasse gehören u. a. die Esterasen, welche Esterbindungen unter Anlagerung von Wasser aufbrechen. Ein Beispiel für eine Esterase ist die Lipase, welche Fette zu Glycerin und entsprechenden Fettsäuren abbaut. Zu den Hydrolasen gehören ebenso die Glykosidasen, welche unter Wasseranlagerung glykosidische Bindungen, wie z. B. Bindungen zwischen zwei Einfachzuckern, aufspalten.

Hydrolyse: Die Hydrolyse ist die Spaltung von Verbindungen unter Anlagerung von Wasser. Beispielsweise werden die Esterbindungen in Fetten enzymatisch durch Wasseranlagerung aufgeschlossen.

Hypothese: Die Hypothese ist eine begründete Vermutung oder Annahme über ein Phänomen. Zusätzlich zur Forschungs-/Arbeits-/Alternativhypothese kann weiterhin die Nullhypothese unterschieden werden. Sie negiert die Forschungshypothese.

Invertase: Invertase (auch Saccharase genannt) katalysiert die hydrolytische Spaltung von Saccharose in Fructose und Glucose. Sie gehört wie die Amylase zu den Glykosidasen. Die Invertase ist weit verbreitet und kommt u. a. in Hefen vor. In der Lebensmitteltechnologie wird eher der Begriff Invertase benutzt, während man in der Physiologie von Saccharase spricht. Beim Menschen kommt Saccharase in der Membran der Dünndarm-Epithelzellen vor. Da beim Menschen dieses Enzym zwei Bereiche mit unterschiedlichen Funktionen besitzt, wobei die zweite Funktion die Spaltung von Maltose ist, spricht man von einer Saccharase-Isomaltase.

Isomerasen: Die Isomerasen entsprechen einer Enzymklasse, deren Enzyme die Struktur ihrer Substrate so verändern, dass sich Isomere bilden. Isomere sind Moleküle mit gleicher Summenformel, aber mit einer unterschiedlichen Struktur, d. h., die Moleküle enthalten die gleichen Atome, aber diese sind unterschiedlich angeordnet.

Katalase: Die Katalase ist ein Enzym, das in vielen Lebewesen vorkommt. Es macht Wasserstoffperoxid (H_2O_2) unschädlich, welches durch seine hohe Reaktivität andere Zellbestandteile schädigen kann und somit ein starkes Zellgift ist. Wasserstoffperoxid entsteht bei zellulären Oxidationsprozessen, bei denen Elektronen auf Sauerstoff übertragen werden. Dies ist u. a. im Rahmen der Atmungskette der Fall, wobei in der Regel H_2O als Endprodukt gebildet wird, zeitweise jedoch auch H_2O_2 entsteht. Letzteres wird durch die Katalase entgiftet, wobei diese den Abbau von Wasserstoffperoxid zu Wasser und Sauerstoff katalysiert:

$$2H_2O_2 \rightarrow 2H_2O + O_2 \qquad \text{Gl. 15.1}$$

Keto-Enol-Tautomerie: Bei einer Tautomerie erfolgt eine schnelle Strukturänderung innerhalb eines Moleküls bei gleichbleibender Summenformel. Bei der Keto-Enol-Tautomerie werden im Molekül ein Proton (H^+) und eine Doppelbindung umgelagert. Auf diese Weise besteht ein Gleichgewicht zwischen einer Molekülform mit einer Ketogruppe ($>C=O$) und einer zweiten Molekülform mit einer Enol-Gruppe ($\mathrm{C=CH-OH}$). Dabei sind Enole solche Verbindungen, bei denen eine Alkohol-/OH-Gruppe an einem C-Atom vorliegt, das eine Doppelbindung zu einem weiteren C-Atom besitzt.

Kohlenhydrat: Kohlenhydrate sind organische Verbindungen, die häufig im Verhältnis $C_n(H_{2n})O_n$ vorliegen. Sie bilden neben den Fetten und Eiweißen eine weitere Klasse von Naturstoffen.

Konkurrenz, intraspezifisch: Konkurrenz bedeutet Wettbewerb um Nahrung, Raum oder andere ökologisch wichtige Ressourcen zwischen zwei oder mehr Individuen. Konkurrenz zwischen Individuen der gleichen Art bezeichnet man als intraspezifische Konkurrenz.

Kontrollvariable: siehe Störvariable

Lactose: Die Lactose (auch Milchzucker genannt) ist ein Disaccharid aus Galactose und Glucose. Es ist in Milch enthalten. Milchsäurebakterien können Lactose durch Gärung zu Lactat (Milchsäure) umsetzen. Diese Bakterien betreiben immer Gärung, gleich ob Sauerstoff vorhanden ist oder nicht.

Licht: Als Licht wird die sichtbare elektromagnetische Strahlung bezeichnet, die sowohl als Teilchen (Photonen bzw. Lichtquanten) als auch als Welle vorliegen kann. Mit dem Licht wird Energie transportiert. Dabei ist das Licht umso energiereicher, je kürzer die Wellenlänge der Strahlung ist. Sichtbares Licht reicht von kurzwelliger, energiereicher Strahlung bei 380 nm (violett) bis hin zu langwelliger, energieärmerer Strahlung bei 780 nm (rot). Durch ein Prisma (Glaskörper mit gleichseitigem Dreieck als Grundfläche) kann weißes Licht in die Spektralfarben violett, indigo (tiefblau), blau, grün, gelb, orange und rot (sieben Regenbogenfarben) gebrochen werden.

Ligasen: Die Ligasen sind eine Enzymklasse, deren Enzyme die Stoffe untereinander durch Bindungen verknüpfen. Dabei muss Energie (z. B. in Form von ATP) investiert werden. Ein Beispiel ist die DNA-Ligase, welche Nucleotide (hier: DNA-Bausteine) miteinander verknüpft.

Lipase: Die Lipase gehört zur Enzymgruppe der Hydrolasen, welche die Esterbindungen in Fetten durch Anlagerung von Wasser in Fettsäuren und Glycerin spalten. Lipasen werden u.a. in der Bauchspeicheldrüse (Pankreas) gebildet und wirken im Darm als Verdauungsenzyme.

Lipolyse: Die Lipolyse ist die hydrolytische (unter Wasseranlagerung) Spaltung von Fetten in Glycerin und Fettsäuren durch die Lipase.

Lösung, hypertonisch: Eine hypertonische Lösung ist gegenüber einer Vergleichslösung höher konzentriert (mehr Teilchen in Lösung).

Lösung, hypotonisch: Eine hypotonische Lösung ist gegenüber einer Vergleichslösung niedriger konzentriert (weniger Teilchen in Lösung).

Mannit: Mannit wird auch Mannitol oder Mannazucker genannt. Es ist ein sechswertiger Alkohol (sechs Alkoholgruppen), der u. a. im Saft der Manna-Esche vorkommt. Es wird als Zuckerersatzstoff verwendet. Bei Mannit handelt es sich somit nicht um ein Kohlenhydrat, sondern um einen sechswertigen Alkohol ($C_6H_8(OH)_6$). Dieser wird durch Enzyme der Glykolyse nicht verstoffwechselt.

Membran, selektiv permeable: Unter einer selektiv permeablen Membran bzw. semipermeablen Membran (halb durchlässig) versteht man eine Membran, die zwar für das Lösungsmittel (meist Wasser), nicht aber für gelöste Stoffe durchlässig ist. Die Biomembranen sind jedoch keineswegs ideal semipermeabel, d. h., sie sind auch in beschränktem Maße für andere gelöste Stoffe durchlässig. Deshalb spricht man korrekterweise besser von selektiv permeablen Membranen.

Modellorganismus: Modellorganismen sind Repräsentanten oder Stellvertreter anderer Lebewesen, wenn es darum geht, Fragestellungen experimentell zu untersuchen und allgemeine biologische Prinzipien aufzuklären.

Nettostrom: Der Nettostrom ist der Strom von Wasserteilchen, welche aus einer niedriger in eine höher konzentrierte (Salz- bzw. Zucker-)Lösung wandern, minus all jener Wasserteilchen, die sich zufällig in die umgekehrte Richtung bewegen.

Osmoregulation: Unter Osmoregulation versteht man die Steuerung des Wasser- und Elektrolythaushaltes. Alle Lebewesen besitzen die Fähigkeit, auf zellulärer und organismischer Ebene die Konzentrationen und die Art osmotisch wirksamer (d. h. wasseranziehender) Stoffe kontrollieren zu können.

Osmose: Die Osmose ist die Diffusion durch eine selektiv permeable Membran.

Pasteurisierung: Als Pasteurisierung wird die Haltbarmachung von Lebensmitteln durch kurzzeitiges Erhitzen bei mind. 75 °C nach ihrem Erfinder Louis Pasteur (1822–1895) benannt. Durch das Erhitzen werden Bakterien (wie z. B. Milchsäurebakterien) und Pilze (wie z. B. Hefen) abgetötet, während die Lebensmittel ihre Eigenschaften beibehalten und nicht so schnell verderben.

Pasteurpipette: Die Pasteurpipette ist eine einfache Pipette (meist ohne Skala) mit Saugkappe.

Pepsin: Das Pepsin ist ein Verdauungsenzym, das sein Wirkoptimum im Magensaft bei pH 1–4 besitzt. Es katalysiert die Spaltung von Proteinen zu kurzkettigeren Peptiden.

Phenolphthalein: Das Phenolphthalein ist ein pH-Indikator, der bis pH 8,2 farblos ist, sich im stärker alkalischen Bereich rosa-violett färbt und ab pH 12 wieder farblos wird. Da Phenolphthalein in Wasser schlecht löslich ist, wird es meist in 1%iger alkoholischer Lösung zubereitet.

Pheromone: Pheromone sind Botenstoffe, also chemische Signale, die Organismen in die Umgebung freisetzen, um mit Artgenossen zu kommunizieren. Das erste jemals isolierte Pheromon ist Bombykol (1959 durch Adolf Butenandt).

Photosynthesepigment: Chlorophylle und Carotinoide sind Photosynthesepigmente, die als Antennenpigmente Licht absorbieren und die Anregungszustände an das Reaktionszentrum eines Photosystems weiterleiten.

Photosyntheserate: Die Photosyntheserate ist ein Maß für die Photosyntheseaktivität in Abhängigkeit von Umweltfaktoren, wie z. B. Licht und Temperatur. Sie berechnet sich aus der Produktion von Sauerstoff oder der Bindung von Kohlenstoffdioxid pro Zeiteinheit und Pflanzenmasse.

pH-Wert: Der pH-Wert (von lat. *potentia hydrogenii*) ist der negativ dekadische Logarithmus der Wasserstoffionenkonzentration ($-\lg c(H_3O^+)$) in Wasser oder wässrigen Lösungen. Er besagt, ob eine Lösung sauer (pH < 7), neutral (pH = 7) oder alkalisch (pH > 7) ist und umfasst einen Wertebereich von 0 bis 14. Ein pH-Wert von 2 bedeutet, dass eine Konzentration von $c = 10^{-2}$ mol/L H_3O^+-Ionen in einer Lösung vorliegt. Da ein Mol $6{,}022 \times 10^{23}$ Teilchen pro Liter entspricht, würden bei einem pH-Wert von 2 somit $6{,}022 \times 10^{21}$ H_3O^+-Teilchen in einem Liter Lösung vorliegen.

Pikieren: Dicht beieinander wachsende junge Pflanzen dem Boden entnehmen und in größerem Abstand neu einpflanzen.

Population: Eine Gruppe gleichartiger Individuen, die in einem geographischen Gebiet leben.

Potenzial, osmotisches: Das osmotische Potenzial ist ein Teilpotenzial des Bodens. Es wird vom Lösungsinhalt des Bodenwassers bzw. durch die elektrostatischen Wechselwirkungen zwischen den gelösten Salzen und der Bodenmatrix bestimmt. Dieses Potenzial entspricht der Arbeit, die geleistet werden muss, um eine Einheitsmenge an Wasser durch eine selektiv permeable Membran aus der Bodenlösung zu ziehen.

Protonengradient: Ein Protonengradient ist eine ungleiche Verteilung von Protonen auf beiden Seiten einer Membran. So werden bei der Photosynthese durch die Elektronentransportkette Protonen gerichtet in den Innenraum der Thylakoide transportiert. Die sich hier ansammelnden Protonen (H^+) bedingen mit ihrer positiven Ladung ein Ladungsgefälle im Vergleich zur Grundsubstanz des Chloroplasten (dem Stroma). Über die ATP-Synthase gelangen die Protonen entsprechend dem Ladungsgefälle vom Thylakoidinnenraum zurück ins Stroma. Dabei produziert die ATP-Synthase ATP.

Reaktionsgeschwindigkeit-Temperatur-Regel (RGT-Regel): Die RGT-Regel besagt, dass eine Erhöhung der Temperatur um 10 °C die Geschwindigkeit chemischer Reaktionen verdoppelt bis zu verdreifacht. Die Steigerung kann durch den Quotienten der Reaktionsgeschwindigkeit vor (R_{T-10}) und nach (R_T) einer Temperatursteigerung um 10 °C ausgedrückt werden:

$$\left(Q_{10} = \frac{R_T}{R_{T-10}}\right) \qquad \text{Gl. 15.2}$$

Dennoch gibt es bei biologischen Prozessen ein Temperaturoptimum, oberhalb dessen die Reaktionsgeschwindigkeit nicht weiter zunimmt, wie z. B. bei Enzymen.

Reaktionszentrum: Die Reaktionszentren (in Photosystem I und II) entsprechen Pigment-Protein-Komplexen, welche die Energie aus den lichtabsorbierenden Antennenpigmenten (Energietransfer) entgegennehmen und als angeregte Elektronen an Akzeptoren in der Elektronentransportkette weiterreichen (Elektronentransfer). Dabei wird Chlorophyll durch Elektronenabgabe selbst oxidiert. Es wirkt somit als Reduktionsmittel, indem es die Elektronen auf ein anderes Molekül überträgt.

Redoxreaktion: In einer Redoxreaktion gibt ein Stoff Elektronen ab (Elektronendonator) und wird damit oxidiert, während ein anderer Stoff diese Elektronen aufnimmt (Elektronenakzeptor) und dadurch reduziert wird. Der Elektronendonator wird auch als Reduktionsmittel bezeichnet, weil er einen anderen Stoff reduziert, d. h. auf ihn Elektronen überträgt. Der Elektronenakzeptor wirkt als Oxidationsmittel, weil er einen anderen Stoff oxidiert, d. h. von diesem Elektronen abzieht.

Saccharose: Saccharose ist ein Disaccharid, das aus Glucose und Fructose aufgebaut ist. Saccharose wird auch Rohr- sowie Rübenzucker genannt. Es wird von Pflanzen aus den Photosyntheseprodukten gebildet und kann in pflanzlichen Leitbündeln transportiert werden. Menschen und Tiere können Saccharose nicht bilden. Der Abbau von Saccharose erfolgt durch das Enzym Invertase bzw. Saccharase.

Sexualdimorphismus: Weibliche und männliche Tiere einer Art unterscheiden sich deutlich in Merkmalen wie z. B. Größe, Gestalt oder Färbung.

Spektralfarbe: Die Spektralfarben lassen sich durch Brechen des sichtbaren (weißen) Lichts in einem Prisma erzeugen: violett, indigo (tiefblau), blau, grün, gelb, orange, rot. Mit Filtern lassen sich einzelne Spektralfarben selektieren.

Störvariable: Eine Störvariable hat einen Einfluss auf die im Experiment gemessene Variable. Im Gegensatz zur unabhängigen Variable soll die Störvariable aber nicht untersucht werden. Sie soll kontrolliert und konstant gehalten werden.

Strahlung: Strahlung kann sich als Welle oder als Teilchen ausbreiten. Als Wellenstrahlung wird elektromagnetische Strahlung, wie z. B. Licht bezeichnet. Neben dem Licht existieren aber auch weitere, nicht sichtbare Strahlungsarten. Listet man die Strahlung entsprechend ihrer Wellenlänge von kurz- zu langwellig auf, so ergibt sich folgende Reihenfolge: Röntgenstrahlung, ultraviolette Strahlung, sichtbares Licht, Infrarotstrahlung, Mikro- und Radiowellen.

Suspension: Eine Suspension oder auch Aufschlämmung ist eine Verteilung fester Körper in einer Flüssigkeit. Sie kann von einer Lösung dadurch unterschieden werden, dass in Suspensionen Festkörper und Flüssigkeit durch Sedimentation und Zentrifugation getrennt werden können, in Lösungen hingegen nicht.

Transferase: Transferasen sind eine Enzymgruppe, deren Enzyme bestimmte Molekülgruppen auf bestimmte Substrate übertragen. Ein Beispiel sind die DNA-Polymerasen, die Nucleotide (hier: DNA-Bausteine) an einen DNA-Strang anhängen.

Traubenmost: Traubenmost ist der durch Pressung gewonnene Saft aus Weinbeeren und Rohstoff für die weitere Vergärung.

Turgor: Der Turgor bzw. Turgordruck wird auch als Zellsaftdruck bezeichnet. In einer Pflanzenzelle handelt es sich hierbei um den Druck des Zellsaftes der Vakuole, der gleichmäßig in alle Richtungen wirkt und von innen auf die Zellwand drückt, welche die Pflanzenzelle umgibt. Je mehr Wasser die Vakuole einer Pflanzenzelle enthält, umso höher fällt dieser Innendruck aus. Er ist für verschiedene physiologische Prozesse verantwortlich. Unter anderem wirkt er auf die Dehnung der noch dünnen Zellwand bei wachsenden Pflanzenzellen. Weiterhin sorgt er auch für die mechanische Stabilität und Festigkeit des Gewebes. Der Turgor wird durch die im Zellsaft der Vakuole gelösten, osmotisch wirksamen, d. h. wasseranziehenden Stoffe erzeugt, die einen Wassereinstrom in die Vakuole verursachen.

Variable, abhängige: Die abhängige Variable (AV) wird durch die unabhängige Variable beeinflusst und soll beobachtet (bzw. gemessen) werden.

Variable, unabhängige: Die unabhängige Variable (UV) wird planvoll verändert und variiert, sodass ihr vermuteter Einfluss auf die abhängige Variable beobachtbar wird.

VE-Wasser: VE-Wasser ist vollentsalztes Wasser, das im Gegensatz zu Leitungswasser keine gelösten Salze enthält. Es eignet sich im Labor als Lösemittel, da es keine störenden Bestandteile enthält.

Voltinismus: Voltinismus beschreibt die Anzahl an jährlich vollendeten Generationen einer Art bei Insekten. Man unterscheidet z. B. univoltin (eine Generation pro Jahr) und bivoltin (zwei Generationen pro Jahr). Der Begriff hat wirtschaftliche Bedeutung u. a. im Seidenbau.

Vorhersage: Die Vorhersage ist eine konkrete Beschreibung der Ergebnisse, die eintreten werden, wenn die aufgestellte Hypothese zutrifft.

Wasserstoffbrückenbindung: Wasserstoffbrückenbindungen sind schwache Wechselwirkungen, die zwischen einem Wasserstoffatom und einem freien Elektronenpaar eines weiteren Atoms bestehen. Dabei ist der Wasserstoff an ein elektronegatives Atom (Protonendonator) gebunden, ebenso wie das freie Elektronenpaar zu einem elektronegativen Atom (Protonenakzeptor) gehört. Bei dem elektronegativen Atom kann es sich um Sauerstoff oder Stickstoff handeln.

w/w (Gewichtsprozent, Massenanteil): Allgemein ist der Massenanteil (Formelzeichen w) einer Komponente an einem Stoffgemisch die relative Masse dieser Komponente an der Gesamtmasse des Stoffgemisches. Er gehört somit zu den Gehaltsangaben. Berechnet wird er über den Quotienten aus der Masse der jeweiligen Komponente und der Gesamtmasse des Stoffgemisches:

$$\omega_{Komponente} = \frac{m_{Komponente}}{m_{Stoffgemisch}} \qquad \text{Gl. 15.3}$$

Serviceteil

T. Bruckermann, K. Schlüter (Hrsg.), *Forschendes Lernen im Experimentalpraktikum Biologie*,
DOI 10.1007/978-3-662-53308-6

Stichwortverzeichnis

Printed in the United States
By Bookmasters